高职高专汽车类专业课改教材

汽车法规与政策

荆叶平　主编

西安电子科技大学出版社

内 容 简 介

本书共分 4 章，主要介绍了汽车法规与政策概述、汽车产品认证制度、汽车技术法规内容、机动车登记规定、机动车驾驶证申领和使用规定、机动车维修管理法规、汽车的报废与回收法规、汽车产业发展政策、汽车贸易政策、汽车贷款管理办法、汽车金融公司管理办法、汽车品牌销售管理办法、二手车流通管理办法、汽车的三包政策与缺陷汽车产品召回管理条例等相关知识。

本书既可作为职业技术院校汽车类专业的通用教材，也可作为广大汽车从业人员实际工作中的实用工具书，同时可供广大车主和汽车爱好者自学时参考。

图书在版编目(CIP)数据

汽车法规与政策/荆叶平主编. —西安：西安电子科技大学出版社，2014.8(2023.8 重印)
ISBN 978–7–5606–3431–9

Ⅰ. ① 汽…　 Ⅱ. ① 荆… Ⅲ. ① 汽车工业—工业法—中国—高等职业教育—教材
② 道路交通安全法—中国—高等职业教育—教材　 Ⅳ. ① D922.292　 ② D922.14

中国版本图书馆 CIP 数据核字(2014)第 147383 号

策　　划　马晓娟
责任编辑　阎　彬
出版发行　西安电子科技大学出版社（西安市太白南路 2 号）
电　　话　(029)88202421　88201467　　邮　　编　710071
网　　址　www.xduph.com　　　　电子邮箱　xdupfxb001@163.com
经　　销　新华书店
印刷单位　广东虎彩云印刷有限公司
版　　次　2014 年 8 月第 1 版　　2023 年 8 月第 5 次印刷
开　　本　787 毫米×1092 毫米　1/16　印张 15.5
字　　数　365 千字
印　　数　6601～7100 册
定　　价　34.00 元

ISBN 978 – 7 – 5606 – 3431 – 9/D

XDUP 3723001-5

＊＊＊ 如有印装问题可调换 ＊＊＊

前　　言

随着我国改革开放的日益深入和人均 GDP 的提高，汽车早已进入中国的普通家庭。汽车作为一种交通运输工具，已经普遍渗透到经济和社会的各个方面。继 2012 年全国汽车产销量突破 1900 万辆大关后，2013 年又跨上了一个新台阶，汽车销量达 2198 万辆，同比增长 13.9%。中国已连续几年成为第一大汽车生产国和第一大汽车消费市场。机动车辆的迅速增加，带动了汽车后市场的发展，汽车及相关产业对人才的需求量也大幅度增长。

中国的汽车市场已由高速增长期转入普及期，为了使中国的汽车产业得以健康持续的发展，国家出台了一系列政策和法规与之相配套。但目前关于汽车法规方面的教材较少，为了方便汽车专业的学生和其他汽车爱好者了解汽车行业方面的法律知识，我们编写了本书。

本书在编写过程中，参考了许多国内外有关的论著、教材、报刊杂志及网站的相关内容，在此对原作者表示衷心的感谢。

本书既可作为职业技术院校汽车类专业的通用教材，也可作为广大汽车从业人员实际工作中的实用工具书，同时可供广大车主和汽车爱好者自学时参考。

由于编者水平有限，书中难免有不足之处，恳请读者批评指正。

编　者

2014 年 1 月

目　　录

第一章　汽车法规与政策概述 1

　第一节　法规与政策导论 1

　　一、法规导论 1

　　二、政策导论 3

　　三、国外汽车法规简介 3

　　四、思考与练习 7

　第二节　汽车技术法规概述 9

　　一、国外汽车技术法规体系简介 9

　　二、中国汽车技术法规体系 20

　　三、思考与练习 22

第二章　车辆认证与汽车技术法规 24

　第一节　汽车产品认证制度 24

　　一、国际上汽车产品认证制度的类型 24

　　二、欧洲的两种型式认证介绍 25

　　三、我国汽车产品的认证制度 27

　　四、思考与练习 33

　第二节　汽车技术法规的基本内容 35

　　一、汽车安全法规 35

　　二、汽车排放法规 54

　　三、汽车噪声法规 62

　　四、汽车油耗法规 65

　　五、思考与练习 75

第三章　车辆管理法规与政策 81

　第一节　机动车登记规定 81

　　一、两次修改的背景 81

　　二、汽车登记与登记证书 85

　　三、汽车号牌 88

　　四、汽车行驶证 96

　　五、检验合格标志 97

　　六、思考与练习 97

第二节　机动车驾驶证申领和使用规定 ……………………………………………… 101
　一、三次修改的背景 ……………………………………………………………… 101
　二、机动车驾驶证的申领 ………………………………………………………… 105
　三、考试与发证 …………………………………………………………………… 111
　四、机动车驾驶证的审验与记分 ………………………………………………… 113
　五、换证、补证和注销 …………………………………………………………… 117
　六、思考与练习 …………………………………………………………………… 120
第三节　机动车维修管理法规 ……………………………………………………… 124
　一、《机动车维修管理规定》实施背景 ………………………………………… 125
　二、机动车维修经营 ……………………………………………………………… 126
　三、机动车维修质量管理 ………………………………………………………… 134
　四、思考与练习 …………………………………………………………………… 138
第四节　汽车的报废与回收法规 …………………………………………………… 143
　一、汽车的报废 …………………………………………………………………… 144
　二、报废汽车回收管理 …………………………………………………………… 148
　三、思考与练习 …………………………………………………………………… 154

第四章　汽车产业与交易法规 ……………………………………………………… 158
第一节　汽车产业发展政策 ………………………………………………………… 158
　一、汽车产业政策概述 …………………………………………………………… 158
　二、日本与韩国的汽车产业政策 ………………………………………………… 162
　三、2004 版《汽车产业发展政策》主要内容 ………………………………… 164
　四、思考与练习 …………………………………………………………………… 171
第二节　汽车贸易政策 ……………………………………………………………… 174
　一、政策制定的背景 ……………………………………………………………… 174
　二、政策的主要内容 ……………………………………………………………… 176
　三、思考与练习 …………………………………………………………………… 178
第三节　汽车贷款管理办法 ………………………………………………………… 179
　一、新版《汽车贷款管理办法》的特点 ………………………………………… 180
　二、新版《汽车贷款管理办法》内容解读 ……………………………………… 181
　三、思考与练习 …………………………………………………………………… 185
第四节　汽车金融公司管理办法 …………………………………………………… 187
　一、概述 …………………………………………………………………………… 188
　二、新版《汽车金融公司管理办法》的特点 …………………………………… 189
　三、新版《汽车金融公司管理办法》内容解读 ………………………………… 191
　四、思考与练习 …………………………………………………………………… 194
第五节　汽车品牌销售管理办法 …………………………………………………… 196
　一、旧版《汽车品牌销售管理实施办法》对汽车销售行业的影响 …………… 197
　二、新版《汽车品牌销售管理实施办法》的特点 ……………………………… 200

　　三、新版《汽车品牌销售管理实施办法》内容解读 ·· 202

　　四、思考与练习 ·· 204

　第六节　二手车流通管理办法 ·· 207

　　一、新版《二手车流通管理办法》的特点 ·· 207

　　二、新版《二手车流通管理办法》内容解读 ·· 210

　　三、《二手车交易规范》内容解读 ··· 213

　　四、思考与练习 ·· 217

　第七节　汽车的三包政策与缺陷汽车产品召回管理条例 ·· 220

　　一、汽车三包制度 ·· 220

　　二、汽车召回制度 ·· 226

　　三、思考与练习 ·· 233

参考文献 ··· 240

第一章 汽车法规与政策概述

第一节 法规与政策导论

一、法规导论

1. 中国汽车产业持续发展的原因

我国的汽车产业起步较晚，加之发展初期受计划经济体制的束缚，从 20 世纪 50 年代到 90 年代中期的 40 多年时间里，汽车产业的发展都是比较缓慢的。90 年代后期开始，汽车产业有了快速发展，不仅合资企业大量出现，还出现了一批以奇瑞、吉利为代表的自主汽车品牌。入世以后，汽车产业更是出现了飞速发展。中国的汽车产销量从 1995 年开始第一次出现井喷扩张，直至 2004 年才戛然而止，而 2005 年增长率更低。但从 2006 年开始又第二次出现井喷扩张，虽然在 2008 年由于美国的次贷危机引发了全球的经济危机，世界上其他国家的汽车产业出现了前所未有的跌落，但只有中国的汽车产业仍保持高速增长并于 2009 年汽车产销量首次位于全球第一，使中国成为了世界最大的汽车生产国和最大的汽车消费市场。

2010 年中国的汽车产销量再创新高，刷新了全球历史纪录，并打破美国 2001 年创造的 1747 万辆的最高产销纪录。2012 年中国的汽车产销量又刷新了全球纪录，全年汽车产量达 1927.18 万辆，同比增长 4.6%，汽车销量达 1930.64 万辆。中国的汽车市场已由高速增长期转入普及期，为了使中国的汽车产业得以健康持续的发展，一是需要有正确的汽车消费政策，二是要制定合理的汽车技术法规。

友情小帖示：

按照一般市场规律，当一个国家的人均 GDP 达到 1000 美元时，汽车开始进入家庭。而当人均 GDP 达到 3000 美元的时候，私人购车将出现爆发性增长。中国于 2008 年人均 GDP 达到 3266 美元，首次超过 3000 美元大关。

2. 法律规范

所谓法律规范，是指反映统治阶级的意志，经国家制定或认可，并由国家强制力保证其实施的行为规范。它主要由宪法、法律和从属于宪法和法律的其他规范性文件构成。

1) 法的表现形式

(1) 宪法。宪法是国家的根本法，是一切法律的立法基础。它经过严格的立法程序，由全国人大制定。

(2) 法律。法律是由全国人大或全国人大常委会制定的。我国的法律就其内容和制定的机关而言，可以分为基本法律和其他法律。基本法律只能由全国人大制定，它主要规定国家在某一方面的基本制度，如《民法》、《刑法》、《诉讼法》、《行政法》、《经济法》、《婚姻法》等；而其他法律是由全国人大常委会制定的，如《道路交通安全法》、《公路法》、《食品卫生法》、《森林法》等。

(3) 法规。由国务院制定的叫行政法规，行政法规有全国性的法律效力，如《中华人民共和国道路交通安全法实施条例》和《机动车交通事故责任强制保险条例》等。由省、直辖市的人大或人大常委会制定的叫地方性法规，这些法规必须报全国人大常委会备案。地方性法规是道路交通法规必要和有益的补充。地方性法规不得与法律、行政法规相抵触。有关汽车的强制性标准，通常属于技术法规的范畴。

(4) 规章。由国务院各部委、中国人民银行、审计署制定的叫部门规章，部门规章是我国道路交通法规最多的法的表现形式，在道路交通管理中占有十分重要的地位。部门规章也有全国性的法律效力，如《机动车登记规定》、《机动车驾驶证申领和使用规定》、《道路交通事故处理程序规定》等。由地方政府制定的叫地方政府规章。

2) 条例、规定、办法的区别

法规一般用条例、规定、办法等称谓，而规章一般用规定、办法等称谓。条例、规定、办法的主要区别是："条例"是对某一方面的行政工作作比较全面、系统的规定；"规定"是对某一方面的行政工作作部分的规定；而"办法"是对某一项行政工作作部分的规定。

3. 违法与法律责任

1) 违法

(1) 违法的概念。违法是指违反法律规范要求的行为。其中，有的违法是同法律规范的要求相对立的行为，而有的违法是超越法律规范允许范围的行为。

(2) 违法的构成要件。违法行为由四个要件构成：

① 行为人存在违法行为。

② 有损害结果的存在。

③ 违法行为与损害结果之间存在因果关系。

④ 行为人主观心理上存在过错。

2) 法律责任

(1) 民事责任。民事责任是指民事主体因不履行民事义务或侵犯他人民事权利而引起的法律后果所应承担的责任。它的主要表现形式是损害赔偿，当然也包括一些非财产性责任，如消除影响、恢复名誉等。民事责任由人民法院以判决或裁定的形式作出。

民事责任通常可分为：违约责任和侵权责任；按份责任和连带责任。民事责任的归责原则主要有三种：过错责任原则、无过错责任原则和公平责任原则。

(2) 行政责任。行政责任是指因违反行政法律所引起的法律责任。如果是由行政主体在执行职务过程中引起的行政责任，一般称为行政处分，如警告、记过、记大过、降级、撤职、开除等；如果是由行政相对人违反行政法义务所引起的行政责任，一般称为行政处罚，如警告、罚款、拘留、没收、责令停产停业、暂扣或吊销许可证、吊销营业执照等。行政责任由法定的行政机关作出。

(3) 刑事责任。刑事责任是指行为人对违反刑事法律义务的行为所引起的刑事法律后果的一种应有的、体现国家对行为人否定的道德政治评价的承担。刑事责任是由犯罪行为所引起的、与刑事制裁相联系的法律责任。根据《刑法》的规定，刑罚分为主刑和附加刑，其中，主刑有管制、拘役、有期徒刑、无期徒刑和死刑；附加刑有罚金、剥夺政治权利和没收财产。刑事责任由人民法院以判决形式作出。

二、政策导论

1. 政策的概念

政策是行政机关在其职能、职责或管辖事务范围内所作出的指导、劝告、建议等。行政指导本身不具有国家强制力，它的执行来自被指导者的认同与推动，来自体系内的层层服从，或者来自与之相对应的法律法规的强制执行力。如 2004 年 5 月 21 日颁布的《汽车产业发展政策》、2004 年发改委颁布的《节能中长期专项规划》、2005 年 8 月商务部颁布的《汽车贸易政策》、2009 年 3 月 10 日国务院颁布的《汽车摩托车下乡实施方案》等。

2. 法规与政策的主要区别

法规与政策的主要区别有三个：

(1) 制定部门不完全相同。法规的制定除了行政机关外，还包括人大或人大常委会，而政策只能由行政机关制定。

(2) 法律效力不同。法规具有法律效力，而政策属于行政指导，不具有国家强制力。正因为政策不具有强制力，所以为了保证政策的有效实施，国家一般在发布政策的同时都制定一些与之相配套的法规。

(3) 内容的灵活性不同。就内容而言，法律较呆板，而政策较灵活。

三、国外汽车法规简介

1. 国际上通行的汽车管理体系

图 1-1 给出了国际上通行的汽车管理体系，这个体系分为三个层次，第一层次是汽车的法律体系，第二层次是汽车的技术法规，第三层次是汽车管理的各项制度。

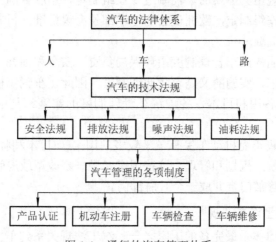

图 1-1　通行的汽车管理体系

1) **第一层：汽车的法律体系**

在市场经济下，政府管理是法制化管理，因此必须首先立法。汽车运输系统无非涉及三个方面的因素，即人、路、车。人是指驾驶人、行人等道路使用者；路是指汽车使用的道路；车是指机动车辆。三者构成了一个有机的系统。因此，汽车的法律体系也是围绕三大因素确立的，共同组成完整的汽车法律体系。

2) **第二层：汽车的技术法规**

因为对车辆的管理涉及大量的技术工程方面的问题，因此必须有一个技术法规体系。汽车技术法规的作用就是要将法律规定的目标和原则转换成为可操作的技术要求，以便于实施。

为了满足有关汽车安全、环境保护和节约能源三方面的要求，汽车技术法规主要包括：安全法规、排放法规、噪声法规和油耗法规。汽车技术法规是汽车制造者、销售者以及使用者都必须遵守的法规。

3) **第三层：汽车管理的各项制度**

为了保证汽车技术法规的技术要求得以实施，政府还必须按系统的要求建立一套涉及各个环节的管理制度，这套管理制度由产品认证制度、机动车注册制度、车辆检查制度和车辆维修制度四个方面组成。

值得注意的是，车辆报废作为汽车管理的最后一个环节，在美、欧、日却没有相关的管理制度，原因之一是车辆一旦被个人购买，就成为拥有者的个人财产，政府无权将个人财产报废或没收；原因之二是发达国家有很完善的二手车交易市场及再制造业(我国还没有)，产品的更新换代速度快，使用者的换代速度也快。没有这方面的政府管理制度并不代表政府没有相应的措施，发达国家大多采用政府补贴技术先进的车辆，随车辆使用年限增长而增加车辆检查次数等经济手段来促使老旧车辆的报废更新。

2. 汽车管理机关

在美、欧、日汽车管理体系中，各个层次的管理机关是不同的。法律的批准均在国会或议会。在美国，技术法规是由交通和环境主管部门制定，国会批准的。联合国欧洲经济委员会的汽车技术法规由其下属的车辆制造专业组制定，由联合国批准；欧共体的汽车技术指令由布鲁塞尔工作组制定，欧洲议会的运输部长会议批准。日本的技术法规由运输省组织制定，运输大臣批准。

在美国，环境方面的汽车管理制度由环保局负责，安全和油耗方面的由运输部负责。由于美国是联邦制国家，实施的又是自我认证制度，因此，车辆年检等一些工作是由各州政府负责的。在欧洲各国和日本，各项汽车管理制度的实施都是由交通运输主管部门负责的。

在一些国土面积较小而机动车保有量又较多的国家(如日本和韩国)，为了将停车问题和城市道路建设问题统一规划和管理，这些国家又进一步改革政府管理体制，将政府的运输主管部门与建设主管部门合并成一个政府部门。

3. 美国的几个典型汽车法规

美国是世界上法律体系最完备的国家之一。汽车法规关系到车主的利益、社会的利益和汽车制造商的利益。美国用联邦机动车安全标准来保证车辆的安全行驶；用空气清洁法保证城市空气不受污染；用平均油耗法使汽车制造商多生产节油车；用汽车召回法保障车主的安全；用汽车保用法将汽车质量否决权交给车主，把汽车低质量的损失交给汽车制造商承担。

1) 美国联邦机动车安全标准(FMVSS)

1966 年 9 月，美国联邦政府颁布并实施了《国家交通及机动车安全法》，并授权美国运输部国家公路交通安全管理局(NHTSA)对乘用车、多用途乘用车、载货车、挂车、大客车、学校客车，以及这些车辆的装备和部件制定并实施了联邦机动车安全标准(FMVSS)，它们被收录在《联邦法规集(CFR)》第 49 篇第 571 部分。任何车辆或装备部件如果与 FMVSS 不符，则不得生产、销售和进口。对违反此法要求的制造商或个人，美国地方法院可以对其处以最高为 1500 万美元的罚款；对造成人员伤亡或严重身体伤害的机动车或装备的安全缺陷隐瞒不报或制造虚假报告的制造商，将追究其刑事责任，最高可判 15 年有期徒刑。

FMVSS 由两部分组成。第一部分为导则，包括适用范围、术语、参考文献、适用性及有效期等。第二部分列出了总共 56 项有关法规，共分为 5 类：FMVSS 100 系列(汽车主动安全)，目前共计 26 项；FMVSS 200 系列(汽车被动安全)，目前共计 23 项；FMVSS 300系列(防止火灾)，目前共计 5 项；FMVSS 400 系列，目前共计 1 项；FMVSS 500 系列，目前共计 1 项。

为了保证 FMVSS 的制定、修订工作和有效实施，美国运输部(DOT)还制定了一系列管理性技术法规，这些法规同样被收录在 CFR 第 49 篇中，如信息收集权、车辆识别代号、制造商识别、认证、保险杠标准、分阶段引入儿童约束固定系统的报告要求等。

2) 空气清洁法

美国防止污染技术是从 1970 年美国环保局公布轿车、轻型车排气清洁法开始的。此法是全世界第一个管制汽车排气的法规。1986 年美国又成为了第一个禁止使用含铅汽油的国家。美国的环保法规推动了全球汽车污染控制技术的发展。

在美国噪声控制法及空气清洁法的授权下，美国联邦环保署(EPA)负责制定了汽车排放和噪声方面的技术法规，并被收录在 CFR 第 40 篇第 86 部分中。这些法规主要按照各种不同的车型及不同年份的车辆分为不同的部分。

3) 平均油耗法

受两次中东石油危机的冲击，美国议会于 1974 年指令运输部和能源部对 1980 年以后制造的新轿车和小货车，颁布一个燃料经济性改进标准；1975 年，美国政府颁布了《能源政策和储备法》，该法是制定平均油耗法的依据。平均油耗法迫使汽车制造商耗资上千亿美元，重新设计车型，使汽车的平均油耗降到了 1970 年的 60% 的水平。

4) 汽车召回法

作为"车轮上的国家"，美国向来都高度重视汽车的安全问题，也是世界上第一个实施汽车召回管理制度的国家。1966 年，美国《国家交通与机动车安全法》正式出台，这不仅标志着美国的汽车召回制度正式登场，也标志着汽车召回管理开始在全世界起步。该法律规定，汽车制造商有义务公开发表汽车召回的信息，且必须将情况通报给用户和交通管理部门，进行免费修理。1966 年出台的《国家交通与机动车安全法》，授权美国交通部下属的国家公路交通安全管理局负责制定机动车的安全标准，并监督汽车制造商执行有关标准。国家公路交通安全管理局下属的缺陷调查办公室具体负责汽车召回管理工作。也就是说，国家公路交通安全管理局是美国主管汽车召回管理的机构。

目前，《美国法典》第 49 主题 301 篇《机动车安全》，《联邦行政法典》第 49 主题 573 部分《缺陷不符合报告》、574 部分《轮胎确认和信息记录》、577 部分《缺陷和不符合的通知》、578 部分《民事处罚和刑事处罚》和 579 部分《缺陷和不符合的责任》，都对机动车的安全召回予以规定。2000 年 11 月，美国国会通过了《交通工具召回的强化责任和文件法案》，即 TREAD 法令(《公法》第 106～414 页)，对《机动车安全》进行了补充和修改，强化了企业在安全召回方面的责任，规定了企业在建立早期预警机制时有向行政主管机构及时报告缺陷的义务。为实施 TREAD 法令，国家公路交通安全管理局颁布了《关于记录、保留潜在缺陷文件和信息的报告》，对《联邦行政法典》有关缺陷报告和召回的部分进行了细化、补充和解释。

美国法律对缺陷产品召回的程序及实施监督的程序规定得非常详细，从用户投诉、主管部门立案调查、汽车生产商自检，到召回公告的发布以及免费修理等，都有明确的规定。何时向主管部门报告、具体报告什么、采取何种补救措施、不采取补救措施该如何处罚，也都规定得一清二楚。由于法律和具体管理体制的相对健全和完备，在美国发生的缺陷汽车召回行动，绝大部分召回和解决安全问题的措施，都是在国家公路交通安全管理局介入之前由制造商自觉执行的。

在美国，汽车公司召回已售出的安全缺陷汽车的情形主要有以下几种：

(1) 制造商主动召回。由于美国实施的是"自愿认证，强制召回"制度，汽车进入市场的门槛比较低，但在严格的立法约束和激烈的市场竞争情况下，厂家为了保证品牌汽车的地位严格进行质量把关，制造商通过他们自己的实验、检测、售后信息收集系统和性能质量评估系统，以发现所存在的安全问题或者与安全标准不符合的零部件，由产品部门最高领导做出主动召回汽车的决定，并在 5 天内向国家公路交通安全管理局报告，并提出召回申请计划，申请一经批准，制造商必须立即通过分销商直接书面通知有关用户，对涉及故障的在用车辆采取措施，免费更换零件以消除事故隐患。

(2) 国家公路交通安全管理局下令强制召回。公路交通安全管理局从每年的几十万起车祸分析中发现汽车制造缺陷而作出车辆召回的决定；汽车用户向民间的汽车安全中心或公路交通安全管理局告发影响安全的车型，经查属实后，公路交通安全管理局责令汽车公司发出车辆召回通知。

汽车召回在美国司空见惯。国家公路交通安全管理局几乎每月都要公布数十起类似召回公报，但真正有重大安全隐患的只占少数。至今美国已总计召回了 2 亿多辆整车，2400 多万条轮胎。涉及的车型有轿车、卡车、大客车、摩托车等多种，全球几乎所有汽车制造厂在美国都曾经历过召回案例。

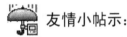 友情小帖示：

为了鼓励消费者监督和查询汽车召回信息，国家公路交通安全管理局特意建立了强有力的政府管理机构汽车召回网站。汽车消费者可以按照程序提交"汽车缺陷"的申请。另

外，消费者还可以查询所需购买的二手车是不是经过汽车召回的修理，以及交通事故记录、品牌召回记录等。

5) 汽车保用法(简称柠檬法)

由于车主买了一辆常出故障的车就如同口含酸柠檬一样难受，所以汽车保用法又称柠檬法。

(1) 柠檬法的特点。将汽车质量否决权交给车主，将质量不好带来的损失交给汽车公司。柠檬法规定：只要符合柠檬法的条件，车主不用上法庭，只要将修理收据寄给消费者协会(州下属的)，就可要求换车或退款。为此，车主每次去经销商指定维修点修车时，都要将记录有修理项目、零件费用、人工费用及停驶天数的修理单据妥善保管，并记下送修日期和取车日期。

(2) 柠檬法的条件：

① 新车在保修期或一定行程内(各州规定不同)，如果故障达到了规定的次数(各州规定不同)。

② 新车在保修期或一定行程内(各州规定不同)，如果因故障或修理使得该车停用所累计的工作日达到了规定的天数(各州规定不同)。

纽约州的柠檬法是 1983 年开始实施的。到 1990 年时，已有 12 家汽车制造商向纽约市车主退款高达 10 亿美元，这使得美国的汽车公司对产品质量更加重视。

四、思考与练习

1. 单项选择题

(1) (C) 2012 年中国的汽车产销量再次刷新全球历史纪录，其中全年的销售量达到_____万辆。

A. 1364　　　　　B. 1850　　　　　C. 1930　　　　　D. 1806

(2) (C) 历史经验表明，当一个国家的人均 GDP 达到_____美元时，轿车开始走向普通家庭。

A. 2000　　　　　B. 2500　　　　　C. 3000　　　　　D. 5000

(3) (B)《中华人民共和国道路交通安全法》是由_____制定的法律。

A. 全国人大　　　B. 全国人大常委会　　C. 国务院　　　　D. 国务院各部委

(4) (A) 行政法规中用于对某一方面的行政工作作比较全面、系统的规定叫_____。

A. 条例　　　　　B. 规定　　　　　C. 办法　　　　　D. 规章

(5) (A)《机动车登记规定》属于_____。

A. 部门规章　　　　　　　　　　B. 地方政府规章

C. 行政法规　　　　　　　　　　D. 地方性法规

(6) (C) 行政法规是指由_____制定的规范性文件。

A. 全国人大　　　　　　　　　　B. 全国人大常委会

C. 国务院　　　　　　　　　　　D. 国务院各部委

(7) (B)《机动车驾驶证申领和使用规定》属于_____。

A. 法规　　　　　B. 规章　　　　　C. 命令　　　　　D. 指示

(8)（　A　）《道路交通事故处理程序规定》属于_____。

A. 部门规章　　　　　　　　　　B. 地方政府规章

C. 行政法规　　　　　　　　　　D. 地方性法规

(9)（　C　）_____由省、自治区、直辖市的人民代表大会及其常委会制定颁布的规范性文件。

A. 法律　　　　　B. 行政法规　　　　　C. 地方性法规　　　　　D. 规章

(10)（　B　）国家在发布政策的同时制定一些与之相配套的法规的根本原因是_____。

A. 便于政策的有效实施　　　　　B. 政策不具有法律效力

C. 政策具有国家强制力　　　　　D. 国际惯例

(11)（　B　）2004年由国家发改委颁布的《节能中长期专项规划》属于_____。

A. 法律　　　　　B. 政策　　　　　C. 法规　　　　　D. 规章

(12)（　A　）2009年3月10日由国务院颁布的《汽车摩托车下乡实施方案》属于_____。

A. 政策　　　　　B. 行政法规　　　　　C. 地方性法规　　　　　D. 规章

(13)（　B　）世界上第一个管制汽车排放的法规是_____。

A. 美国汽车召回法　　　　　　　B. 美国空气清洁法

C. 美国平均油耗法　　　　　　　D. 柠檬法

2. 填充题

(1) 中国汽车产业的持续发展，一要靠正确的__汽车消费政策__，优化消费环境、增强汽车消费者的信心；二要靠制定合理的__汽车技术法规__。

(2) 行政法规的名称只限定三种：__条例__、__规定__和__办法__。

(3) 我国的法律就其内容和制定的机关而言，可分为：__宪法__、__法律__和__规范性文件__。

(4) 宪法是国家的__根本__法，是一切法律的__立法基础__。它经过严格的立法程序，只有__全国人大__才能制定。

(5) 国外的汽车管理制度的主要内容有__产品认证__制度、__机动车注册__制度、__车辆检查__制度和__车辆维修__制度四个方面。

3. 是非题

(1) 法规的法律效力等同于法律的法律效力，但高于规章的法律效力。（　×　）

(2) 只有全国人大和它的常委会才能行使立法权，制定法律法规。（　×　）

(3) 基本法律规定国家某一方面的基本制度，只能由全国人大常委会制定。（　×　）

(4) 国务院及其所属机构发布的规范性文件均有全国性的效力。（　√　）

(5) 因为政策是由国家行政机关制定的，所以它具有法律效力。（　×　）

4. 问答题

(1) 汽车技术法规的主要内容有哪些？

答：汽车技术法规的主要内容有四个：安全法规、排放法规、噪声法规和油耗法规。

(2) 制定美国汽车保用法(简称柠檬法) 的目的是将汽车质量否决权交给车主, 将质量不好带来的损失交给汽车公司。那么满足柠檬法的条件有哪几个? 违反柠檬法有什么后果?

答: 满足柠檬法的条件有两个:

① 新车在保修期或一定行程内如果故障达到了规定的次数;

② 新车在保修期或一定行程内如果因故障或修理使得该车停用所累计的工作日达到了规定的天数。

违反柠檬法的后果是: 车主不用上法庭, 只要将修理收据寄给消协(州下属的), 就可要求换车或退款。

(3) 政策与法规的主要不同点有哪些?

答: ① 制定部门不完全相同。法规的制定除了行政机关外, 还包括人大或人大常委会。

② 法律效力不同。政策属于行政指导, 不具有国家强制力。

③ 内容的灵活性不同。就内容而言, 法律较呆板, 而政策较灵活。

第二节　汽车技术法规概述

一、国外汽车技术法规体系简介

1. 技术法规与标准

1) 技术法规的含义

GB/T 3935.1—1996 中的定义: 技术法规是规定技术要求的法规, 是直接规定或引用或包括标准、技术规范或规程的内容而提供技术要求的法规。

ISO/IEC 指南第 2 号及《世界贸易组织贸易技术壁垒协议》中的定义: 强制执行的规定产品特性或相应加工和生产方法的包括可适用的行政管理规定。技术法规也可以包括或专门规定用于产品、加工或生产方法的术语、符号、包装、标志或标签要求。

2) 技术法规的特点

汽车技术法规具有下述特点:

(1) 强制性。技术法规一旦发布, 与法规相关的机构、企业和用户等都必须自觉执行, 否则将依法惩罚(罚款或监禁)。

(2) 地域性。汽车技术法规受各国国情、经济条件和政策要求等诸多因素的影响, 即使在同一个国家, 也因自然条件、人口密度、车流密度和路况的不同而有所差异。美国各州结合当地具体情况制定本州汽车技术法规的做法值得各国借鉴。

(3) 时间性。汽车技术法规只有在特定的时间之内才适用。总的趋势是: 随着时间的推移, 技术法规越来越严格。

(4) 独立性。汽车技术法规一般都自成体系。例如汽车的安全法规和环保法规都自成体系, 而且相当完整。此外, 技术法规体系又在标准体系之外独立自成体系。

3) 制定汽车技术法规的意义

制定汽车技术法规的意义有三个:

(1) 汽车技术法规是汽车设计和制造的准则；

(2) 汽车技术法规是汽车认证的依据；

(3) 汽车技术法规是进出口商品检验的依据。

4) 标准

(1) 标准的含义。GB/T 3935.1—1996 中的定义：为在一定范围内获得最佳秩序，对活动或其结果规定共同的和重复使用的规则、导则或特性的文件。该文件经协调一致制定并经一个公认机构的批准。

ISO/IEC 指南第 2 号及《世界贸易组织贸易技术壁垒协议》中的定义：为了通用或反复使用的，由公认机构批准的非强制性的文件。标准规定了产品或相关加工和生产方法的规则、指南或特性。标准也可以包括或专门规定用于产品、加工或生产方法的术语、符号、包装、标志或标签的要求。

(2) 标准的内涵。标准的内涵是科学、技术、经济的综合结果，国际标准又特别强调先进经验，其实施目的是促进最佳的公众利益。

(3) 标准的级别。

① 国际标准，如 ISO 标准和 IEC 标准。

② 区域标准，如欧洲标准化技术委员会(CEN)制定的标准。

③ 国家标准，如美国汽车工程师学会标准(SAE)、美国材料试验协会标准(ASTM)。

对需要在全国范围内统一的技术要求，应当制定国家标准(含标准样品的制作)。我国的国家标准代号为"GB"。

④ 行业标准。由我国各主管部、委(局)批准发布，在该部门范围内统一使用的标准称为行业标准，如 QC 汽车行业标准、JB 机械行业标准、FJ 纺织行业标准、QB 轻工行业标准、TB 铁路行业标准等。

⑤ 地方标准。对没有国家标准或行业标准而又需要在省、自治区、直辖市范围内统一的工业产品的安全、卫生要求，可以制定地方标准。

⑥ 企业标准。企业生产的产品没有国家标准、行业标准和地方标准的，应当制定相应的企业标准，作为组织生产的依据。

友情小帖示：

ISO(International Organization for Standardization)是世界最大的非政府性国际标准化机构，1947 年 2 月 23 号成立，现有成员国 130 个，正式成员 88 个。

中国国家技术监督局(CSBTS)1978 年 9 月代表中国参加 ISO。

IEC(International Electric Technical Commission)成立于 1906 年，是世界最早的国际电工标准化机构。

IEC 与汽车工业最密切相关的技术委员会为 IEC/TC69(电动道路车辆和电动工业卡车技术委员会)。

IEC/TC69 包括如下工业组织：WG2(电动车辆系统)、WG3(车载电气能量储备系统)、WG4(电动道路车辆充电器和连接器)、IEC/TC69 与 IEC/TC21/SC21A 联合工作组(电动道路车辆和混合动力道路车辆用牵引蓄电池)。

5) 法规与标准的区别

(1) 制定目的不同。制定法规的目的是约束人类的行为规范，以维护社会生产及生活的正常秩序和公共利益；而制定标准的目的是为了防止技术的不一致和不协调，以维持各方的经济利益。

(2) 制定部门不同。法规是由国务院或省人大、人大常委会制定的；而标准是由利益各方合作制定并由标准化机构批准的。

(3) 法律效力不同。法规具有强制性；而标准只推荐使用，只有在被法规引用时才具有强制性。

(4) 内容构成不同。标准一般只包括技术方面的内容，而技术法规除了技术的内容外，一定还包括因管理需要而由行政部门制定的行政规则，如内容中包括有便于法规贯彻而设置的管理程序和违犯时的制裁措施等。

以美国联邦机动车安全标准 FMVSS 107(反射表面法规)为例，便可以看出法规与标准的关系。FMVSS 107 规定了驾驶员视野范围内机动车内部反射表面的要求，其目的是防止因车内反射表面(如刮水器臂、车内反射镜框等)眩目而发生车祸。FMVSS 107 在定义视野范围时，引用了 SAE J941(机动车辆驾驶员视野范围)；在测定金属表面反射光泽时，引用了 ASTM D523 的 20° 测量法。由此可以看出，FMVSS 107 是引用了标准和技术规范的法规，而 SAE、ASTM 则是一般的推荐标准。FMVSS 107 是按照 DOT(美国运输部)法规的要求，在推荐的标准(SAE、ASTM 等)之外，另搞的一套自成体系的适用于认证的技术法规或强制性标准。美国既没有因 FMVSS 中的技术内容完全引用了相应的推荐标准而废弃 FMVSS，又没有脱离继承性而另搞一套来废弃 SAE、ASTM。而且，推荐性的 SAE 标准等一旦被 FMVSS 引用，就自然成为被强制执行的了。由此可见，标准与技术法规是既有密切联系又有区别而自成体系的。

2. 世界三大汽车技术法规体系的比较

汽车标准和技术法规既维护了社会利益，同时也直接影响着汽车产品的开发、生产和销售，所以世界各国及生产商对汽车法规的研究都十分重视。当前，世界上主要的汽车技术法规有美国汽车技术法规、欧洲汽车技术法规、日本汽车技术法规这三大汽车法规体系。此外，中国、加拿大、澳大利亚、沙特阿拉伯、香港、新加坡等国家和地区都有自己的汽车技术法规，但这些法规基本上都是参照美国技术法规或欧洲技术法规再结合本国具体情况制定的。日本汽车技术法规近些年来也逐渐向欧洲技术法规靠拢。随着国际交流的频繁，在世界范围内汽车技术法规必然要求简化和统一。

1) 美国汽车技术法规体系

美国是联邦制国家，各州均有立法权。因此，美国的汽车法规包括联邦法规和地方性法规。联邦政府根据国会通过的有关法律，如《国家交通及机动车安全法》、《机动车情报和成本节约法》、《噪声控制法》及《空气清洁法》等要求为依据，由联邦机动车安全局和联邦环保署制定有关汽车安全、环保和节能方面的汽车法规。

针对美国汽车技术法规本身的体系特点，可将美国联邦汽车技术法规分为如下 8 个版块：

(1) 美国联邦机动车安全标准(FMVSS)。具体内容见本章第一节内容，它相当于美国的汽车安全法规。

(2) 与 FMVSS 配套的管理性汽车技术法规。由于 FMVSS 只是具有技术内容,如限值指标、试验方法的技术法规,而不包括管理性的内容,因此美国运输部专门制定了一系列的管理性技术法规,以保证 FMVSS 的修订工作和有效的实施。这些法规同样都收录在 CFR 第 49 篇中,分别以该篇不同部分的形式出现。

目前,美国 NHTSA 对与 FMVSS 配套的管理性技术法规进行的修订工作包括:

① 修订 CFR 第 49 篇第 575 部分:"消费者信息法规",要求修改法规所规定的车辆信息标识,标明目前美国 NCAP 试验(包括前碰撞、侧碰撞和倾翻试验)得出的车辆总体安全级别(分数)。该法规修订内容适用于车辆总重(GVWR)不大于 10 000 磅的车辆。

② 2010 年 9 月 23 日,美国 NHTSA 和 EPA 联合发布通告,修订 CFR 第 49 篇第 575 部分和 CFR 第 40 篇第 600 部分,修改轿车和轻型载货车燃油标识,以向消费者提供更多的车辆燃油经济性信息,诸如燃料使用的成本、对环境的影响程度等。新的法规对不同的车辆类型规定了不同的标识式样,主要分为汽油或柴油车辆(包括非 plug-in 混合动力车辆)、乙醇/汽油双燃料车辆、天然气车辆、plug-in 混合动力车辆、电动车辆等。

(3) 美国汽车安全技术法规 FMVSS 的具体实施与汽车产品安全召回法规。美国对汽车安全技术法规的实施主要采用自我认证制度,即由汽车制造厂家对是否满足美国汽车安全法规进行自我检验申报,由政府实施事后监督的认证制度。首先,汽车制造厂家自行进行认证试验,以验证其产品是否满足美国汽车安全法规的要求,该试验的频率取决于厂家本身的质量控制水准和产品性能与法规要求之间的差距等。制造厂自我认证认为其产品满足美国汽车安全法规要求后,即在每一车辆或装备上贴上证明该车辆或装备符合法规要求的标签或标志,该车辆或装备就可以不经其他检验而进入市场。

美国主管汽车产品安全的运输部国家公路交通安全管理局(DOT/NHTSA),可以随时对汽车产品的自我认证进行监督抽查,如 NHTSA 可能在市场上随意购买一辆新车,并送交一独立的试验室按美国汽车安全法规进行试验,如发现不符合法规要求,NHTSA 将通知制造厂家,并要求其提供自我认证的资料进行审查,如果确定该车辆型式不符合法规要求,NHTSA 将责令制造厂家立即停止该型式车辆的销售,并对该车辆型式强制实施召回制度,即将所有已销售的该型式车辆由制造厂家予以召回,对不符合法规的缺陷进行纠正,全部费用由厂家承担,甚至还要负责事故赔偿,并交付罚款。由此可见政府对自我认证的监督措施相当严厉。NHTSA 根据《国家交通及机动车安全法》的授权和具体要求,制定并实施了一系列有关汽车产品安全召回的法规,它们同样都收录在 CFR 第 49 篇中,分别以该篇不同部分的形式出现。

(4) 美国汽车环保技术法规。在美国《噪声控制法》及《清洁空气法》的授权下,美国联邦环境保护署,即 EPA,制定了汽车的排放和噪声方面的汽车技术法规。美国联邦环境保护署成立于 1970 年 12 月,是由 5 个部门和独立于政府部门的 15 个单位合并而成的,直属联邦政府。它既是美国政府控制污染措施的执行机构,也是制定环保法规(包括大气、水质、噪声、放射性污染等方面的法规)的主要机构,所制定的这些法规都收录在美国联邦法规集(CFR)第 40 篇中,其中专门针对汽车(包括新车、在用车及发动机)排放控制的环保技术法规收录在 CFR 第 40 篇第 86 部分中。这些法规体系主要按照各种不同的车型及不同年份的车辆分为不同的法规分部，目前共有 20 个分部。

2010 年 5 月 7 日，NHTSA 和 EPA 联合发布轿车、轻型载货车、中型乘用车油耗与 CO_2 排放的新技术法规，对 CFR 第 40 篇第 86 部分 B 分部和 S 分部进行了相应的修订。

(5) 美国汽车排放控制方面的管理性法规。同美国汽车安全技术法规一样，美国环境保护署(EPA)还针对汽车的排放控制单独制定了一系列管理性的技术法规，它们主要收录在 CFR 第 40 篇第 85 部分中。

2010 年 5 月 7 日，NHTSA 和 EPA 联合发布轿车、轻型载货车、中型乘用车油耗与 CO_2 排放的新技术法规，对 CFR 第 40 篇第 85 部分 T 分部进行了相应的修订。

2010 年 9 月 23 日，美国 NHTSA 和 EPA 联合发布通告，修订 CFR 第 49 篇第 575 部分和 CFR 第 40 篇第 600 部分，修改轿车和轻型载货车燃油标识。

(6) 美国汽车噪声技术法规。美国目前仅对中重型载货车和摩托车制定了噪声技术法规，相关内容收录在 CFR 第 40 篇第 205 部分。

(7) 美国汽车节能技术法规。根据《机动车情报和成本节约法》的授权，美国运输部国家公路交通安全管理局(NHTSA)以法规的形式制定美国汽车燃油经济性标准，主要规定了制造厂商在各车型年(Model Year)内必须遵守的公司汽车平均燃料经济性指标，即各公司在各车型年内所生产的所有车型的最高平均燃油经济性水平，简称 CAFE，单位为英里/加仑。这部分法规同样收录在 CFR 第 49 篇中。此外，美国 EPA(联邦环境保护署)也根据《机动车情报和成本节约法》制定了一系列有关节能的汽车技术法规，这些法规主要规定了燃料经济性的试验规程、计算规程、标识等方面的内容，它们都收录在 CFR 第 40 篇中的第 600 部分。美国汽车燃油经济性标准同样采取自我认证的实施方式。

(8) 美国汽车防盗技术法规。1984 年美国发布《机动车辆防盗法实施令》，根据该法令的规定，相应在美国《机动车辆信息及成本节约法》中增加新的一篇——第六篇：防盗。这些法律规定为了防止盗窃机动车辆后，非法拆解获取其零部件，要求乘用车辆(Passenger Cars)及其主要的可更换零部件必须带有车辆识别代号(VIN)；要求美国运输部完成旨在减少和阻止机动车辆盗窃的法规制定工作，包括制定机动车辆防盗技术法规，选择确定哪些车辆及这些车辆中的哪些零部件具有较高被盗风险(定量地确定出车辆的被盗率)，必须带有车辆识别代号(VIN)；要求保险公司有义务向美国联邦政府提供有关车辆被盗及被找回的情况记录。

从 1985 年开始，美国运输部(DOT)国家公路交通安全管理局(NHTSA)在上述法律的授权下，对机动车辆防盗发布了一系列技术法规。

1992 年美国政府又公布《1992 年反轿车盗窃法》，进一步加强对车辆防盗的法制化管理。该法规定拥有或开办"拆解场(Chop Shop)"、拆解被盗窃车辆都将被联邦政府视为严重的犯罪，将被处以严厉的惩罚；该法要求建立全国性的机动车辆产权证信息联网系统，并相应出台了专门的法律，这样当犯罪分子将被盗车辆拿到其他的州办理新的产权证时，就可以通过车辆 VIN 号码或其他数据在该信息联网系统中查到被盗车辆原有产权证的所有真实信息，杜绝犯罪分子重新获得合法的产权证，也使任何一个车辆购买者能通过此信息联网系统了解该车辆的真实来源和历史，避免买到被盗窃的车辆。《1992 年反轿车盗窃法》规定该法将由美国运输部负责具体执行，1996 年国会对该法进行了修订，将该法转交美国司法部执行。

美国的机动车技术法规是以篇、部分和分部的形式归类的，由于安全技术法规和环保技术法规分别是由运输部和环保局制定的，因此技术法规结构形式上又有区别，即安全技术法规的有些技术要求与政府的管理规则相对分离，而环保技术法规中的技术要求与政府的管理规则完全一致。

2) 欧洲汽车技术法规体系

欧洲各国除有自己国家的汽车法规外，还有两个地区性的汽车法规：一是联合国欧洲经济委员会(Economic Commission for Europe，ECE)制定的汽车法规；二是欧洲经济共同体(European Economic Community，EEC)制定的指令(Directives)。

 特别提示：

原欧洲经济共同体组织(EEC 组织)，简称欧共体(EC)组织，该组织现在称为欧洲联盟(EU)；而原欧洲经济共同体的汽车技术指令(EEC 汽车技术指令)，现一般称为欧共体汽车技术指令(EC 汽车技术指令)。

(1) ECE 汽车技术法规。ECE 法规由联合国欧洲经济委员会下属的道路运输工作组的车辆结构专家组(WP29)负责起草。WP29 工作组于 1993 年在联合国欧洲经济委员会下的道路运输委员会创建，负责制定统一的欧洲汽车安全和保护法规。但是由于 1998 年日内瓦协议书签订后，美国、加拿大、澳大利亚、日本和南非以缔约国的身份参与了工作，因此，欧美日三方首次合作，使 ECE/WP29 成为实现法规国际一体化的论坛，并改其名称为"联合国世界车辆法规协调论坛"。

ECE/WP29 工作组下属专家组每年召开两次会议讨论 ECE 法规的制定、修订工作，在广泛听取缔约国和非缔约国意见的基础上，共同研讨法规的制定修订方式，保证了法规制定、修订的公正性与公开性。ECE 法规在保证汽车安全、环保、节能的基础上，更加重视法规的协调性、适用性和可操作性。

 特别提示：

WP29 下设 6 个工作小组：噪声专家组(GRB)、灯光及灯光信号专家组(GRE)、污染与能源专家组(GRPE)、制动和底盘专家组(GRRF)、一般安全专家组(GRSG)和被动安全专家组(GRSP)。

ECE 汽车技术法规在实施上有一定的自由度，缔约方如果对一项新的 ECE 法规或法规修正本在投票表决中投了反对票，就可以不采用该法规或修正本，已采用某一项 ECE 法规的缔约方可以随时宣布停止采用该法规。只有采用了某一项 ECE 法规的缔约方之间才互相承认按照此项 ECE 法规对汽车零部件产品颁发的 ECE 型式批准，获得此 ECE 型式批准的产品就能够进入这些国家而不需要再进行检验和认证。

(2) EC 汽车技术指令。EC 汽车技术指令是欧洲经济共同体组织以 1957 年各成员国共同签订的《罗马条约》为基础，制定的一系列有关机动车安全、环保、节能及车辆有关部件要求统一方面的、强制执行的 EC 汽车技术指令，以消除欧盟成员国之间的贸易壁垒。

1991 年，欧洲经济共同体的部长理事会通过了《罗马条约》的修正案，该条约的实施生效使 EEC 逐步由一个单纯的经济实体转变为政治、外交和军事实体。

EC 汽车技术指令主要由 56 项汽车技术指令、14 项摩托车技术指令、7 项与车辆产品有关的技术指令和国民经济其他行业技术指令等构成。EEC/EC 汽车技术指令一经下达后，就要在共同体成员国内强制执行，并优先于本国法规。所以 EEC/EC 汽车技术指令在成员国内是强制性的；而 ECE 法规在成员国内则是自愿的。

EC 汽车技术指令主要有以下几个特点：

① 规定了该指令所适用的汽车的定义；

② 某种汽车部件符合指令提出要求时，任何成员国不得以其他借口拒绝给使用该部件的汽车批准 EEC 型式认证；

③ 如果车辆的部件符合指令提出的要求，任何成员国不得拒绝或禁止该型车辆的进口销售、登记领照等；

④ 需要修订指令中的技术要求时，应按 70/56/EEC 指令中规定的程序进行；

⑤ 各成员国在接到本指令后 18 个月内，付诸实施；

⑥ 每一项指令的附件内容大致包括技术要求、试验方法、EEC 型式认证申请及规定、EEC 型式认证证书式样等。

尽管 ECE 汽车技术法规和 EEC/EC 指令由两个不同的组织机构发布，但是由于两大组织机构间有着极为密切的联系，几乎所有的 EC 国家都是 ECE 的核心国家，所以 EEC/EC 指令从法规内容上来看，与 ECE 法规大多数项目基本相同。在 120 余项 EEC/EC 指令中，有关汽车的项目为 66 项，其中 59 项是与 ECE 法规完全等同的，其他项目在很大程度上也有着相似性。

(3) EC 汽车技术指令与 ECE 汽车技术法规的区别。主要区别有如下几点：

① 制定的法律依据不同。ECE 汽车技术法规依据的是《1958 年协定书》；而 EC 汽车技术指令依据的是 1957 年《罗马条约》及 1991 年修正案《马斯特里赫条约》。

② 编号方法不同。所有 ECE 汽车技术法规中的编号是指法规中附件的序号及第几次修订，例如：ECE R83–02，表示 ECE 法规中第 83 附件第 2 次修订本；而 EC 汽车技术指令中的编号是按年度和印发时间顺序统一编号的，例如：70/156/EEC 表示 1970 年度内印发的所有 EC 指令中的顺序。

③ 制定的组织机构不同。ECE 汽车技术法规的制定如图 1-2 所示。

图 1-2　ECE 汽车技术法规的制定部门

而 EC 汽车技术指令是由欧洲议会/部长理事会/欧洲委员会制定，由欧洲议会和部长理事会批准和监督的。

④ 执行规则不同。ECE 汽车技术法规在缔约国中是自愿采用的，而 EC 汽车技术指令在成员国中是强制执行的。

⑤ 涉及的部件不同。ECE 汽车技术法规只涉及汽车零部件及系统，而 EC 汽车技术指令同时涉及整车和零部件。

3) 日本汽车技术法规体系

日本的汽车技术法规是以道路车辆法为法律基础，以道路车辆安全基准为核心的，因此属于法律性的规定，由日本运输省负责制定。

日本的汽车标准则是在日本工业标准调查委员会(JISC)主持下制定的，其依据是日本的工业标准化，主要通过日本汽车工程师协会(JSAE)的专家以民间形式组织制定日本工业标准(JIS)与日本汽车标准(JASO)。

由于日本的汽车工业以出口为主，因此日本生产汽车执行的标准法规大多为美国 FMVSS 法规和欧洲 ECE 法规。又由于日本在 1998 年加入《1958 年协定书》后积极开展与欧洲 ECE 法规的协调工作，并逐步向 ECE 法规靠拢，因此日本汽车技术法规作为国际三大典型汽车技术法规体系的特点正在不断地弱化。

世界三大汽车技术法规的发展趋势是：

(1) 技术法规将走向统一，向 ECE 法规靠拢；

(2) 技术法规标准越来越严格；

(3) 制定法规与税收优惠相结合；

(4) 新的法规标准将成为未来汽车业竞争的主要内容。

3. 全球化的主要汽车法规

目前，全球化的汽车法规主要有两个，一是《全球性汽车技术法规协定书》(简称《1998 年协定书》)；二是《联合国气候变化框架公约》。

1) 《1998 年协定书》

联合国欧洲经济委员会为了开辟市场、促进经济增长、促进国际贸易，于 1958 年在日内瓦签订了《关于采用统一条件批准机动车辆和零部件并互相承认批准的协定书》(简称《1958 年协定书》)，即统一汽车产品认证条件的协定书。根据这个协定，欧洲经济委员会缔约国之间制定了一套统一的汽车法规，对需要认证的汽车及零部件，采用这套统一的法规进行认证，并且对各成员国的认证相互承认。这就大大简化了国际间的汽车认证程序，统一了各国的法规要求，促进了国际间的技术交流和自由贸易。

《1958 年协定书》的全称为《关于对轮式车辆、安装和/或用于轮式车辆的装备和部件采用统一条件并相互承认基于上述条件批准的协定书》，实施机构为联合国世界车辆法规协调论坛(UN/WP29)。WP29 制定并实施《1958 年协定书》的主要目的和要求是：各国通过签订该协定书，成为其缔约方，共同制定修订欧洲统一的汽车技术法规——ECE 法规，并按照该法规对汽车产品实施统一的型式批准制度。随后，联合国欧洲经济委员会下辖专业组又制定了 115 个 ECE 汽车技术法规作为它的附件，即 1 个协定书和 115 个 ECE 汽车技术法规。《1958 年协定书》出台后，分别于 1967 年 11 月 10 日和 1995 年 10 月 16 日做过两次修订。概括而言,《1958 年协定书》主要涉及以下两个不同的层面,一是各缔约方共同制定、修订统一的 ECE 汽车技术法规,二是各缔约方统一按照 ECE 法规对汽车(含摩托车)零部件产品实施汽车产品型式批准,并彼此承认此型式批准,这就是国际上通常所说的"一次认证,普遍承认"。

经过 WP29 对《1958 年协定书》50 多年的成功运作,ECE 法规和 ECE 的汽车产品型式批准制度成为在整个国际范围内具有深远影响力的汽车技术法规和产品认证制度。ECE技术法规不仅在欧洲实施,也被广大的非欧洲国家所采用。

WP29《1958 年协定书》共有 41 个缔约方:即德国(E1)、法国(E2)、意大利(E3)、荷兰(E4)、瑞典(E5)、比利时(E6)、匈牙利(E7)、捷克(E8)、西班牙(E9)、塞尔维亚和黑山(E10)、英国(E11)、奥地利(E12)、卢森堡(E13)、瑞士(E14)、挪威(E16)、芬兰(E17)、丹麦(E18)、罗马尼亚(E19)、波兰(E20)、葡萄牙(E21)、俄罗斯(E22)、希腊(E23)、爱尔兰(E24)、克罗地亚(E25)、斯洛文尼亚(E26)、斯洛伐克(E27)、白俄罗斯(E28)、爱沙尼亚(E29)、波斯尼亚及黑塞哥维亚(E31)、拉脱维亚(E32)、保加利亚(E34)、立陶宛(E36)、土耳其(E37)、阿塞拜疆(E39)、马其顿共和国(E40)、欧洲联盟(E42)、日本(E43)、澳大利亚(E45)、乌克兰(E46)、南非(E47)、新西兰(E48)。其中,括号中的"E"和后面的数字表示该缔约方对汽车产品 ECE型式批准的专用批准标志代号。如 E1 为德国专用的 ECE 型式批准标志代号,E13 为卢森堡专用的 ECE 型式批准标志代号。标志 E15、E30、E33、E35、E38、E41、E44 为未分配的备用标志。

1998 年,联合国世界车辆法规协调论坛(UN/WP29)推出了《全球性汽车技术法规协定书》(简称《1998 年协定书》),使汽车技术法规逐渐真正走向全世界。《1998 年协定书》的缔约国除了当初的 41 个国家外,又加入塞浦路斯(E49)、马尔它(E50)、韩国(E51)、马来西亚(E52)、泰国(E53)、黑山(E56)、突尼斯(E58)等。根据 2009 年 11 月 25 日至 27 日在越南首都河内召开的亚洲地区政府/工业界(简称为 G/I 会议)第 14 届会议上各国介绍的情况,如下一些东南亚和南亚国家正在履行或讨论签署《1998 年协定书》:越南(计划 2010 年签署)、菲律宾和印度尼西亚(计划 2011 年签署)、新加坡(2010/2011 年签署)、印度。日本作为一个非欧洲国家,自 1998 年 11 月 24 日加入《1998 年协定书》后,即开始有计划有步骤地积极采用 ECE 法规,到目前为止,日本一共采用 38 项 ECE 法规。我国加入《1998 年协定书》的时间为 2000 年 10 月 10 日。

根据《1998 年协定书》的规定,某一汽车产品(部件或系统)的生产厂家可以向任何一个采用相应 ECE 法规的《1998 年协定书》缔约方的负责汽车产品型式批准工作的政府主管部门(也就是负责向产品颁发 ECE 型式批准的部门,各国一般都为主管运输和工业的部门)提出型式批准的申请,并随同申请书提供该 ECE 法规中所规定的技术资料和一定数量的样品,到该缔约方政府所指定的型式批准技术服务机构进行试验,如果通过试验并经该缔约方的型式批准主管部门验证具有可靠的生产一致性控制,即可获得 ECE 的汽车产品型式批准,型式批准主管部门向生产厂家颁发批准标志(即 E 标志)和批准通知书。批准标志由生产厂家粘贴或刻印在同一型式的每一汽车产品上,批准通知书由批准该产品型式的缔约方负责送交其他所有采用该 ECE 法规的《1998 年协定书》缔约方,这些国家有义务承认该汽车产品已获得的 ECE 型式批准,在该产品进入其市场时无需重新进行型式批准或其他检验、认证。对某一汽车产品颁发型式批准的缔约方要始终负责该产品的生产一致性控制的监督和审查工作(原则上对生产厂家每两年审查一次)。

对于已获得 ECE 型式批准的汽车产品,如果某一缔约方发现由另一缔约方按法规要求已授予型式批准的产品与批准型式不符,应通知授予该批准的缔约方主管部门,由它采取必要的措施使这些产品符合经批准的型式,并将所采取的措施通知其他缔约方。必要的话,这些措施可以包括撤销对这些产品的型式批准。当这些产品可能对道路安全和环境保护构成威胁时,任何缔约方可在其国内禁止使用和销售这些产品。

2003 年 6 月 23 日,联合国世界车辆法规协调论坛第 130 次会议上,一份名为《在全球技术法规中使用的统一定义和规程的特别决议》的文件获得正式通过。行业内,这份文件被简称为(S.R.I)(第一号特别决议)。(S.R.I)主要规定了在其他所有全球技术法规中使用的有关车辆定义等最基础的内容。在《1998 年协定书》出台之后,全球统一汽车技术法规就被提上议事日程。由于不同国家的汽车技术法规对车辆的定义、分类、质量、尺寸等规定都不尽相同,因此在制定全球统一技术法规之前,必须先将这些概念统一起来。可以说,(S.R.I)的出台为后续的各项全球技术法规的制定扫清了障碍,也为各国调整各自现有的技术法规提供了充分的时间。

2) 《联合国气候变化框架公约》

《联合国气候变化框架公约》(简称《公约》)是 1992 年 5 月在联合国纽约总部通过的,同年 6 月在巴西里约热内卢举行的联合国环境与发展大会期间正式开放签署。《公约》的最终目标是"将大气中温室气体的浓度稳定在防止气候系统受到危险的人为干扰的水平上"。

《公约》是世界上第一个为全面控制二氧化碳等温室气体排放,应对全球气候变暖给人类经济和社会带来不利影响的国际公约,也是国际社会在应对全球气候变化问题上进行国际合作的一个基本框架。目前已有 192 个国家批准了《公约》,这些国家被称为《公约》缔约方。此外,欧盟作为一个整体也是《公约》的一个缔约方。

《公约》于 1994 年 3 月生效,奠定了应对气候变化国际合作的法律基础,是具有权威性、普遍性、全面性的国际框架。《公约》规定每年举行一次缔约方大会。自 1995 年 3 月 28 日首次缔约方大会在柏林举行以来,缔约方每年都召开会议。第 2 至第 6 次缔约方大会分别在日内瓦、京都、布宜诺斯艾利斯、波恩和海牙举行。

(1) 《京都议定书》。1997 年 12 月,第 3 次缔约方大会在日本京都举行,会议通过了《京都议定书》,对 2012 年前主要发达国家减排温室气体的种类、减排时间表和额度等作出了具体规定。

作为《联合国气候变化框架公约》的补充条款,《京都议定书》于 2005 年开始生效。根据这份议定书,从 2008 年到 2012 年间,主要工业发达国家的温室气体排放量要在 1990 年的基础上平均减少 5.2%,发展中国家没有减排义务,对各发达国家来说,从 2008 年到 2012 年必须完成的削减目标是:与 1990 年相比,欧盟将 6 种温室气体的排放量削减 8%,美国削减 7%,日本削减 6%、加拿大削减 6%、东欧各国削减 5%～8%。新西兰、俄罗斯和乌克兰则不必削减,可将排放量稳定在 1990 年水平上。议定书同时允许爱尔兰、澳大利亚和挪威的排放量分别比 1990 年增加 10%、8%、1%。

美国人口仅占全球人口的 3% 至 4%,而所排放的二氧化碳却占全球排放量的 25% 以上。美国曾于 1998 年 11 月签署了《京都议定书》，但在 2001 年 3 月，布什政府以"减少温室气体排放将会影响美国经济发展"和"发展中国家也应该承担减排和限排温室气体的义务"为借口，宣布拒绝执行《京都议定书》，澳大利亚霍华德政府也随即步美国后尘退出了《京都议定书》。布什政府的这一举动险些让《京都议定书》流产，因为《京都议定书》需要在占全球温室气体排放量 55%的至少 55 个国家批准之后才具有国际法效力。2004 年 10 月，排放量占 17.4%的俄罗斯批准了《京都议定书》，才使签约的工业化国家总排放量超过了 61%，《京都议定书》随即于 2005 年 2 月 16 日正式生效。中国于 1998 年 5 月 29 日签署了该议定书。2002 年 8 月 30 日，中国常驻联合国代表向联合国秘书长安南交存了中国政府核准《〈联合国气候变化框架公约〉京都议定书》的核准书。

《京都议定书》采取了三个非常灵活的跨国减排方式：联合履行、清洁发展机制、排放额交易，正是由于这些灵活方式才使《议定书》最终获得绝大多数工业化国家支持。

"联合履行"指的是，两个或两个以上有减排任务的国家可以共同合作，以实现两国的总减排目标。这样做的理由是，地球的大气层是一个整体，无论在哪里减少了温室气体的排放量，对全球气候的影响基本上是等效的。譬如，欧盟 15 国就是以一个集体的方式共同参与减排的。

"联合履行"方式仅限于都有减排任务的国家，而"清洁发展机制"则可以让一个有减排任务的发达国家通过帮助发展中国家实现自己的减排任务。比方说，英国可帮助波兰发展低能耗的电厂。这样的话，波兰在此项目中削减的排放量可算到英国的头上。通过这种方法，英国可以用更少的资金减少更多的排放量，而波兰也得到了技术和实惠。

第三种方式就是"排放额交易"。《议定书》允许一个国家向另一个国家购买排放额。这个方式主要是给发展中国家提供回旋空间。譬如，英、法、德等发达国家因为经济已成功转型，而且环保技术更先进，可以节约下一些排放量配额出售给发展中国家，如爱尔兰、葡萄牙和西班牙等欧洲国家。不过，考虑到发展中国家的经济实力，排放量配额的价格并不高。

(2)《哥本哈根协议》。为了解决《京都议定书》于 2012 年第一承诺期到期后的温室气体减排问题，联合国气候变化大会于 2009 年 12 月 7 日至 18 日在丹麦首都哥本哈根召开，全世界 119 个国家的领导人与联合国及其专门机构和组织的负责人出席了会议。会议的规模及各方面对会议的关注足以体现出国际社会对应对气候变化问题的高度重视，以及加强气候变化国际合作，共同应对挑战的强烈政治意愿，并向世界传递了合作应对气候变化的希望和信心。由于最终达成的是不具法律约束力的《哥本哈根协议》，所以，实际上《哥本哈根协议》草案并未获得通过。

(3) 温室效应简介。

① 温室效应的概念。温室效应是指大气层中的 CO_2 像塑料大棚一样，能让太阳光射入却不让热量散发出去，导致地球变暖的现象。温室效应又称"花房效应"，是大气保温效应的俗称。如果大气不存在这种效应，那么地表温度将会下降约 30℃。

② 导致温室效应的元凶。温室效应主要是由于现代化工业社会过多燃烧煤炭、石油和天然气，这些燃料燃烧后放出大量的二氧化碳气体进入大气造成的。二氧化碳气体具有吸热和隔热的功能。它在大气中增多的结果是形成一种无形的玻璃罩，使太阳辐射到地球上

的热量无法向外层空间发散，其结果是地球表面变热起来。二氧化碳是数量最多的温室气体，约占大气总容量的 0.03%。

含氯原子的氟利昂(氟氯烃)制冷剂除了能破坏大气臭氧层外，也是导致温室效应的元凶之一。除此之外，氮氧化合物也会导致温室效应。

③ 温室效应的主要危害。

a. 使气候变暖。全球气候变暖主要是温室效应引起的，工业革命以来，大量化石能源被开采用作工业生产、交通运输和居民生活，导致大气中的二氧化碳浓度上升，加剧了温室效应，打破了原有的平衡，使地球接收来自太阳的热多于地球散放到太空的热量，从而导致全球气候变暖。如果二氧化碳含量增加一倍，全球气温将升高 3℃～5℃，两极地区可能升高 10℃，气候将明显变暖。

b. 使海平面上升。海平面的升高将直接威胁沿海国家以及世界 30 多个海岛国家的生存与发展。据联合国环境署提供的资料，20 世纪海平面升高了 10～25 cm。照此推算，21 世纪将继续升高 15～95 cm。

c. 加快水蒸发。水蒸发加快会改变大气循环模式，使气候变化加剧，引发热浪、飓风、洪涝及干旱等灾害。

d. 增加呼吸道疾病、癌症、头痛等发病率，并助长热带流行性疾病(疟疾、登革热等)的滋生和蔓延。

e. 使雨量急剧减少，土地荒漠化加快，淡水资源减少，并最终危及被称为地球之肺的森林。

二、中国汽车技术法规体系

1. 构成

中国至今还没有建立完整的汽车技术法规体系，暂时由国家标准、中国机动车设计规则 CMVDR 和政府行政管理文件三部分构成，如图 1-3 所示。其中，汽车强制性标准是技术法规的主要表现形式。

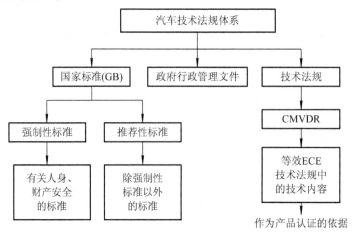

图 1-3　中国汽车技术法规构成

技术法规对推动汽车工业技术进步的作用是不用置疑的。在我国汽车技术法规还没有完整建立之前，强制性标准目前仍具有不可替代的作用。中国汽车强制性标准体系如图 1-4 所示。

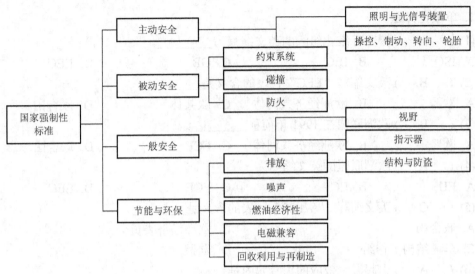

图 1-4　中国汽车强制性标准体系

中国汽车强制性标准体系表如表 1-1 所示。

表 1-1　中国汽车强制性标准体系表

列入强标体系项目总数(135)	主动安全(38)		被动安全(33)			一般安全(37)			环保与节能(27)					总计	合计
	照明与光信号装置	操控、制动、转向、轮胎	座椅、门锁、安全带、凸出物	车身、碰撞、防护	防火	视野	指示与信号装置	车辆结构与防盗	污染物排放	噪声	燃油经济性	电磁兼容	回收利用与再制造		
	(28)	(10)	(13)	(14)	(6)	(6)	(7)	(24)	(13)	(3)	(6)	(3)	(2)		
汽车(111)	22	8	12	14	5	5	6	21	8	1	4	3	2	111	135
摩托车(24)	6	2	1	0	1	1	1	3	5	2	2	0	0	24	

已发布项目(112)	主动安全(34)		被动安全(28)			一般安全(27)			环保与节能(23)					总计	合计
	照明与光信号装置	制动、转向、轮胎	座椅、门锁、安全带、凸出物	车身、碰撞、防护	防火	视野	指示与信号装置	车辆结构与防盗	污染物排放	噪声	燃油经济性	电磁兼容	回收利用与再制造		
	(25)	(19)	(11)	(14)	(4)	(6)	(6)	(15)	(13)	(3)	(5)	(2)	(0)		
汽车(86)	19	7	10	13	3	5	5	12	8	1	3	2	0	88	112
摩托车(24)	6	2	1	0	1	1	1	3	5	2	2	0	0	24	

2. 中国汽车技术法规参照 ECE 技术法规的原因

我国已于 2000 年 10 月 10 日加入《全球性汽车技术法规协定书》(简称《1998 年协定书》)，强制性标准及 CMVDR 均参照欧洲的 ECE 汽车技术法规体系，但只转化了 ECE 技术法规中的技术内容，没有相应行政管理规定。其中，强制性标准参照的多为 ECE 20 世纪 90 年代初的文本，而技术内容则相对 ECE 标准要落后 5～10 年。

三、思考与练习

1. 单项选择题

(1) (A) 国际标准化组织的英文缩写为_____。

A. ISO   B. IEC   C. GB   D. EEC

(2) (B) 英文缩写"EEC"代表的含义是_____。

A. 欧盟   B. 欧洲经济共同体   C. 欧共体   D. 联合国

(3) (B) 欧洲联盟在 1991 年前称_____。

A. 欧盟   B. 欧洲经济共同体   C. ECE   D. 联合国

(4) (A) 欧洲联盟的英文缩写为_____。

A. EU   B. EC   C. ECE   D. EEC

(5) (C) 英文缩写 "WP29" 代表的含义是_____。

A. 联合国   B. 欧洲经济委员会

C. 车辆结构工作组   D. 欧盟

(6) (A) 引起温室效应的头号元凶是_____。

A. CO_2 B. R12   C. R134a   D. HC

(7) (D) 下列_____的排放会引起温室效应。

A. CO_2 B. 含 Cl 原子的氟利昂

C. 制冷剂   D. A + B

(8) (B) 世界上第一个管制汽车排放的法规是_____。

A. 美国汽车召回法   B. 美国空气清洁法

C. 美国平均油耗法   D. 柠檬法

(9) (D) 目前中国还没有严格意义上的汽车技术法规，其主要内容是_____。

A. 行政管理文件   B. 推荐性标准

C. CMVDR   D. 强制性标准

(10) (A) 中国汽车的技术法规参照欧洲汽车技术法规体系制定的主要原因是_____。

A. 我国是《1998 年协定书》的缔约国   B. 欧洲是汽车的诞生地

C. 欧洲是汽车技术发展的推动者   D. 我国是《1958 年协定书》的缔约国

(11) (B) 中国的汽车技术法规主要是参照_____汽车技术法规。

A. 欧洲联盟的 EC 汽车技术指令   B. 联合国欧洲经济委员会 ECE 汽车技术法规

C. 美国的 EC 汽车技术指令   D. 美国的 ECE 汽车技术法规

(12) (B) 2005 年 2 月 16 日生效的《京都议定书》主要是解决 2008 年至 2012 年第一承诺期的_____问题。

A. 臭氧层破坏   B. CO_2 排放   C. CO 排放   D. HC 排放

2. 填充题

(1) EC 汽车技术指令在成员国中是__强制__执行的，而 ECE 汽车法规在缔约国中是__自愿__采用的。

(2) 联合国欧洲经济委员会的英文缩写是：＿＿ECE＿＿；欧洲联盟即以前的欧共体的英文缩写是：＿＿EC＿＿；联合国欧洲经济委员会下的车辆结构工作组的英文缩写是：＿＿WP29＿＿。

3. 是非题

(1) ECE 汽车法规在缔约国中是自愿采用的。（ √ ）

(2) EC 汽车技术指令在成员国中是自愿采用的。（ × ）

(3) 根据《京都议定书》规定，不管是工业化国家还是发展中国家，对温室气体都有减排义务。（ × ）

(4) 引起温室效应的头号元凶是 CO_2。（ √ ）

(5) 引起温室效应的头号元凶是 R12。（ × ）

(6) 到目前为止，中国还没有建立完整的汽车技术法规体系，汽车强制性标准是技术法规的主要表现形式。（ √ ）

(7) 制定标准的目的是为了维护各制造厂家的经济利益。（ √ ）

(8) 制定标准的目的是为了维护用户的经济利益。（ × ）

(9) 制定法规的目的是为了维护社会的正常秩序和公共利益。（ √ ）

(10) 国家颁布的强制性标准都属于法规。（ √ ）

4. 多项选择题

(1) （ A B C ）汽车技术法规具有下列＿＿＿＿特征。

A. 强制性 　　　　B. 地域性 　　　　C. 时间性 　　　　D. 属人性

(2) （ A C ）欧洲汽车技术法规主要由＿＿＿＿构成。

A. EC 汽车技术指令 　　　　　　　B. FMVSS 联邦机动车安全标准

C. ECE 汽车技术法规 　　　　　　　D. 联邦汽车燃料经济性标准法规

(3) （ B C ）下列＿＿＿＿属于全球性的汽车技术法规的范畴。

A.《1958 年协定书》 　　　　　　　B.《1998 年协定书》

C.《京都议定书》 　　　　　　　　D.《柠檬法》

(4) （ A B ）ECE 汽车技术法规主要涉及＿＿＿＿内容。

A. 零部件 　　B. 系统部件 　　C. 整车 　　D. 油品

(5) （ A B C ）EC 汽车技术指令主要涉及＿＿＿＿内容。

A. 零部件 　　B. 系统部件 　　C. 整车 　　D. 油品

(6) （ A B ）下列＿＿＿＿释放到大气中会引起"温室效应"。

A. CO_2 　　B. R12 　　C. R134a 　　D. R600a

(7) （ B D ）所谓"温室效应"是指大气中的二氧化碳＿＿＿＿。

A. 不让阳光进入 　　　　　　　　B. 让阳光进入

C. 让热散发出去 　　　　　　　　D. 不让热散发出去

(8) （ A B C D ）"温室效应"导致的后果有＿＿＿＿。

A. 海平面上升 　　　　　　　　　B. 热带流行性疾病增加

C. 增加呼吸道疾病 　　　　　　　D. 雨量急剧减少

第二章 车辆认证与汽车技术法规

第一节 汽车产品认证制度

一、国际上汽车产品认证制度的类型

目前，世界各国都对汽车产品采取统一的管理制度。由于各国具体政体、国情不同，经济发展水平不同，汽车工业规模不同，目前大体形成了美国、欧洲、日本三种类型。这三种认证，经过几十年的运转和不断改革，体系已相当完善，成为其他国家建立汽车认证制度的样板。它们遵循的各项原则也成为国际惯例，为世界各国所接受。

1. 自我认证、强制召回制度(美国)

新车上市前产品是否符合法规，企业有自主处置权，政府不加以干预，不需国家强制审批，只要厂家认为产品符合法规要求即可投入生产和销售，政府只是事后抽查和监督，一旦发现缺陷将强制召回，并处以重罚(造成交通事故的)。

美国政府为确保车辆符合联邦机动车安全法规的要求，规定国家公路交通安全署(NHTSA)可随时在制造商不知情的情况下对市场中销售的车辆进行抽查，也有权调验厂家的鉴定实验室数据和其他证据资料。为保证公正性，监督费用全部由政府部门自己支付。为保证科学性，政府监督有一整套严格的程序，并给予企业对政府监督以上诉法院的权力。

2. 型式认证、自愿召回制度(欧洲)

所谓型式认证，是指汽车制造商和销售商提出的认证申请只适合同一类型的整车和零部件，否则要另外申请，不得任意扩大申请范围。

新车上市需第三方认证机构严格审查，但发现缺陷将由企业自愿召回。欧洲各国的汽车认证都是由本国的独立认证机构进行的，但标准是全欧洲统一的。企业发现车辆有问题，就可自行召回，但要向国家主管机关上报备案。但如果企业隐瞒重大质量隐患或藏匿用户投诉，一经核实将面临重罚。

政府全过程介入了企业使产品符合技术法规的活动，产品的投产需经过政府的批准。从法律角度来讲，政府在拥有批准企业产品合格权力的同时也将自己与企业的责任联系到了一起。严格说，如果企业生产的产品出现了不符合技术法规的情况，政府应承担责任。

欧洲的认证制度与美国的区别在于：美国是由企业自己进行认证的，欧洲则是由独立的第三方认证机构进行认证的，而且欧洲对流通过程中车辆质量的管理没有美国那样严格，他们是通过检查企业的生产一致性来确保产品质量的。因此可以说，美国对汽车的管理是推动式的，政府推着企业走；而欧洲对汽车的管理则是拉动式的，政府拉着企业走。

3. 独具特色的型式认证(日本)

日本汽车型式认证制度产生于 20 世纪 50 年代,迄今已有 50 多年的历史。日本的汽车认证制度总体上讲与欧洲一样,也属于型式认证制度,但也有很多特色。之所以有特色,主要是它的认证体系是由《汽车型式指定制度》、《新型汽车申报制度》、《进口汽车特别管理制度》三个认证制度组成的。其中,《汽车型式指定制度》主要针对的是具有同一构造装置、性能且大量生产的汽车;《新型汽车申报制度》针对的是型式多样而生产数量不是特别多的车型,如大卡车、公交车等;而《进口汽车特别管理制度》针对的则是数量较少的进口车。根据这些制度,汽车制造商在新型车的生产和销售之前要预先向运输省提出申请以接受检查,检验合格后,制造商才能拿到该车型的出厂检验合格证。但获得型式认证后,还要由运输省进行"初始检查",目的是保证每一辆在道路上行驶的车都要达标。日本实行的召回制是由厂家将顾客投诉上报运输省,如果厂家隐瞒真相,将顾客的投诉束之高阁,造成安全问题后,政府主管部门会实行高额罚款。

代表日本型式认证制度特点的应该是《汽车型式指定制度》,该制度审查的项目主要有:汽车是否符合安全基准(车辆的尺寸、重量、车体的强度、各装置的机能、排量、噪声大小等);汽车成车后的检查体制等。

二、欧洲的两种型式认证介绍

欧洲对于机动车整车及涉及安全的零部件和系统有安全认证的要求,具体体现为 E 标志和 e 标志认证。

1. 欧洲型式认证的方法

欧洲型式认证的方法如图 2-1 所示。

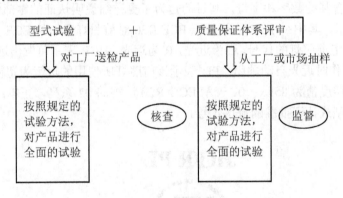

图 2-1 欧洲的型式认证方法

2. 型式认证的机构

欧洲各国的汽车认证都是由本国的独立认证机构进行认证的,如德国的 TUV、荷兰的 TNO、法国的 UTAC、意大利的 CPA 等,且这些机构都属于独立的第三方认证机构。

3. 型式认证的依据

1) E 标志的认证依据

E 标志的认证依据是 ECE 汽车技术法规。由于 ECE 汽车技术法规是推荐性标准,不是强制性标准，所以在缔约国中是自愿采用的，各国可根据本国具体法规操作，但获得 E 标志认证的产品，是为市场所接受的；又由于 ECE 汽车技术法规本身只涉及零部件及系统部件，所以 E 标志证书涉及的产品只是零部件及系统部件，不包括整车认证。国内常见的 E 标志认证产品有汽车灯泡、安全玻璃、轮胎、三角警示牌、车用电子产品等。

2）e 标志的认证依据

e 标志的认证依据是 EC 汽车技术指令。由于 EC 汽车技术指令是强制性标准，所以在欧盟成员国中是强制执行的；又由于 EC 汽车技术指令本身包括整车、零部件及系统部件，所以 e 标志证书涉及的产品不仅涉及零部件及系统部件，还包括整车认证。

4．认证标志

1）E 标志

E 标志只有一种圆形外框，外框内部由 E 和数字构成，如图 2-2 所示。其中数字代表颁发证书的成员国代号，如：E1——德国；E2——法国；E3——意大利；E4——荷兰；E11——英国；E42——欧洲联盟；E43——日本；E45——澳大利亚等。

图 2-2　E 标志

值得注意的是，有些国家的 E 标志略有不同，如荷兰政府的专用认证标志 E4 在圆形外框的外面还包含某些数字和字母，其目的是为了更详细说明认证的零部件名称及主要参数，如图 2-3 所示。其中：HC/R 表示按照 ECE R20 对前照灯所做的 ECE 型式认证批准，其中 H 为卤素灯泡前照灯的代号，C 为近光，R 为远光，HCR 表示可发出远近光的前照灯，"/"表示远光工作时近光自动关闭；PL 表示该前照灯所使用的透镜为塑料材料；17.5 表示该灯远光最大照度值为 85Lx；02 表示 ECE R20 法规的 02 系列修订本；1234 为荷兰政府颁发此类产品型式认证批准的流水代号。

图 2-3　荷兰政府专用标志

此灯用于右侧行驶车。如为左侧行车，则需要在标志中加上一个指向观察者右侧的箭头，即 → ；如该灯适于左右两侧行驶，则加上一个指向左右两侧的箭头，即 ←→。

2) e 标志

e 标志分为两种，一种是长方形外框，另一种是圆形外框，分别代表不同的含义。其中，长方形外框指在车辆停止或行驶状态下，均可正常使用但不是必须使用的产品，例如车载充电器、车载加热坐垫和车载电视等；而圆形外框指在车辆停止和行驶状态下，均必须使用的产品，例如风窗玻璃、安全带和前照灯等，"e"后面的数字同样代表颁发该证书的欧盟成员国的代号，如：e1——德国；e2——法国；e3——意大利；e4——荷兰；e5——瑞典；e6——比利时；e9——西班牙；e11——英国；e12——奥地利；e13——卢森堡；e17——芬兰；e18——丹麦；e21——葡萄牙；e23——西腊；e24——爱尔兰等，如图2-4 所示。

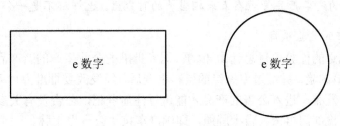

图 2-4　e 标志

三、我国汽车产品的认证制度

我国对汽车产品实施的是强制认证与自愿认证相结合的认证制度，而对汽车管理实行的是公告管理。新车上市要通过国家发改委、国家认监委(国家认证认可监督管理委员会)、国家环保部门的认证，同时又受《车辆生产企业及产品公告》、《强制性产品认证标志管理办法》、《3C 认证管理》、《国家环保型式核准》等政策法规的调整，而且公告认证、3C 认证和环保认证有许多重复的内容。所以说，我国目前的汽车产品认证制度与国际上的通行做法相比还存在明显的缺陷，存在着"管理分散、政策法规内容重叠、多重认证"等一系列问题，其发展趋势肯定会与国际接轨。

强制性认证的型式有国家公告、环保目录、3C 认证和地方环保目录四种；自愿性认证的型式包括节能环保认证和中国环境标志认证两种。由于国家环保目录与地方环保目录只需要将公告认证和 3C 认证中有关产品排放、噪声的检测报告申报给环保部门审核即可，所以本书只重点介绍公告认证与 3C 认证两种。

1. 公告管理(公告认证)

1) 汽车管理方式的演变

中国的汽车管理方式已由以前的目录管理转变为公告管理，并将逐步向型式认证制度过渡。

为了加强对车辆安全、环保、节能、防盗性能的监控，提高企业生产一致性保证能力，建立科学、高效、规范的车辆管理制度，逐步实现与国际通行规则接轨，原机械工业部等在汽车产品必须进行定型试验的基础上开始实施汽车产品强制性检查项目的检验。强检项目从 1995 年最初要求的 12 项逐步增加至 48 项。国家经贸委 2001 年决定对目录管理制度进行改革，以发布《车辆生产企业及产品公告》的方式对车辆产品进行管理。2003 年起，汽车产品公告由发改委进行管理，目前每月发布一次公告，使新产品上市的时间大为缩短。

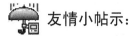友情小帖示：

公告管理没有过渡到型式认证的原因如下：

(1) 因为实施型式认证必须依靠法规，而国内只有强制性标准，没有法规。强制性标准因缺少管理文件而不等同于技术法规。

(2) 政府的行政管理情结难了，因为这是代表政府意志的观点。

(3) 政府部门之间的利益分配、门户之见也成为实施型式认证的障碍。

因此，中国的汽车产品管理在未来相当长的时期里，也许都不是一个简单的认证问题。

2) 公告认证的检验项目

公告认证规定的检验项目总计为 49 项。国家批准的企业生产的新产品只有通过可靠性考核及 49 项强检试验，并经过专家组的资料审查后，经发改委批准方可列入《车辆生产企业及产品公告》发布，进入公告的产品才能进行注册登记，公告及有关参数光盘免费发送给车检部门，车检部门再按公告上牌照，即国产车按"公告"上牌。

3) 公告的申报方式

企业申报《车辆生产企业及产品公告》的方式有新产品申报、扩展申报和堪误申报三种。其中，企业最多采用的是扩展申报方式，因为很多时候企业需要根据销售需要选装和增加一些配置，而这些配置涉及强制性标准要求检测的项目。申报《车辆生产企业及产品公告》的周期至少为 3 个月。

2. 3C 认证

我国政府为了兑现入世承诺，国家质量监督检验检疫总局和国家认监委于 2001 年 12 月 3 日一起对外发布了《强制性产品认证管理规定》，对第一批列入目录的 19 大类 132 种产品进行"统一目录、统一标准与评定程序、统一标志和统一收费"的强制性认证管理。将原来的"长城 CCEE"认证和"CCIB"认证统一为 3C 认证。并于 2002 年 5 月 1 日起，国家认监委开始受理第一批列入强制性产品目录的产品的认证申请。

3C 认证原定于 2003 年 5 月 1 日起全面实施，后因"非典"原因，实际推迟至 2003 年 8 月 1 日实施，原来的产品安全认证和进口安全质量许可制度同期废止。目前已公布的强制性产品认证制度有：《强制性产品认证管理规定》、《强制性产品认证标志管理办法》、《第一批实施强制性产品认证的产品目录》和《实施强制性产品认证有关问题的通知》。第一批列入强制性认证目录的产品包括电线电缆、开关、低压电气、电动工具、家用电器、音视频设备、信息设备、电信终端、机动车辆、医疗器械、安全防范设备等。

所谓 3C 认证，就是中国强制性认证的简称，其英文名称为 China Compulsory Certification，英文缩写为 CCC。

1) 3C 认证的主要内容

(1) 按照世贸有关协议和国际通行规则，国家依法对涉及人类健康安全、动植物生命安全和健康，以及环境保护和公共安全的产品实行统一的强制性产品认证制度。国家认证认可监督管理委员会(以后简称认监委) 统一负责国家强制性产品认证制度的管理和组织实施工作。

(2) 国家强制性产品认证制度的主要特点是：国家公布统一的目录，确定统一适用的国家标准、技术规则和实施程序，制定统一的标志标识，规定统一的收费标准。凡列入强制性产品认证目录内的产品，必须经国家指定的认证机构认证合格，取得相关证书并加施认证标志后，方能出厂、进口、销售和在经营服务场所使用。

(3) 根据我国入世承诺和体现国民待遇的原则，原来两种制度覆盖的产品有 138 种，第一批公布的《目录》删去了原来列入强制性认证管理的医用超声诊断和治疗设备等 16 种产品，增加了建筑用的安全玻璃等 10 种产品，实际列入第一批《目录》的强制性认证产品共有 19 大类 132 种产品。

(4) 强制性产品认证制度于 2003 年 8 月 1 日起开始实施，有关认证机构正式开始受理申请。原有的产品安全认证和进口安全质量许可制度自 2003 年 8 月 1 日起废止。

2) 3C 认证标志

目前的"CCC"认证标志分为四类：

(1) CCC + S 安全认证标志。

(2) CCC + EMC 电磁兼容类认证标志。

(3) CCC + S&E 安全与电磁兼容认证标志。

(4) CCC + F 消防认证标志。

"CCC"认证的标志图案如图 2-5 所示。

图 2-5 3C 认证标志

3) 机动车的 3C 认证

(1) 机动车强制性认证的适用范围。机动车强制性认证适用于在中国公路及城市道路上行驶的 M 类、N 类和 O 类汽车、发动机排量超过 50 mL 或最高设计车速超过 50 km/h 的摩托车，不适用于在轨道上行驶的车辆、农业与林业用拖拉机和各种工程机械以及其他非道路车辆和三类底盘。

(2) 认证模式。认证模式为：型式试验 + 初始工厂审查 + 获证后监督。型式试验共进行 47 个检测项目的检验，初始工厂审查按该规则附件 4《汽车产品强制性认证工厂质量保证能力要求》进行，监督审查每年进行一次，四年覆盖全部 10 个要素，第五年进行全部要素覆盖，通过不断的监督审查维持认证证书的有效性。

(3) 机动车相关的强制认证产品。自 2001 年我国政府对外发布了第一批强制性认证产品以来，先后又公布了几批次的强制性认证产品，其中，与汽车相关的项目仅在第一、四、六批强制性认证产品中有所涉及。

① 第一批强制认证汽车产品目录包括安全带、安全玻璃和汽车轮胎。

a. 安全带。检测项目：腐蚀试验；微滑移试验；织带的处理和抗拉载荷试验(静态)；带有硬件的安全带总成部件的试验；带有卷收器的附加试验；安全带总成或约束系统的动态试验；带扣开启试验；有预紧装置的安全带的附加试验；织带的燃料特性试验。

例行检验和确认检验项目：织带或卷收器检验；带扣检验；锁止极限值；标志；确认检验(按 GB 14166—2003 附录 L "生产一致性的控制"执行，其中的动态试验最小频次暂定为每年每种一次)。

检测依据：《机动车成年乘员用安全带和约束系统》(GB 14166—2003)；《汽车内饰材料的燃烧特性》(GB 8410—1994)。

b. 安全玻璃。汽车用的安全玻璃包括前风窗用 A/B 类夹层玻璃、前风窗用的区域钢化玻璃、前风窗以外用的 A/B 类夹层玻璃和钢化玻璃。

汽车安全玻璃检验所需样品数量及检测项目如下：

• 对于每一单元的前风窗用 A 类夹层玻璃，见表 2-1 所示。

表 2-1　前风窗用 A 类夹层玻璃

样品尺寸 (mm × mm)	检验项目	数量/片	样品尺寸 (mm × mm)	检验项目	数量/片
1100 × 500	人头模型冲击	6	300 × 76	耐辐射性	3
300 × 300	抗冲击性	32		透射比	
	抗穿透性		100 × 100	抗磨性	3
	耐高温		前风窗制品	光畸变、副像偏高、颜色识别	4 ×（组批后需检样品组数）
	耐湿性				

• 对于每一单元的前风窗用 B 类夹层玻璃，见表 2-2 所示。

表 2-2　前风窗用 B 类夹层玻璃

样品尺寸 (mm × mm)	检验项目	数量/片	样品尺寸 (mm × mm)	检验项目	数量/片
300 × 300	抗冲击性	12	100 × 100	抗磨性	3
	耐高温		前风窗制品	光畸变	4 ×（组批后需检样品组数）
	耐湿性			副像偏高	
300 × 76	耐辐射性	3		颜色识别	
	透射比				

• 对于每一单元的区域钢化玻璃，见表 2-3 所示。

表 2-3　区域钢化玻璃

样　品	检验项目	数量/片
前风窗制品	透射比	12 ×（组批后需检样品组数）
	光畸变	
	副像偏高	
	颜色识别	
	人头模型冲击	
	碎片状态	

• 对于每一单元的前风窗以外用 A 类夹层玻璃，见表 2-4 所示。

表 2-4　前风窗以外用 A 类夹层玻璃

样品尺寸（mm×mm）	检验项目	数量/片
1100×500	人头模型冲击	6
300×300	抗冲击性	12
	耐高温	
	耐湿性	
300×76	耐辐射性	3
	透射比	

• 对于每一单元的前风窗以外用 B 类夹层玻璃，见表 2-5 所示。

表 2-5　B 类夹层玻璃

样品尺寸 (mm×mm)	检验项目	数量/片	样品尺寸 (mm×mm)	检验项目	数量/片
300×300	抗冲击性	12	300×76	耐辐射性	3
	耐高温				
	耐湿性			透射比	

• 对于每一单元的前风窗以外用钢化玻璃，见表 2-6 所示。

表 2-6　前风窗以外用钢化玻璃

样品尺寸 (mm×mm)	检验项目	数量/片	样品尺寸 (mm×mm)	检验项目	数量/片
300×300	抗冲击性	12	钢化玻璃制品	碎片状态	4×（组批后需检样品组数）
	透射比				

　　汽车风窗玻璃不同于普通商品，有其特殊的安全功能，主要体现在以下几个方面：一是防止玻璃飞脱，当车辆发生碰撞事故时，风窗玻璃必须保留在车身上，以保障司乘人员不被抛出车外；二是用于支撑气囊工作，作为副驾驶室安全气囊在展开时的后支撑板，在安全气囊打开时，人抵到气囊上，气囊冲压到玻璃上，玻璃承受了来自惯性、乘员和气囊的三重冲击，牢固的风窗玻璃黏合系统限制了气囊的前移距离，保证了人员前冲空间，对人员起到保护作用；三是风窗玻璃也是汽车车顶刚性结构的重要支撑系统，当汽车发生翻车事故时，它可以防止汽车车体的进一步变形，从而保障司乘人员的安全；四是汽车玻璃还必须有良好的光学性能，保障驾驶人的视线不受影响；五是要求汽车玻璃与车身彻底绝缘，因为玻璃上往往粘贴了电子设备，如内置天线等。另外，玻璃安装粘贴用胶的电导率须符合标准，以保证收音机天线、感应刮水器等电子设备正常工作。

　　c. 汽车轮胎。需要强制性认证的汽车轮胎包括轿车子午线轮胎、轿车斜交轮胎、载重汽车斜交轮胎、载重汽车子午线轮胎。

　　轮胎产品型式试验项目及检测依据如表 2-7 所示。

表 2-7　轮胎产品型式试验项目及检测依据

序号	产品类别	产品名称	认证依据	检测项目	检测标准
1	轿车轮胎	轿车轮胎	GB 9743—2007	轮胎外缘尺寸	GB/T 521—2003
				胎面磨耗标志	
				轮胎脱圈阻力(仅适用无内胎轿车轮胎)	GB/T 4502—2009
				轮胎耐久性能	
				轮胎强度	
				轮胎高速性能	
2	载重汽车轮胎	载重汽车轮胎	GB 9744—2007	轮胎外缘尺寸	GB/T 521—2003
				胎面磨耗标志	
				轮胎强度	GB/T 4501—2008
				轮胎耐久性能	
				轮胎高速性能(仅适用微、轻型载重汽车轮胎)	

② 第四批强制认证汽车产品目录中包含的产品有汽车防盗报警系统。

2009 年 1 月 7 日，中国认监会发布了新版的关于汽车防盗报警系统产品新的强制性认证规则，对市场销售的用于安装到在用汽车上的汽车防盗报警系统、提供给汽车生产厂用于安装在出厂前汽车的汽车防盗报警系统实施强制性产品认证，但不包括汽车本身已具有的防盗装置或系统。

③ 第六批强制认证汽车产品目录包含以下十二种产品：

a. 机动车灯具产品，包括前照灯、转向灯、汽车前位灯/后位灯/制动灯/示廓灯、前雾灯、后雾灯、倒车灯、驻车灯、侧标志灯和后牌照板照明装置。

b. 机动车回复反射器。

c. 汽车行驶记录议。

d. 车身反光标识。

e. 汽车制动软管。

f. 机动车后视镜。

g. 机动车喇叭。

h. 汽车油箱。

i. 门锁及门铰链。

j. 内饰材料。

k. 座椅。

l. 头枕。

(4) 3C 认证的基本流程。3C 认证的基本流程如图 2-6 所示。

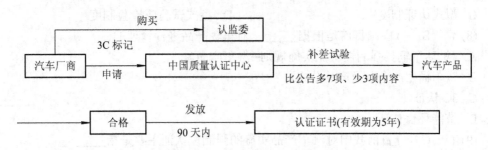

图 2-6 3C 认证的基本流程图

认监委要求车辆生产企业向中国质量认证中心(CQC)申请 3C 认证,认证产品单元划分后由有关试验室确认试验报告并补做差异试验后,由 CQC 检查处派人员进行工厂质量保证能力审查,通过后由 CQC 发放 CCC 认证证书,工厂可到认监委购买 CCC 标记。

进口车按 CCC 标记上牌。

四、思考与练习

1. 单项选择题

(1)(D)美国采用的汽车产品认证的型式是_____。

A. 自我认证、自愿召回　　　　　　　　B. 型式认证、自愿召回

C. 型式认证、强制召回　　　　　　　　D. 自我认证、强制召回

(2)(B)我国目前采用的是_____的汽车产品认证制度。

A. 自我认证、强制召回　　　　　　　　B. 强制认证及自愿认证相结合

C. 型式认证、自愿召回　　　　　　　　D. 强制认证、自愿召回

(3)(C)欧洲的汽车认证标志主要有 E 标志认证和 e 标志认证两类,_____不属于汽车认证标志。

A. 长方形外框的 e 标志　　　　　　　　B. 圆形外框的 e 标志

C. 长方形外框的 E 标志　　　　　　　　D. 圆形外框的 E 标志

(4)(B)当汽车玻璃上显示带圆圈的 E1 标记时,代表该玻璃得到了_____的认证。

A. EEC、德国　　　　　　　　　　　　B. ECE、德国

C. EC、德国　　　　　　　　　　　　　D. ECE、法国

(5)(C)当汽车玻璃上显示带圆圈的 e3 标记时,代表该玻璃得到了_____的认证。

A. EEC、德国　　　　　　　　　　　　B. ECE、德国

C. EC、意大利　　　　　　　　　　　　D. ECE、法国

(6)(A)中国的汽车管理目前采用的是_____。

A. 公告管理　　　　　　　　　　　　　B. 目录管理

C. 型式认证　　　　　　　　　　　　　D. 自愿认证

(7)(C)国内汽车管理从目录转为公告制度,并逐步过渡为_____。

A. 自我认证制度　　　　　　　　　　　B. 批验制度

C. 型式认证制度　　　　　　　　　　　D. 型式试验或检验制度

(8) (　B　) 中国目前是根据_____对车辆产品进行管理的。

A. 《机动车辆类强制性认证实施规则—汽车产品》

B. 《车辆生产企业及产品公告》

C. 3C 认证

D. 节能环保认证

(9) (　C　) 目前我国对汽车产品实施的强制性认证主要是指_____。

A. 节能环保认证　　　　　　　　　B. 环境标志认证

C. 3C 认证　　　　　　　　　　　　D. 4C 认证

(10) (　B　) 汽车产品公告的管理机构为_____。

A. 质检总局　　　B. 国家发改委　　　C. 工商总局　　　D. 机械部

(11) (　A　) 国产车依据_____进行上牌。

A. 公告　　　　　B. 3C 认证　　　　C. 指令　　　　D. A + B

(12) (　B　) 进口车依据_____进行上牌。

A. 公告　　　　　B. 3C 认证　　　　C. 指令　　　　D. A + B

(13) (　A　) 汽车产品 CCC 认证的管理机构为_____。

A. 认监委　　　　　　　　　　　　B. 环保总局

C. 工商总局　　　　　　　　　　　D. 国家发改委

(14) (　B　) 汽车产品 CCC 认证证书的发放机构为_____。

A. 认监委　　　　　　　　　　　　B. 中国质量认证中心

C. 工商总局　　　　　　　　　　　D. 国家发改委

(15) (　A　) 汽车产品 CCC 标记的发放机构为_____。

A. 认监委　　　　　　　　　　　　B. 中国质量认证中心

C. 工商总局　　　　　　　　　　　D. 国家发改委

(16) (　A　) 我国轿车上贴的 3C 标记是_____。

A. CCC + S　　　　　　　　　　　B. CCC + EMC

C. CCC + S&E　　　　　　　　　　D. CCC + F

2. 多项选择题

(1) (　A B　) 欧洲汽车的 E 标志认证包括_____。

A. 零部件认证　　　　　　　　　　B. 系统部件认证

C. 整车认证　　　　　　　　　　　D. 油品认证

(2) (　A B C　) 欧洲汽车的 e 标志认证包括_____。

A. 零部件认证　　　　　　　　　　B. 系统部件认证

C. 整车认证　　　　　　　　　　　D. 油品认证

(3) (　B C　) 当汽车玻璃上显示带圆圈的 e2 标记时，代表该玻璃得到了_____的认证。

　　A. ECE　　　　　　　　　　　　　B. EC

　　C. 法国　　　　　　　　　　　　　D. 美国

(4) (　B D　) 我国交通管理部门目前是以_____为依据对车辆进行注册管理的。

A. 3C 认证证书　　　　　　　　　　B. 3C 认证标记

C. 公告标记　　　　　　　　　　　　D.《车辆生产企业及产品公告》

(5) (　B C　) 我国对汽车产品采用的是强制认证与自愿认证相结合的原则，_____属于强制性认证的项目。

A. 中国环境标志认证　　　　　　　　B. 国家公告

C. 3C 认证　　　　　　　　　　　　D. 节能环保认证

(6) (　B C　) 下列_____认证需经国家有关部门对汽车进行检测。

A. 节能环保认证　　　　　　　　　　B. 国家公告

C. 3C 认证　　　　　　　　　　　　D. 环保目录

3. 填充题

(1) 在 E 标志认证中，数字 4 代表的认证国家是___荷兰___；数字 11 代表的认证国家是___英国___。

(2) 我国汽车管理从目录管理转为_____公告_____制度管理，并将逐步向型式认证制度过渡。

4. 是非题

(1) 只有汽车产品才有 CCC 认证。(　×　)

(2) 汽车产品只要列入"公告"，就可生产和销售。(　×　)

(3) 列入"公告"的汽车产品，公安机关交通管理部门给予"注册登记"。(　√　)

(4) 在对国产车进行 3C 认证时，中国质量认证中心必须对 3C 认证要求的 52 项内容都进行检验，合格者才可获得由其颁发的《认证证书》。(　×　)

(5) 在我国，尽管节能环保认证和中国环境标志认证属于汽车产品自愿认证的项目，但汽车厂商如果不进行此项目的认证，其产品就无法进入政府采购清单。(　√　)

第二节　汽车技术法规的基本内容

一、汽车安全法规

1. 概述

目前，汽车道路交通事故已成为全球范围内的一大公害。据中国公安部统计数据显示，2012 年全年，全国共查处不按交通信号灯指示通行交通违法行为 2649 万起，平均每天 7 万多起。全国接报涉及人员伤亡的路口交通事故 4.6 万起，造成 1.1 万人死亡、5 万人受伤，分别上升 17.7%、16.5% 和 12.3%。其中，因路口违反交通信号灯导致的事故起数上升 17.9%。面对严重的道路交通事故，世界上许多国家，特别是工业发达国家相继制定了汽车安全法规，对汽车安全等技术性能加以控制。

汽车安全法规是一个庞杂的体系，其内容十分细致，各种规定还在不断修改增加。虽然各国汽车安全法规在整体宗旨上是一致的，但是具体内容和规定则有所不同。

1) 影响道路交通事故的主要因素

交通事故是在特定的交通环境下，由于人、车、路、环境诸要素配合失调而偶然发生的。道路交通系统是由人、车、路、环境构成的动态系统，如图 2-7 所示。系统中，驾驶人从道路交通环境中获取信息，这种信息综合到驾驶人大脑中，经判断形成动作指令，指令通过驾驶人的行为，使汽车在道路上产生相应的运动，运动后汽车的运动状态和道路环境的变化又作为新的信息反馈给驾驶人，如此循环往复，完成整个行驶过程。因此，人、车、路(含整个环境)被称为道路交通系统的三个要素。

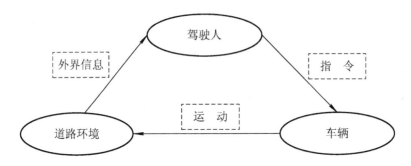

图 2-7　人、车、路构成的道路交通系统

在道路交通安全系统中，美国人威廉·哈顿将人、车、路在交通事故中的相关关系用矩阵形式表示，即著名的哈顿矩阵，如表 2-8 所示。

哈顿矩阵九个单元中的每一个都会对交通事故或伤亡有直接或间接的影响，甚至成为主要或次要原因。人、车、路三者对交道事故的影响程度，与人有关的原因占 93%～94%，与车有关的原因占 8%～12%，与道路有关的原因占 28%～34%，这表明人是事故的关键因素。

表 2-8　哈 顿 矩 阵

因素	事 故 前	事 故 中	事 故 后
人	培训、安全教育、行车态度、行人和骑车人的着装	车内位置和坐姿	紧急救援
车	主动安全(制动、车辆性能、车速、视野)，相关因素(交通量、行人等)	被动安全(车内防撞结构、安全带等)	抢救
路	道路标志标线、几何线形、路表性能、视距、安全评价	路侧安全(易折柱)、安全护栏	道路设施的修复

(1) 人对交通事故的影响。国内外的交通事故统计表明，有大约 95% 的事故是由人造成的，包括机动车驾驶人驾驶的失误、麻痹大意和违章行驶等，还包括行人和非机动车驾驶员不遵守交通法规等。其中，因机动车驾驶员造成的交通事故约占 87%，因非机动车驾驶员造成的交通事故约占 4%～5%，因行人、乘客造成的交通事故约占 5%，因其他人员过失造成的交通事故约占 3%。

机动车驾驶员的违法行为是交通事故的主要原因，其中超速行驶、占道行驶、无证驾驶、酒后驾车、违法超车、疲劳驾驶等造成的人员死亡较突出。统计表明，超速行驶、客货运输、无证低龄驾驶、夜间行驶成为马路四大"杀手"。

非机动车驾驶员出现的主要问题是驾车技能差、与机动车抢道、闯红灯、驶上机动车道、注意力不集中及失去平衡时车易摔倒等。

行人交通事故主要与年龄、出行的时间、出行的地点及保护行人安全措施的完善程度等有关。少年儿童因喜欢玩耍且缺乏最基本的安全常识，在交通事故中的伤亡主要是突然窜上马路，其次是在汽车前后突然穿越；老年人交通事故仅次于少年儿童，大多发生在横穿马路时，因为他们横穿速度慢且由于对自己和车辆的速度估计不准反而错过最有利的横穿时机，其次是在横穿过程中突然返回，使驾驶员措手不及而酿成车祸；妇女因喜欢成群行走、嬉笑言谈妨碍了对车辆的感知，在公路上听到喇叭后，常出现胆大者向道路对面横穿，而胆小者就地躲让，也有跑向对面后发现同伴未跟上又跑回来接应的现象，从而酿成车祸；青年男性因好胜心强、自认为应变能力强而故意不遵守交通规则，事故大多数发生在横穿马路和拥挤情况下，尤其是在强行拉车、强行搭车、偷扒车辆时发生；与城市人不同的是，乡村人因对城市道路不熟悉且不懂横穿马路时应"先看左后看右"的交通常识，同时由于对车速估计不准、有时还肩负重担，所以事故大多出现在横穿马路时。

(2) 车辆对交通事故的影响。车辆事故主要与车辆的性能及车辆管理有关。影响机动车交通安全性能的主要因素有操纵性(如转向沉重、汽车摆头、行驶跑偏等)、制动性(如制动跑偏、制动距离过长、侧滑及制动失灵等)、轮胎(如爆胎、严重磨损、气压不足、车轮自动脱离等)、灯光与喇叭。车辆管理工作在预防车辆事故的发生中具有重要作用，详尽的"车辆安全标准"可以限制不符合安全要求的车辆出厂，通过"安全运行标准"可以控制车辆的使用安全性能，譬如车辆的超限问题等，总之，车辆管理可以用行政或法律手段来对车辆的生产和运行进行有利安全的引导和约束。

(3) 道路对交通事故的影响。在分析影响交通事故的因素时，道路条件和交通条件最容易被忽视，其实，它们往往是交通事故的诱发因素。法国国家保险公司在详细研究了 1064 个道路交通事故实例后认为，一些通常被视为是由于驾驶人的失误与错误操作导致的交通事故背后隐含着相当比率的道路因素。

从道路条件分析，第一，道路的线形设计和线形组合对交通安全的影响非常大，如直线路段过长易产生驾驶疲劳、急弯陡坡易产生视盲区、坡度过大在车辆下坡时易发生溜车而在车辆上坡时会影响爬坡能力、路面附着系数过低会使制动距离增加等；第二，道路的施工质量对安全行车也有密切关系，如施工时路基不实会使路面塌陷、翻浆、积水等。

从交通条件分析，道路中央的分隔带、路边的护拦、合适的交通标志等对减少交通伤亡事故也有明显的作用。

因此，有的国家在划分交通事故责任中规定：凡因道路不符合安全要求而引起的交通事故，路管部门必须承担事故赔偿损失的责任。这项规定无疑对保障道路的修建、养护质量并促进道路安全管理工作的进步有重大影响。

【案例 2-1】 交通事故的成因分析

某物流公司的一辆半挂货车由东向西行至国道 312 线 1706 公里处(泾川县罗汉洞坡底)，因刹车失灵、逆向行驶，先后与相向正常行驶的两辆客车、一辆昌河出租车左侧相撞，造成 6 人当场死亡、2 人在送往医院途中死亡、23 人受伤、4 辆车严重损坏的重大交通事故。

【案例评析】 引起本次交通事故发生的主要原因有：

(1) 道路坡道过长，用以减缓车速的路面少。由于直坡路线长，车辆行驶至长坡下段时，在惯性的作用下使车辆高速行驶，而外地驾驶员因对路况不熟造成持续使用刹车，从而使车辆制动性能下降或制动失灵，引发交通事故。

(2) 超载超速，致使车辆机械性能降低。车辆因严重超载使刹车负荷增大，到坡道下段时制动毂因过热而使制动性能降低，超过了正常装载下的冲力导致车辆失控，再加上外地驾驶员对此路段生疏，在下坡时高挡行驶，到坡中段时才采用制动来降低车速，而未及时减挡降速。

(3) 路面过窄，路边无紧急停车道，引发事故。此坡道全宽 11 m，有效路面宽仅 8 m，是以中心线为界的双向双车道通行路面，如果路边停放着发生故障的车辆，高速下行的车辆在躲避过程中就会发生追尾或越线撞车事故。

(4) 警示性标志、标线增设不够。因路面较平直，容易给外地驾驶员造成错觉，麻痹行驶，造成事故。

(5) 外辖区驾驶员对此路段路况不熟。按发生事故的车辆辖区分析，在此发生事故的多是外地车辆。

因此，酿成事故的主要原因就是驾驶员对"长坡"路况不熟，没有及时在下坡开始阶段减速，造成"在坡道中段车辆失控"。而车辆失控之后，因路窄、无紧急避险带等道路设施的缺陷，又使事故损失无法降到最低，导致追尾、挂擦、连续撞击多车等事故的频繁发生。

2) 车辆碰撞的类型

车辆碰撞类型有：正面碰撞、侧面碰撞、追尾碰撞和车辆翻滚四种，其碰撞区域概率分布如图 2-8 所示。

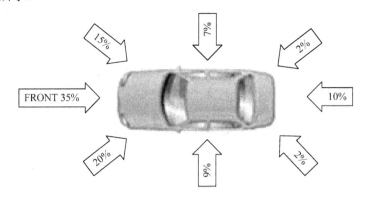

图 2-8　碰撞区域概率分布图

由于正面碰撞发生的概率最大且撞击危害最大，所以，各国都将正面碰撞法规作为汽车安全法规的主要内容。

3) 欧美汽车安全法规的主要区别

美国联邦机动车安全法规(FMVSS)和欧洲汽车安全法规(ECE)都是世界上最具代表性的法规，但就安全法规的基本出发点而言，它们是不尽相同的。

(1) 美国汽车安全法规侧重汽车被动安全性。因为美国认为，汽车是任何人都可以坐的软垫。

(2) 欧洲汽车安全法规侧重汽车主动安全性。如 ECE R33 对正面碰撞中被撞机动车辆的结构性能作了规定，这些规定主要是针对车身结构的碰撞性能提出的；而美国的 FMVSS 仅对作为最终指标的乘员伤害指标等内容进行了规定，没有详细规定车身结构的碰撞性能。

4) 碰撞中人员受到的主要伤害

(1) 碰撞时汽车结构变形侵入乘员舱直接伤害乘员。

(2) 碰撞时乘员与车内结构发生二次碰撞造成伤害。

(3) 碰撞时及碰撞后乘员身体超出车外受到伤害。

(4) 碰撞后燃油起火造成伤害。

(5) 对行人的伤害，如保险杠对行人腿部造成的伤害和发动机盖对行人头部造成的伤害。

2. 欧、美汽车安全法规简介

1) 安全法规比较

(1) 欧洲汽车安全法规 ECE。欧洲汽车安全法规 ECE 自从 1985 制定以来，不断进行修正，在已颁布实施的 109 项法规中，有 88 项安全法规，其中，主动安全法规 62 项，被动安全法规 26 项。部分 ECE 安全法规如表 2-9 所示。

表 2-9　欧洲汽车安全法规 ECE

编号	ECE 法规内容
R12	关于就碰撞中防止转向机构伤害驾驶员方面批准车辆的统一规定
R14	关于就安全带固定点方面批准车辆的统一规定
R16	关于批准机动车成年乘客用安全带和约束系统的统一规定
R17	关于就座椅、座椅固定点和头枕方面批准车辆的统一规定
R25	关于批准与车辆座椅一体或非一体的头枕的统一规定
R29	关于就商用车驾驶室乘员防护方面批准车辆的统一规定
R32	关于就追尾碰撞中被撞车辆的结构特性方面批准车辆的统一规定
R33	关于就正面碰撞中被撞车辆的结构特性方面批准车辆的统一规定
R34	关于火灾预防方面批准车辆的统一规定
R80	关于就座椅及其固定点方面批准大型客车座椅和车辆的统一规定
R94	关于就正面碰撞中乘员保护方面批准车辆的统一规定
R95	关于就侧面碰撞中乘员保护方面批准车辆的统一规定

(2) 美国联邦机动车安全法规 FMVSS。美国汽车安全法规是在美国《国家交通及机动车安全法》的授权下，由美国运输部、国家公路安全管理局制定的与机动车辆结构及性能有关的机动车安全法规。该法规包括美国联邦机动车安全标准(FMVSS)，以及与 FMVSS 配套的管理性汽车技术法规、美国汽车产品安全召回法规和美国联邦机动运载车安全法规(FMCSR)。从 1968 年 1 月 10 日实行以来，这一系列法规经过不断的改善，对各条款的要求日益严格。

美国的 FMVSS 法规目前主要包括被动安全、主动安全、防止火灾等 50 多项法规。其中尤以汽车被动安全法规最多，如表 2-10 所示。

表 2-10　美国 FMVSS 中相关被动安全法规

编号	FMVSS 法规内容	编号	FMVSS 法规内容
201	车辆内部碰撞中的乘员保护	217	客车的紧急出口及车窗的固定和松开
202	头枕	219	风窗玻璃区的干扰
203	驾驶员受转向系伤害的碰撞保护	220	校车倾翻保护
204	转向控制装置的向后位移	221	校车车身的连接强度
205	玻璃材料	222	校车乘客座椅和碰撞保护
206	车门锁和车门固定组件	223	后碰撞保护装置
207	座椅系统	224	后碰撞保护
208	乘员碰撞保护	225	儿童约束固定系统
209	座椅安全带总成	301	燃料系统的完整性
210	座椅安全带总成固定点	302	内饰材料的可燃性
212	风窗玻璃的安装	303	压缩天然气车辆的燃料系统完整性
213	儿童约束系统	304	压缩天然气燃料箱的完整性
214	侧面碰撞保护	305	电动车辆–电解液的溅出和电击保护
216	车身顶板抗压强度		

2) 正面碰撞法规比较

正面碰撞试验规定被检汽车以规定速度与刚性或可变形壁障相碰，目的是检查冲击动能被保险杠、车厢前部前围区域吸收的程度及车厢结构强度，利用车内假人的传感器记录的数据，换算出和标准相对应的指标，检验正碰对人体的伤害程度，判断试验样车的碰撞性能。

(1) 美国正面碰撞法规 FMVSS 208。美国正面碰撞法规要求做两种试验。

① 约束系统试验：100% 重叠正面碰撞。该种试验即车辆纵向行驶轴线与壁障表面垂直作 100% 正面碰撞试验，如图 2-9 所示。其中，2003 年 9 月 1 日至 2007 年 9 月 1 日间生产的、有安全气囊要求的、总质量≤3855 kg 或整备质量≤2495 kg 的乘用车、卡车、客车及多用途乘用车，系安全带的车辆，其碰撞速度为 48 km/h；而 2007 年 9 月 1 日以后生产的、有安全气囊要求的、总质量≤3855 kg 或整备质量≤2495 kg 的乘用车、卡车、客车及多用途乘用车，系安全带的车辆，其碰撞速度为 56 km/h。

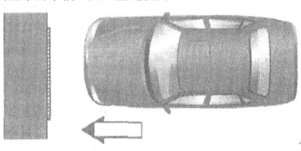

图 2-9　美国的 100% 重叠正面碰撞

在 100% 重叠正面碰撞试验中，对试验车辆和假人有一定的要求，如表 2-11 所示。

表 2-11　100% 重叠正面碰撞中的车辆与假人要求

假人类型	Hybrid Ⅲ 型第 50 百分位男性假人
假人位置	驾驶员座椅位置和前排外侧乘员座椅位置
试验车重	整备质量 + 假人质量 + 行李质量 + 燃油箱质量
制动系和变速器挡	驻车制动系松开，挂空挡
门窗	门窗关闭，但不锁止
燃油箱	注入干洗溶剂到油箱容积的 92%～94%，并使其充满整个燃油系统

　友情小帖示：

假人发展历程

(1) 60 年代美国制造试验飞行器弹射座椅人代用品公司(ARL)开发了假人 VIP。

(2) 1971 年由 ARL 公司与 Sierro 工程公司开发了假人 Hybrid Ⅰ。

(3) 1972 年美国企业产业界与美国第一技术安全公司(FTSS)合作，在 Hybrid Ⅰ 基础上开发出了 Hybrid Ⅱ 假人。(该假人 1973 年被用于美国 FMVSS208 的碰撞试验)。

(4) 1976 年，美国第一技术安全公司同 SAE 和用户集团共同开发了 GM 公司设计的 Hybrid Ⅲ (混合Ⅲ型假人)。

目前各碰撞试验中均用：Hybrid Ⅲ 假人(因为 Hybrid Ⅲ 假人比 Hybrid Ⅱ 假人具有更高的生物仿真度和仪器测试能力)。

② 结构试验：30°角倾斜壁障碰撞。该种试验让车辆横截面与壁障表面逆时针或顺时针方向成 30°角碰撞(左 30°、右 30°)，如图 2-10 所示。其中，有安全气囊要求的、总质量≤3855 kg 且整备质量≤2495 kg 的乘用车、载货车、公共汽车、多用途乘用车，不系安全带的车辆，其碰撞速度为 32～40 km/h；而不满足上述要求的车辆，其碰撞速度为 48 km/h。

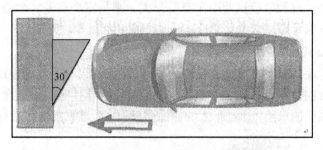

图 2-10　美国的 30°角倾斜壁障碰撞

这两种正面碰撞试验主要检验车内乘员在巨大冲击惯性力作用下，头部、胸部以及大腿受到的伤害，主要目的是检测利用安全带和安全气囊保护碰撞中的驾驶员和乘员的效果。

(2) 欧洲正面碰撞法规 ECE R94。由于欧洲通过实际的交通事故统计分析认为，在汽车正面碰撞中，碰撞区域主要集中在驾驶员侧居多，因此用车宽的 40% 长度作碰撞试验，更能反映出交通事故的真实情况，所以，欧洲正面碰撞试验仅用 40% 正面偏置碰撞，且采用可变形壁障，即：在固定壁前加装一个能变形吸能的蜂窝铝块。(变形壁障的刚度是按照欧洲车辆的平均刚度设定的，代表"平均车型"的前端刚度，其材料一般用 Al 3003，密度为 83.6 kg/m^3），如图 2-11 所示。

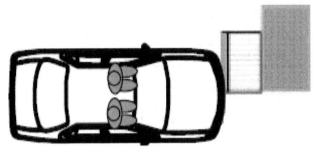

图 2-11　欧洲的 40% 正面偏置碰撞试验

在 40% 正面偏置碰撞试验中，对试验车辆和假人有一定的要求，如表 2-12 所示。

表 2-12　40% 正面偏置碰撞试验中车辆与假人要求

碰撞车速	56 km/h
假人类型	Hybrid Ⅲ 型第 50 百分位男性假人
假人位置	每个前排外侧座椅位置
试验车重	整备质量 + 假人和仪器质量 + 燃油箱质量
制动系和变速器挡	驻车制动系松开，挂空挡
门窗	门窗关闭，但不锁止
燃油箱	油箱注入水的质量为满容量燃油的 90%，其他系统液体排空，排空液体质量应予以补偿
安全带	系安全带

美国在碰撞方面制定的法规对试验的要求和具体条件规定得较为全面，其整个评价体系比较完整且全面，对整个假人系列都进行了试验且规定了伤害指标。

欧洲采用 40% 偏置正面碰撞，其碰撞时测量要求更加严格。由于 40% 偏置碰撞试验侧重于考核车身安全，这种碰撞试验中车身变形大，乘员室严重侵入会造成车内乘员伤害。因此可以说，40% 偏置碰撞试验比 100% 正面碰撞更为合理、全面。

　3) 侧面碰撞法规比较

侧面碰撞试验法规对汽车侧门强度提出了要求，规定用一个移动变形壁障以规定速度，撞击车辆侧面，目的是检查车侧支柱、顶部或底部支柱连接等结构强度，以尽量降低侧面碰撞事故中伤害乘员的风险，通过车上的侧面碰撞假人，以测定伤害指标，如图 2-12 所示。

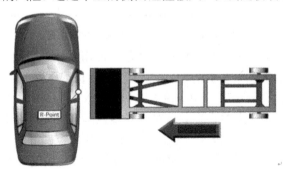

图 2-12　侧面碰撞试验

(1) 美国侧面碰撞法规 FMVSS 214。1990 年，美国将原来的 FMVSS214《车门静压强度》进行了修订，增加了侧面碰撞试验条款。侧面碰撞试验与正面碰撞试验程序类似，只是在正面碰撞基础上增加了移动壁障的准备。

① 试验要求：

a. 向燃油箱注入干洗溶剂到其油箱容积的 92%～94%，并使该溶剂充满从燃油箱到发动机进气系统的整个燃油系统。

b. 门窗关闭但不锁止。

c. 驻车制动器制动，手动变速器则挂 2 挡，若为自动变速器则挂空挡。

d. 碰撞后不用工具打开足够数量的车门，假人可顺利移出。

e. 碰撞后燃油的泄漏速度不超过 30 g/min。

② 试验中的车辆和假人要求。在侧面碰撞试验中，试验车辆和假人要求如表 2-13 所示。

表 2-13　美国侧面碰撞试验中的车辆和假人

适用范围	适用于轿车
碰撞速度	53.9 km/h
试验内容	移动壁障以 27°碰撞试验车辆，变形壁障垂直接触车辆。变形移动壁障左边缘距离轴距中心点 940 mm，若车轴距大于 2896 mm，则为前轴后面 508 mm。离地间隙为 279 mm
假人类型	在撞击侧的前后排座椅上各安放一个 EuroSID Ⅱ型假人，均系安全带
壁障质量	1356 kg
试验车重	整备质量 + 136.176 kg
伤害指标	1. 胸部伤害指标 TTI≤85 g(4 侧门的车)或 TTI≤90 g(2 侧门的车) 2. 骨盆峰值侧向加速度≤130 g

(2) 欧洲侧面碰撞法规 ECE R95。1991 年，欧洲发布了 ECE《侧碰撞保护》草案，1995 年 10 月，欧洲将侧面碰撞乘员保护正式纳入 ECE 法规中，颁布了 ECE R95。

① 试验要求：

a. 向燃油箱注入水，水的质量为满容量的燃油质量的 90%，其他系统液体排空，排空的液体质量应补偿。

b. 门窗关闭但不锁止。

c. 驻车制动器松开，变速器挂空挡。

d. 碰撞后不用工具打开足够数量的车门，假人可顺利移出。

e. 碰撞后燃油的泄漏速度不超过 30 g/min。

② 试验中的车辆和假人要求。在侧面碰撞试验中，试验车辆和假人要求如表 2-14 所示。

表 2-14　欧洲侧面碰撞试验中的车辆和假人

适用范围	适用于 M1 类和 N1 类乘用车
碰撞速度	50 km/h
试验内容	装有避免二次碰撞的装置，移动壁障中心线与汽车的中心线垂直。碰撞点：移动壁障的中心通过座椅的 R 点
假人类型	在驾驶员侧(撞击侧)前排驾驶员座椅上安放一个 EuroSID Ⅱ型假人，系安全带
壁障质量	950 kg
试验车重	整备质量 + 100 kg
伤害指标	1. 头部性能指标 HPC≤1000；若头部与车辆构件不接触，就记录"无接触"，不计算该值 2. 胸部变形量 RDC≤42 mm 3. 黏性指数 VC≤1.0 m/s 4. 腹部力峰值 APF≤2.5 kN 5. 盆骨性能指标 PSPF≤6 kN

由此可见，欧美侧面碰撞法规的主要差异在于碰撞形式、碰撞速度、移动变形壁障、假人的安放位置及碰撞试验结果评价指标不同。

4) 追尾碰撞法规比较

目前追尾碰撞标准主要是美国的 FMVSS 223《后碰撞保护装置》、FMVSS 224《后碰撞保护》以及欧洲的 ECE R32《汽车后碰撞车辆结构性能法规主要技术要求》。美国的后碰撞法规主要是针对挂车和半挂车的，而欧洲的主要是针对 M1 类车，考察的是车厢结构的耐撞性。

(1) 美国的 FMVSS 223《后碰撞保护装置》和 224《后碰撞保护》。

① FMVSS 223《后碰撞保护装置》。

a. 规定了防护装置标准，适用于挂车和半挂车的后碰撞保护装置。

b. 使用刚性碰撞块静态加载试验：碰撞面中心与试验点对准，然后施加一个前向力，加力的速度为 2.0～9.0 cm/min，施加力装置的纵轴保持稳定，防止碰撞块旋转。

c. 强度要求：在试验点分别施加 50 kN 和 100 kN 的力下，防护装置的变形不大于 125 mm。

d. 能量吸收要求：施加力直到防护装置变形超过 125 mm，该弹性变形过程中吸收的能量至少为 5650 kJ。

② FMVSS 224《后碰撞保护》。

a. 规定了挂车及半挂车后碰撞保护标准，适用于总重不小于 4536 kg 的挂车和半挂车。

b. 防护装置的宽度：防护装置水平构件的最外表面到相切于车辆最侧端的纵向垂直表面的距离小于 100 mm。

c. 防护装置的高度：防护装置水平构件底面到地面的高度不大于 560 mm。

d. 防护装置的后表面：水平构件的最后表面应接近与汽车最后端相切的横向垂直面，但离此平面的前向距离不超过 305 mm。

(2) 欧洲的 ECE R32《汽车后碰撞车辆结构性能法规主要技术要求》。

① 规定车辆后碰撞时对车厢结构耐撞性要求，适用于 M1 类车。

② 使用移动壁障试验：碰撞速度为 35～38 km/h，移动壁障总重为 1100 ± 20 kg；使用摆锤试验：碰撞时的瞬间速度为 35～38 km/h，摆锤当量质量为 1100 ± 20 kg，防止摆锤二次撞击实验车；车况：车重为其整备质量；燃油箱使用与燃油相同密度的液体，且填充到其额定容量的 90%，其他系统液体排空；变速器挂挡，制动器制动。

③ 性能要求：

a. 最后排座椅 R 点在地板上的投影相对于汽车不变形区域的纵向位移不超过 75 mm。

b. 试验后，车厢内不允许有刚性部件对乘员构成严重伤害的危险。

c. 在冲击作用下，车门侧门不应自动打开。

d. 碰撞后，不使用工具就可打开足够的车门使所有乘员离开。

追尾碰撞试验如图 2-13 所示。

图 2-13　追尾碰撞试验

5) 动态翻滚法规比较

动态滚翻事故发生率不高，但造成的事故死亡率很高，因此，各国都加大力度研究滚翻试验。但是由于滚翻试验的再现性比较困难，而且假人的伤害指标不好确定，虽然试验方法很多，但以标准出现的只有美国 FMVSS 208 中提及的滚翻试验方法。

动态滚翻试验如图 2-14 所示。该试验利用平台紧急刹车让实验车滚翻。用一个 230° 斜角的楔形平面作滚翻试验车的运载装置，以 48 km/h 的速度沿汽车横向方向平移，在不大于 915 mm 的距离内平台从 48 km/h 减速到 0，减速度不小于 20 g，持续时间至少为 0.04 s。假人伤害指标是测试假人的所有部件都在车厢内。

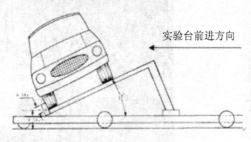

实验台前进方向

图 2-14　动态滚翻试验

6) 行人碰撞保护法规比较

行人保护是被动安全性研究的一个主要方向，它包括一切旨在减轻事故中汽车对外部行人的伤害而为汽车专门设计的措施，如保险杠、发动机盖及减少车外凸出物等。行人与车辆的碰撞是一个非常复杂的过程，在发生碰撞时，碰撞速度、碰撞角度以及人所采取的规避动作都可能会影响到碰撞的结果，整个碰撞过程仅持续大约 100～150 ms。

行人的损伤程度主要取决于碰撞时车辆的速度、车辆前部形状及碰撞区域的能量吸收特性。

目前世界上在行人碰撞保护方面的法规只有欧洲、日本以及澳大利亚有，美国由于较少发生车撞行人的事故，所以并没有制定这方面的法规。

为了有效降低行人在碰撞事故中受到的伤害，欧洲于 1998 年出台了欧共体指令 74/483/EEC，该指令涉及检验汽车前部的行人安全性能的试验方法，适用于新车定型试验，并从 2001 年 10 月起适用于所有上路车辆，其试验方法主要有小腿冲击锤撞击保险杠试验、大腿冲击锤撞击发动机盖前缘试验以及成人及儿童头部冲击锤撞击发动机盖上表面试验这几大项。

欧洲经济委员会于 2003 年颁布了 2003/102/EC 法规，该法规分两阶段执行，第一阶段自 2005 年 10 月 1 日开始，第二阶段自 2010 年 9 月 1 日开始，欧盟成员国所有新生产的乘用车都要配备行人保护系统；由于行人碰撞保护法规是由 EEC(欧洲经济共同体)制定的，在欧洲范围内属于强制执行的法规，因此在 ECE 的法规体系中并没有制定行人碰撞保护法规。

日本于 2004 年颁布实施了 TRIAS63《行人头部保护基准》，规定新车要安装行人保护装置，并于 2005 年开始参照欧洲法规对行人碰撞保护进行 J-NCAP 的检测。

欧洲 2003/102/EC 法规对行人的碰撞试验主要从 4 个方面去开展，包括行人的小腿、大腿以及儿童和成人的头部伤害。该法规适用于不大于 2500 kg 的 M1 类车以及不大于 2500 kg 的 N1 类车。法规分两阶段执行，其中重点是第二阶段的试验方法。

(1) 儿童头部与车辆发动机盖的碰撞。儿童头部与车辆发动机盖的碰撞试验如图 2-15 所示。在这个试验中，儿童头型(3.5 kg 的冲击头)以 35 km/h 的撞击速度与车辆发动机盖发生碰撞，根据头型上的加速度计时间历程而计算出来的头部性能指标(HIC)在 2/3 的发动机盖试验区域内不得超过 1000，在剩余的 1/3 发动机罩试验区域内不得超过 2000。

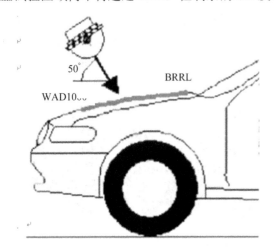

图 2-15 儿童头部与车辆发动机盖的碰撞试验　　图 2-16 成人头部与车辆风窗玻璃的碰撞试验

(2) 成人头部与车辆风窗玻璃的碰撞。成人头部与车辆风窗玻璃的碰撞试验如图 2-16 所示。在这个试验中，成人头型(4.8 kg 的冲击头)以 35 km/h 的撞击速度与车辆前风窗玻璃发生碰撞，根据头型上的加速度计时历程而计算出来的头部性能保护指标(HIC)应被记录下来，并与可能的目标值 1000 进行比较。该试验用于监测，不作为限值要求。

(3) 小腿与保险杠的碰撞。小腿与保险杠的碰撞试验如图 2-17 所示。在这个试验中，质量 $m = 13.4 \pm 0.2$ kg，总长 $L = 926 \pm 5$ mm。碰撞时的限定值为：碰撞车速 $v = 40$ km/h，膝盖动态最大剪切位移 $S \leqslant 6$ mm，膝盖动态最大弯曲角 $\gamma \leqslant 210°$，胫骨末端上部的加速度 $a \leqslant 200$ g。

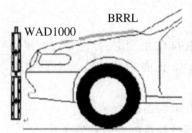

图 2-17　小腿与保险杠的碰撞试验

(4) 大腿与保险杠的碰撞。大腿与保险杠的碰撞试验如图 2-18 所示。

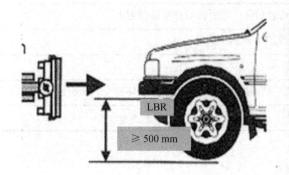

图 2-18　大腿与保险杠的碰撞试验

在这个试验中，质量 $m = 9.5 \pm 0.1$ kg，总长 $L = 350 \pm 5$ mm。碰撞时限定值为：碰撞车速 $v = 40$ km/h，瞬时碰撞力 $F \leqslant 7.5$ KN，碰撞时大腿的弯矩 $M \leqslant 510$ N·M。

3. 中国汽车安全法规简介

中国还没有建立起真正意义上的汽车安全法规体系。中国的汽车强制性标准工作起步于 20 世纪 90 年代初期，1995 年开始逐步实施，但离完善还有很大的差距。汽车强制性标准主要参照欧洲的 ECE 体系，其中，安全标准按照主动安全、被动安全和一般安全划分。我国的汽车强制性标准首先从主动安全开始，逐步向一般安全、被动安全扩展，大约有 80% 与 ECE 等法规等效，其中安全标准占强制性标准实施数量的 81% 左右。

我国于 1999 年 10 月 28 日，由原国家机械工业局发布了 CMVDR 294《汽车正面碰撞乘员保护的设计规则》。2000 年 4 月 1 日，国家将此项检验列入当时的汽车型式认证(公告)40 项强制检验项目中，虽然 CMVDR 294《汽车正面碰撞乘员保护的设计规则》不是国家强制性法规，但它一旦被政府部门采用就具有了法律效力。2004 年 6 月，我国参照欧洲 ECE R94 法规制定的国家强制性标准 GB 11551—2003《乘用车正面碰撞的乘员保护》正式出台，至此我国才真正拥有了自己的汽车正面碰撞标准。2002 年，政府相关部门又将汽车侧面碰撞、后碰撞强制性标准制定纳入了汽车强制性标准修订"十五"发展规划。2006 年 1 月 18 日，国家标准化委员会发布了《汽车侧面碰撞的乘员保护》(GB 20071—2006)和《乘用车后碰撞燃油系统安全要求》(GB 20072—2006)两项标准，并于 2006 年 7 月 1 日起正式实施。至此，我国已建立汽车正面碰撞、侧面碰撞和追尾(后)碰撞三位一体的汽车碰撞国家强制性标准体系。此次出台实施的侧碰和后碰强制标准，尽管同欧洲等汽车发达国家相比还有差距，但这是中国安全体系同国际接轨的标志。

1) 正面碰撞标准 GB 11551—2003

中国正面碰撞标准虽然是参照欧洲 ECE R94 法规制定的，但是没有采用欧洲的 40% 偏置碰撞试验，而是采用了和美国相同的 100% 正面碰撞试验，而且要求的碰撞速度是 50 km/h 不是 56 km/h。

在正面碰撞试验中，试验车辆和假人要求如表 2-15 所示。

表 2-15　中国正面碰撞试验中的车辆和假人

碰撞车速	50 km/h
假人类型	Hybrid III 型第 50 百分位成年男性假人
假人位置	每个前排外侧座椅上及驾驶员座椅之后的后排座椅位置上
试验车重	整备质量 + 假人和仪器质量 + 燃油箱质量
门窗	门窗关闭，但不锁止
燃油箱	油箱注入水的质量为满容量燃油的 90%，其他系统液体排空，排空液体质量应予以补偿
安全带	系安全带

测验假人的伤害指标如下：

(1) 头部性能指标(HPC36)≤1000。

(2) 胸部性能指标(ThPC)≤75 mm(ThPC——胸部变形的绝对值)。

(3) 大腿性能指标(FPC)≤10 kN(FPC——轴向传递到假人每条大腿的压力)。

(4) 若燃油泄漏，则碰撞后的前 5 min 平均泄漏速度不超过 30 g/min。

(5) 碰撞时车门不得开启，前门锁止机构不锁止。

(6) 碰撞后，至少有一个门能打开，能完好地取出假人；如果假人在其约束系统中被锁止，应能用最大不超过 60 N 的力将假人释放出来。

2) 侧面碰撞标准 GB 20071—2006

2006 年 7 月 1 日，我国正式发布了 GB 20071—2006《汽车侧面碰撞的乘员保护》标准，该标准以 ECE R95 为蓝本，对于新车，该标准自 2006 年 7 月 1 日起实施，对于在用车从 2009 年 7 月 1 日起实施。

我国的侧面碰撞标准与 ECE R95 的主要差异如下：

(1) 考虑到我国人体参数和车型特点，在附录 B.5.5.1 座椅调节一节中，参照日本保安基准第 18 条款内容，本标准增加了相应的调节方法。

(2) 考虑到我国目前生产 M1 车型比较混杂的实际情况，本标准同时采用附录中规定的

EuroSID Ⅰ假人和附录 F 规定的 EuroSID Ⅱ假人，在试验和评价中允许任选一种假人。

(3) 由于我国标准体系和欧洲法规体系的形式差别所致，本标准删除了 ECE R95 中有关认证申请、认证程序及认证标志、车型修改、产品一致性、产品非一致性的处理等内容。

3) 后碰撞标准 GB 20072—2006

后碰撞标准也是参照 ECE R95 法规制定，测试的具体方法是：车辆静止不动，移动壁障以 50 Km/h 的速度从后方撞击试验车辆，并以测试结果判断被撞车辆是否达到相关标准。

4) 中国行人碰撞法规的展望

中国人的体形、体质都和欧美人有着很大的差别，通过对 50% 标准成年男子的人体测量数据的对比发现，美国男子平均身高为 178 cm，体重为 82.1 kg；欧洲男子标准身高为 176 cm，体重为 79 kg；而中国男子身高为 169 cm，体重为 60.5 kg。同时，人体各个部分的布局分配尺寸，也存在着很大的差异，甚至连骨质和身体厚度等都有着显著的差距。这就决定了，不同的人种对于类似的交通事故有着截然不同的反应方式。

中国的行人由于身材差异，很多情况下在胯骨胸部肩部与汽车发动机盖碰撞后，头部会与坚硬的雨刮器底座或风挡坚硬的底部碰撞，从而造成严重的头部创伤。在我国，90%的交通事故受伤者是头部创伤。

目前我国有关行人保护方面的法规标准已经在研究制定当中，我们不仅要参照欧洲和日本在这方面的法规标准，同时我们更应该首先要以我国的安全法规体系为基础，研究我国目前汽车安全性的技术和性能水平，这需要积累大量的国产车辆在现行安全法规下的试验数据。应大量研究我国的道路交通状况和交通事故统计情况，掌握我国政府在汽车安全方面的政策方向，研究出合理的适合我国国情的行人保护法规，以利于行人的安全，并促进我国汽车工业的发展和新型安全技术的开发应用。

4. 新车评价规程(NCAP)

1) 新车评价规程概述

NCAP 最早于 1978 年出现在美国，由美国国家公路交通安全管理局牵头组织实施。进入 20 世纪 90 年代后，欧洲、日本和澳大利亚等也相继建立了自己的 NCAP 体系，分别被称为美国的 NHTSA-NCAP、欧洲的 Euro-NCAP 和日本的 J-NCAP。其中欧洲的 NCAP 最具影响力和代表性。它由欧洲各国汽车联合会、政府机关、消费者权益组织、汽车俱乐部等组织组成，是不依附于任何汽车生产企业的独立的第三方机构，所需经费由欧盟提供，不定期对已上市的新车和进口车进行碰撞试验。

NCAP(New Car Assessment Program)中文简称为新车评价规程，其根本目的就是通过权威的评价，使汽车的综合安全性能以通俗易懂的星级方式表示，为汽车消费者提供市场上畅销车型的安全性能评价信息，同时鼓励生产者提高其产品的安全性能。

NCAP 一般由政府或具有权威性的组织机构按照比国家法规更严格的方法对在市场上销售的车型进行碰撞安全性能测试、评分和划分星级，向社会公开评价结果。由于这样的测试公开、严格、客观，为消费者所关心，成为汽车企业产品开发的重要规范，对提高汽车安全性能作用显著。国际上著名的 NCAP 的机构有：国际汽车联盟(FIA)、瑞典福克斯基金会(Folksam)、美国道路安全保险学会(IIHS)、美国国家道路交通安全管理局(NHTSA)、澳大利亚汽车碰撞试验(NRMA)、汽车安全与组织(OSA)。

由于 NCAP 没有统一的国际规则，各国的 NCAP 都有自己各自的特点，但基本是适应本国的情况而开展工作的。根据各国车辆构成情况、碰撞事故特点、技术水平等因素，每个国家所实行的 NCAP 在试验项目、试验条件、撞击速度和撞击形式等方面都有所差异。

NCAP 的星级评价主要包括正面碰撞、侧面碰撞这两大项，美国的 NCAP 中包含有对车辆翻滚的评价，而欧洲和日本的 NCAP 中则包含有对行人碰撞保护的评价。由于追尾碰撞事故中的死亡率比较低，以及 NCAP 组织的财政预算考虑，没有对追尾碰撞进行星级评价。NCAP 评估方法的主要依据是测试假人的伤害指标，各国的评估方法基本相同。

2) 中国的新车评价规程 C-NCAP

我国的 C-NCAP 评价规程是参照欧洲、美国和日本的 NCAP 并结合本国的实际情况而制定的。

C-NCAP 是将在市场上购买的新车型按照比我国现有强制性标准更严格和更全面的要求进行碰撞安全性能测试，评价结果按星级划分并公开发布，旨在给予消费者系统、客观的车辆信息，促进企业按照更高的安全标准开发和生产，从而有效减少道路交通事故的伤害及损失。C-NCAP 要求对一种车型进行车辆速度 50 km/h 与刚性固定壁障 100% 重叠率的正面碰撞、车辆速度 56 km/h 对可变形壁障 40% 重叠率的正面偏置碰撞、可变形移动壁障速度 50 km/h 与车辆的侧面碰撞等三种碰撞试验，根据试验数据计算各项试验得分和总分，由总分多少确定星级。评分规则非常细致严格，最高得分为 51 分，星级最低为 1 星级，最高为 5+。

(1) 正面 100% 重叠刚性壁障碰撞试验。正面 100% 重叠刚性壁障碰撞试验如图 2-19 所示。其中，碰撞速度为 50 km/h，假人安放位置：在前排驾驶员和乘员位置分别放置一个 Hybrid III 型第 50 百分位男性假人，在第二排座椅最右侧座位上放置一个 Hybrid III 型第 5 百分位女性假人，试验时该假人需佩戴安全带，用以考核安全带性能。

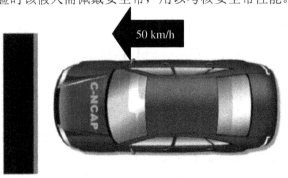

图 2-19　中国 NCAP 的正面 100% 重叠刚性壁障碰撞试验

(2) 正面 40% 重叠可变形壁障碰撞试验。正面 40% 重叠可变形壁障碰撞试验如图 2-20 所示。其中，碰撞速度为 56 km/h，假人安放位置：在前排驾驶员和乘员位置分别放置一个 Hybrid III 型第 50 百分位男性假人，在第二排座椅最左侧座位上放置一个 Hybrid III 型第 5 百分位女性假人，试验时该假人需佩戴安全带，用以考核安全带性能。

(3) 可变形移动壁障侧面碰撞试验(驾驶员侧)。可变形移动壁障侧面碰撞试验如图 2-21 所示。其中，碰撞速度为 50 km/h，假人安放位置：在驾驶员位置放置一个 EuroSID II 型假人，用以测量驾驶员位置受伤害情况。

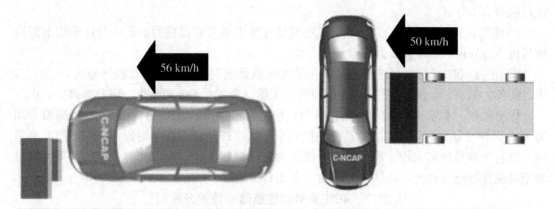

图 2-20　中国 NCAP 的正面 40% 重叠可变形壁障碰撞试验　　图 2-21　中国 NCAP 的侧面碰撞试验

(4) C-NCAP 的评分方法：

① 正面 100% 重叠刚性壁障碰撞。正面 100% 重叠刚性壁障碰撞的试验评分共 16 分。其中，头部：5 分、颈部：2 分、胸部：5 分、大腿：2 分和小腿：2 分。

评分原则：本项试验的最高得分为 16 分，评分以驾驶员侧假人的伤害指数为基础，只有当乘员侧假人相应部位的得分低于驾驶员侧假人相应部位的得分时，才采用乘员侧相应部位得分来代替。对于每个假人，基本的评分原则是：设定高性能指标限值和低性能指标限值，分别对应每个部位的最高得分和 0 分；若同一部位存在多个评价指标，则采用其中的最低得分来代表该部位的得分；所有单项得分保留到小数点后两位数，分值之间采用线性插值的方式得到，具体评分规则如表 2-16 所示。

表 2-16　100% 重叠刚性壁障碰撞评分规则

部位	部位罚分项	得分
头部	对于驾驶员侧假人，若转向管柱产生向上位移量，则其头部得分应被修正，修正值为 0～ −1，即位移量≤72 mm 时不罚分，≥88 mm 时罚一分，中间得分按线性插值得到	0～5
颈部	—	0～2
胸部	对于驾驶员侧假人，若转向管柱产生向后位移量，则其胸部得分应被修正，修正值为 0～−1，即位移量≤90 mm 时不罚分，≥110 mm 时罚一分，中间得分按线性插值得到	0～5
大腿	—	0～2
小腿	—	0～2

总体罚分项：总体罚分最高限定为 4 分。具体罚分如下：

a. 对于每个车门，若在碰撞过程中开启，则分别减去 1 分。

b. 对于前排驾驶员侧和乘员侧以及后排假人所放置座位的安全带，若在试验过程中失效，则分别减去 1 分。

c. 将假人从约束系统中解脱时，如果发生了锁止且通过在松脱装置上施加超过 60 N 的压力仍未解除锁止，则分别减去 1 分。

d. 试验后，对应于每排座位，若门在不使用工具的前提下，两侧门均不能打开，则该排对应减去 1 分。

e. 碰撞试验后，若燃油供给系统存在液体连续泄漏且在碰撞后的前 5 分钟平均泄漏速度超过 30 g/min，则减去 2 分。

② 正面 40% 重叠刚性壁障碰撞。正面 40% 重叠刚性壁障碰撞的试验评分共 16 分。其中，头部、颈部：4 分、胸部：4 分、膝盖、大腿、骨盆：4 分和小腿、脚及脚踝：4 分。

评分原则：本项试验最高得分为 16 分，按照假人身体区域分成 4 组，每组最高得分均为 4 分。评分原则和正面 100% 重叠碰撞完全一致，评分以驾驶员侧假人的伤害指数为基础，只有当乘员侧假人相应部位的得分低于驾驶员侧假人相应部位的得分时，才采用乘员侧相应部位得分来代替，具体评分规则如表 2-17 所示。

表 2-17　40% 重叠刚性壁障碰撞评分规则

部位	部位罚分项	得分
头部 颈部	对于驾驶员侧假人，若转向管柱产生向上位移量，则其头部得分应被修正，修正值为 0～−1，即位移量≤72 mm 时不罚分，≥88 mm 时罚一分，中间得分按线性插值得到	0～4
胸部	对于驾驶员侧假人，若 A 柱向后位移量过大以及转向柱向后位移量过大，则其胸部得分应被修正，修正值为 0～−2 和 0～−1。当 A 柱向后位移量≤100 mm 时不罚分，≥200 mm 时罚 2 分；当转向柱向后位移量≤90 mm 时不罚分，≥110 mm 时罚 1 分	0～4
膝、大腿 和骨盆	—	0～4
小腿、脚 和脚踝	对于驾驶员侧假人，若踏板向后和向上位移量过大，则其得分应被修正，修正值为 0～−1。当踏板向后位移量≤100 mm 时不罚分，≥200 mm 时罚 1 分；当踏板向上位移量≤72 mm 时不罚分，≥88 mm 时罚 1 分。(踏板位移在不施加外力的情况下测得)	0～4

总体罚分项：总体罚分最高限定为 4 分。具体罚分如下：

a. 对于每个车门，若在碰撞过程中开启，则分别减去 1 分。

b. 对于前排驾驶员侧和乘员侧以及后排假人所放置座位的安全带，若在试验过程中失效，则分别减去 1 分。

c. 将假人从约束系统中解脱时，如果发生了锁止且通过在松脱装置上施加超过 60 N 的压力仍未解除锁止，则分别减去 1 分。

d. 试验后，对应于每排座位，若门在不使用工具的前提下，两侧门均不能打开，则该排对应减去 1 分。

e. 碰撞试验后，若燃油供给系统存在液体连续泄漏且在碰撞后的前 5 分钟平均泄漏速度超过 30 g/min，则减去 2 分。

③ 可变形移动壁障侧面碰撞。可变形移动壁障侧面碰撞的试验评分共 16 分，基本评分原则和正面 100% 重叠碰撞完全一致。总体罚分项：总体罚分最高限定为 4 分。具体罚分如下：

a. 对于每个车门，若在碰撞过程中开启，则分别减去 1 分。

b. 对于前排驾驶员侧和乘员侧以及后排假人所放置座位的安全带，若在试验过程中失效，则分别减去 1 分。

c. 碰撞试验后，若燃油供给系统存在液体连续泄漏且在碰撞后的前 5 分钟平均泄漏速度超过 30 g/min，则减去 2 分。

(5) C-NCAP 的得分与星级评价

将三项试验得分及加分项得分求和并四舍五入保留到小数点后一位，记为总分，最高得分为 51 分，得分与星级之间的关系如表 2-18 所示。

表 2-18　C-NCAP 的得分与星级

总　分	星　级
≥50 分	5 + (★★★★★☆)
≥45 分且＜50 分	5(★★★★★)
≥40 分且＜45 分	4(★★★★)
≥30 分且＜40 分	3(★★★)
≥15 分且＜30 分	2(★★)
＜15 分	1(★)

值得注意的是，对于根据总分评价出的 5 星级车和 4 星级车，还必须分别满足下列条件：

① 对于 5 星级车，在三项试验中，假人的特定部位不能为 0 分，否则该车将被降为 4 星级车。在正面 100% 重叠刚性壁障碰撞试验和正面 40% 重叠可变形壁障碰撞试验中，特定部位为头部、颈部和胸部；在可变形移动壁障侧面碰撞试验中，特定部位为头部、胸部、腹部和骨盆。

② 对于 4 星级车，在三项试验中，每项试验的得分不能低于 10 分，否则该车将被降为 3 星级车。

3) C-NCAP 与欧美日的主要区别

(1) 测试车辆来源不同。我国由厂家提供，即使汽研中心从市场上购买，被撞毁的汽车也会按原购买价卖给厂家；而欧美日均直接从市场上购买且企业不承担费用。

(2) 测试费用承担不同。我国由厂家提前支付；而欧美日均由政府拨款，不与任何汽车企业发生利益关联。

(3) 测试的项目不同。

中国：测试的项目有三项：正面 100% 重叠刚性壁障碰撞试验、正面 40% 重叠可变形壁障碰撞试验和可变形移动壁障侧面碰撞试验(驾驶员侧)。

欧洲：测试的项目有三项：40% 正面碰撞试验、侧面碰撞(针对配有侧面头部气囊的车辆进行，是一项选做试验，做此试验的车辆最高能够获得 2 分的加分)和行人碰撞。

美国：测试的项目有三项：100% 正面碰撞试验、侧面碰撞和车辆滚翻试验。

(4) 碰撞速度不同。

① 100% 正面碰撞：碰撞速度中国为 50 km/h 而美国为 56 km/h。

② 40% 正面碰撞：碰撞速度中国为 56 km/h 而欧洲为 64 km/h。

③ 侧面碰撞：碰撞速度中国和欧洲均为 50 km/h 而美国为 63 km/h。

(5) 假人的安装位置不同。

中国：正面碰撞安放三个假人，其中，前排驾驶员和乘员位置均分别放置一个 Hybrid Ⅲ 型第 50 百分位男性假人，而后排位置放置一个 Hybrid Ⅲ 型第 5 百分位女性假人，若是 100% 正面碰撞则放在最右侧，若是 40% 正面偏置碰撞则放在最左侧；侧面碰撞只在前排驾驶员位置放置一个 EuroSID Ⅱ型假人。

欧洲与美国：正面和侧面碰撞均只在前排安放两个假人，一个是成年假人，另一个为儿童假人。

从世界范围看，欧洲的 NCAP 最有声誉。一方面，欧洲国家安全环保意识强，对车辆的安全性普遍重视；另一方面，欧洲车厂整体技术水平高，质量稳定。所有这些促成了一个严格且颇受信赖的 NCAP 评价体系。

虽然欧洲的测试项目指标不是最高的，但它在实际测评过程中要加上主观评价，要获得高星级并不容易。主观评价由汽车安全方面的权威专家做出，评价的方面包括诸如碰撞后驾乘人员头部的位置(如是否偏离气囊中心位)等情况，以及任何被认为具有潜在危险的因素。除了乘员保护，欧洲 NCAP 还有儿童约束系统和行人保护两大块，按不同的碰撞结果分别给予星级评定，而我国现行 C-NCAP 不包括这两项评价。

中国的 C-NCAP 试验要求相对于欧洲和美国的 NCAP 而言并不是很严格，这主要是根据中国的实际情况而制定的。中国在建立 C-NCAP 时参照了欧洲、美国、日本以及澳大利亚各国的 NCAP 实施情况，并结合我国交通的实际情况以及汽车产业的发展情况，制定了这套适合中国当前情况的 C-NCAP。目前，C-NCAP 的试验体系还不完善，可以预见，在不久的将来，C-NCAP 还将增加行人保护试验、后碰撞试验以及滚翻试验等，进一步完善新车评价体系。同时，随着国家汽车强制标准的完善和实施，车辆上的约束系统如安全气囊、安全带等的强制安装，C-NCAP 对碰撞试验的要求必将和欧美发达国家相一致，并大力推动我国汽车产业的发展与技术进步。

二、汽车排放法规

随着城市经济的发展，汽车保有量的增加，汽车排放污染问题已成为世界普遍关注的焦点。汽车排放气体中的氮氧化合物 NO_x、碳氢化合物 HC 和一氧化碳 CO 在空气中积累到一定程度后，在太阳光线的作用下，NO_x 和 HC 起反应生成含有二氧化氮 NO_2、臭氧 O_3 的光化学烟雾，光化学烟雾是导致城镇居民死亡率增高的一个原因；二氧化氮及臭氧因难溶于水，不易被呼吸道粘膜所阻留从而长驱直入肺部，浓度大时可引起中毒性肺气肿，进入血液可形成变性血红蛋白，导致人体组织缺氧；另外，氮氧化合物和硫化物也是形成酸雨的一个因素。

多数国家在控制汽车污染时，主要是围绕新车的排放控制、在用车排放控制、提高燃油品质、改善交通状况和发展公共交通四个方面采取综合性应对措施。减少汽车排放污染首先要从源头控制，即抓好新车的排放控制，这就要制定排放法规和强制性排放标准，辅以相应的经济刺激手段。不同国家和地区因社会经济基础、环境状况等不同，从而导致所采用的排放法规、标准体系也不尽相同。

1. 世界三大汽车排放法规

当今世界汽车排放法规主要有三大体系，即欧洲、美国和日本的排放法规体系。世界上其他国家也都是在不同程度上采用这些法规和标准，以采用欧洲、美国法规的较多。

1) 美国汽车排放法规

美国是当今世界上控制汽车排放最早、最严格的国家，也是世界上第一个对汽车排放制定标准的国家。美国的汽车排放法规分为联邦排放法规即环境保护局(EPA)排放法规和加利福尼亚州空气资源局(CARB)排放法规。

1957年，美国加州颁布了世界上第一部汽车排放标准；1963年，美国联邦政府颁布了世界上第一部清洁空气法；1960年，美国联邦政府起草了《汽车内燃机排放控制》；1964年1月1日起，美国禁止汽车发动机曲轴箱气体直通大气；1965年，美国颁布了汽车内燃机空气污染控制法规；1966年至1967年，美国颁布了限制汽车废气中CO及HC的具体值及试验工况，根据特定的运行工况，将CO和HC的最高含量确定为1.51%和275 ppm(百万分之一)；1968年至1969年，美国对汽车废气中CO及HC的限值进行修改(如表2-19所示)。

表2-19 1969年美国汽车排放限值

发动机排量/mL	CO/%	HC/ppm
830～1639	2.3	410
1640～2290	2.0	350
>2290	1.5	275

1970年起将汽车排放单位定为：g/mile (1 mile = 1.6093 km)，1971年加州将NO_x限值引入了排放法规中，从1973年起，美国的排放标准日趋严格。1998年后，美国联邦排放标准已与加州排放标准日趋接近，但联邦排放法规仍落后于加利福尼亚州排放法规1～2年。表2-20为近年来美国联邦汽车排放限值。

表2-20 美国联邦轻型汽车排放限值 g/mile

车 型		行驶里程/(10^5 mile)	THC	NMHC	CO	NO_x	PM
乘用车		5	0.41	0.25	3.4	0.4	0.08
		10	—	0.31	4.2	0.6	0.10
轻型货车	GVW≤3 7501 bs	5	0.80	0.25	3.4	0.4	0.08
		10		0.31	4.2	0.6	0.10
	GVW≥3 7501 bs	5	0.80	0.32	4.4	0.7	0.08
		10		0.40	5.5	0.79	0.10

2) 日本汽车排放法规

日本是从1966年起开始控制汽车排放污染的，日本对汽车污染物的控制虽然比美国起步晚，但从20世纪70年代以来，日本对氮氧化物(NO_x)的控制进程却比美国快。由于日本的测试方法与美国和欧洲不同，因此其排放限值也无法直接相比。事实上，很少有国家采用日本法规，但由于日本是控制汽车排放较早的国家之一，也是控制技术较为先进的国家，且其控制法规自成体系，因此，一直被人们认为是一个独立的法规体系。日本最初采用 4 工况法，1973 年开始采用 10 工况法，1991 年开始，采用 11 工况冷起动循环和 10、15 工况热循环两种试验方法，前者以 g/km 计，后者的单位为 g/test，两者可以互换。

日本目前实施的轻型汽车排放限值如表 2-21 所示。

表 2-21　日本轻型汽油车排放限值

车　型	实验工况	排 放 限 值			
		HC	CO	NO_x	单位
乘用车、轻型载货汽车	10、15	0.25(0.39)	2.1(2.7)	0.25(0.48)	g/km
	11	7.0(9.5)	60(85)	4.4(6.0)	g/test
中型载货汽车 1.7<GVW≥2.5 t	10、15	2.1(2.7)	2.1(2.7)	0.7(0.98)	g/km
	11	13(17)	100(130)	6.5(8.5)	g/test

3) 欧洲汽车排放法规

欧洲排放法规是由联合国欧洲经济委员会 ECE 的排放法规和欧共体 EEC 的排放指令共同加以实现的，欧共体 EEC 即是现在的欧盟 EU。排放法规由 ECE 参与国自愿认可，排放指令是 EEC 或 EU 参与国强制实施的。从严格性意义上来说，欧洲汽车排放标准要落后于美国汽车排放标准，这种落后是由于在 ECE 范围内建立统一的标准是很复杂和困难的。不同的国家有各自不同的目的，关注的热点也不相同，因此很难达成一致。

目前，许多发展中国家更倾向于采纳欧盟法规，一方面是由于欧盟法规相对要求松一些，另一方面也因为其测量方法的运行工况及对设备的要求相对要简单一些。我国目前所采用的排放标准也主要参考欧洲法规。

(1) 主要历程。1970 年，欧盟指令 70/220/ECE 首次实施汽车排放标准，该指令详细描述了针对轻型机动车(乘用车和轻型车)的排放法规，控制对象是 CO 和 HC。1977 年开始，将 NO_x 列为控制对象。1984 年，对机动车排放实施修改，执行欧盟指令 83/351/ECE，并将 HC 和 NO_x 之和列为控制对象。

随着汽车排放控制技术(如：催化转换器)的发展和对环境保护要求的日益提高，该指令历经多次修改，于 1992 年开始实施欧 1 标准；1996 年开始实施欧 2 标准；2000 年开始实施欧 3 标准；2005 年开始实施欧 4 标准；2009 年开始实施欧 5 标准；2014 年开始实施欧 6 标准。

(2) 欧 1～欧 4 标准说明。欧 1～欧 4 排放法规主要是对汽油车及柴油车的 C0、HC、NO_x 和颗粒排放制定了相应的排放限值；对于 HC 和 NO_x 的限制，有的标准对两者分开限制，有的标准则采用限制两者之和 HC + NO_x。其实施要求为新认证车型自实施之日起必须满足新排放的限值要求；而对于目前正在生产的车型则要求一年以后必须满足新排放限值要求。

乘用车的排放限值如表 2-22 所示。

表 2-22　欧洲乘用车欧 1—欧 4 排放标准(g/km)

名　称		时间	C0	HC	HC + NO$_x$	NO$_x$	PM
柴油车	欧 1	1992	2.72	—	0.97	—	0.14
	欧 2-IDI	1996	1.0	—	0.7	—	0.08
	欧 2-DI	1999	1.0	—	0.9	—	0.10
	欧 3	2000	0.64	—	0.56	0.50	0.05
	欧 4	2005	0.50	—	0.30	0.25	0.025
汽油车	欧 1	1992	2.72	—	0.97	—	—
	欧 2	1996	1.0	—	0.7	—	—
	欧 3	2000	2.30	0.20	—	0.15	—
	欧 4	2005	1.0	0.10	—	0.08	—

(3) 欧 5—欧 6 排放标准介绍。

① 欧 5/6 排放标准制定进程。2004 年初，问卷调查，形成新排放标准的期望限值，2005 年 1 月，发布激励政策，对使用先进排放控制技术给予税率鼓励(如使用 DPF，或者 PM 排放低于 5 mg/km 的柴油车)，2005 年 7 月 15 日，由欧盟委员会起草的欧 5 初步提案公开征求意见。

2006 年 9 月 13 日，经过长时间的协商与修订，欧洲议会环境委员会表决通过了新的轻型车排放法规——欧 5/6，2006 年 12 月 13 日，这一法规在欧洲议会全会上表决通过，还需经欧洲理事会表决，2007 年 6 月 20 日，欧盟通过 EC 715/2007 法规(欧 5/6)，并于本月 29 日在欧盟官方公报上正式发布。EC 715/2007 法规确定了欧 5/6 标准的总体技术要求及排放限值，2007 年 9 月，完成了欧 5/6 标准技术文本的最终草案，2008 年 7 月 18 日，欧盟通过了 (EC) No 692/2008 法规，即欧 5/6 技术标准，并于本月 28 日在欧盟官方公报上正式发布。

② 实施时间。欧 5 标准是 2009 年 9 月 1 日起对新车型式认证开始实施，2011 年 1 月 1 日起对所有新注册的车辆实施；而欧 6 标准于 2014 年 9 月 1 日起对新车型式认证开始实施，2015 年 9 月 1 日起对所有新注册的车辆实施。

③ 排放限值。欧 5 标准排放限值如表 2-23 所示。

表 2-23　欧 5 标准排放限值

类别	级别	基准质量 /kg	限　值									
			CO		THC		NMHC		NO$_x$		HC + NO$_x$	
			L1 /(mg/km)		L2 /(mg/km)		L3 /(mg/km)		L4 /(mg/km)		L2 + L4 /(mg/km)	
			PI	CI	PI	CI	PI	CI	PI	CI	PI	CI
M	—	全部	1000	500	100	—	68	—	60	180	—	230
N1	Ⅰ	RW≤1305	1000	500	100	—	68	—	60	180	—	230
	Ⅱ	1305<RM ≤1760	1810	630	130	—	90	—	75	235	—	295
	Ⅲ	1760<RM	2270	740	160	—	108	—	82	280	—	350
N2			2270	740	160	—	108	—	82	280	—	350

注：PI→点燃式；CI→压燃式；为了表格清楚而没把颗粒物质量 PM 及颗粒数量 P 放在表中。

欧 6 标准排放限值如表 2-24 所示。

表 2-24　欧 6 标准排放限值

类别	级别	基准质量 (kg)	限 值									
			CO		THC		NMHC		NO$_x$		HC + NO$_x$	
			L1		L2		L3		L4		L2 + L4	
			/(mg/km)		/(mg/km)		/(mg/km)		/(mg/km)		/(mg/km)	
			PI	CI	PI	CI	PI	CI	PI	CI	PI	CI
M	—	全部	1000	500	100	—	68	—	60	80	—	170
N1	I	RW≤1305	1000	500	100	—	68	—	60	80	—	170
	II	1305<RM ≤1760	1810	630	130	—	90	—	75	105	—	195
	III	1760<RM	2270	740	160	—	108	—	82	125	—	215
N2			2270	740	160	—	108	—	82	125	—	215

注：PI→点燃式；CI→压燃式；为了表格清楚而没把颗粒物质量 PM 及颗粒数量 P 放在表中。

④ 欧 5/6 与欧 4 标准比较。M1 类车与欧 4 相比(PI)：欧 5/6 的 CO、THC 没有变化；而 NO$_x$ 排放限值(60)下降了 25%；新增：NMHC(68)、直喷点燃式发动机车辆的 PM 排放限值(5)，并将引入新的测量方法(4.5)，如图 2-22 所示。

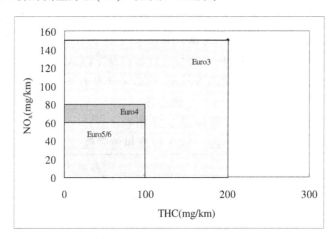

图 2-22　M1 类车与欧 4 相比(PI)

M1 类车与欧 4 相比(CI)：欧 5 的 NO$_x$ 排放限值(180)下降了 28%；欧 6 的 NO$_x$ 排放限值(80)下降了 68%；欧 5/6 的 PM 排放限值(5)降低了 80%，并将引入新的测量方法(4.5)、HC + NO$_x$ 也有相应的降低，如图 2-23 所示。

⑤ 汽油和柴油的变化。汽油改为 E5(含 5% 乙醇的汽油)，其乙醇含量修正为：4.7%～5.3% v/v；密度、馏程、烯烃的含量也有变化；柴油改为 B5(含 5% 生物柴油的柴油)，其 FAME 含量修正为：4.5%～5.5% v/v；多环芳香烃有变化；增加了 110℃氧化物安定性的要求；新增了 E85(含 85% 乙醇的汽油)的技术要求；制定了低温试验用汽油(E5)的技术标准；还将制

定低温试验用 E75(含 75% 乙醇的汽油)的技术要求。汽油和柴油的参数变化如表 2-25 和表 2-26 所示。

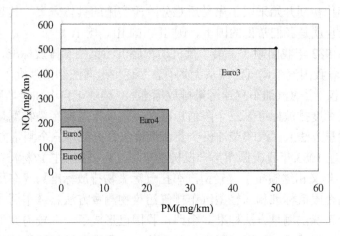

图 2-23　M1 类车与欧 4 相比(CI)

表 2-25　汽油的变化—常温试验

汽　　油	单位	欧 5/6 E5 汽油	欧 4 无铅汽油
15℃下密度	kg/m³	743～756	740～754
水分	% v/v	≤0.015	
馏程：70℃下蒸出量	% v/v	24～44	24～40
100℃下蒸出量	% v/v	48～60	50～58
150℃下蒸出量	% v/v	82～90	83～89
烃分析：烯烃	% v/v	3～13	约 10
乙醇	% v/v	4.7～5.3	

表 2-26　柴油的变化—常温试验

柴　　油	单位	欧 5/6 B5 柴油	欧 4
环芳香烃	% m/m	2～6	3～6
氧化安定性(110℃)	H	≥20	
FAME	% v/v	4.5～5.5	

2. 我国机动车排放法规

目前，世界汽车排放标准分为美国、欧洲和日本三大体系。相对于美国和日本的汽车废气排放标准来说，其测试要求比较宽泛，因此，欧洲标准也是发展中国家大都沿用的汽车废气排放体系。由于我国的轿车车型大多是从欧洲引进的生产技术，所以，我国的汽车排放标准采用的是欧洲标准体系。

1）我国机动车排放法规历程

与国外先进国家相比，我国汽车尾气排放法规起步较晚、水平较低，根据我国的实际情况，从八十年代初期开始采取了先易后难分阶段实施的具体方案，其具体实施至今主要分为四个阶段，也就是我们常说的国Ⅰ、国Ⅱ、国Ⅲ、国Ⅳ。

第一阶段：1983 年我国颁布了第一批机动车尾气污染控制排放标准，这一批标准的制定和实施，标志着我国汽车尾气法规从无到有，并逐步走向法制治理汽车尾气污染的道路，在这批标准中，包括了《汽油车怠速污染排放标准》、《柴油车自由加速烟度排放标准》、《汽车柴油机全负荷烟度排放标准》三个限值标准和《汽油车怠速污染物测量方法》、《柴油车自由加速烟度测量方法》、《汽车柴油机全负荷烟度测量方法》三个测量方法标准。

第二阶段：在 1983 年我国颁布第一批机动车尾气污染控制排放标准的基础上，我国在 1989 年至 1993 年又相继颁布了《轻型汽车排气污染物排放标准》、《车用汽油机排气污染物排放标准》两个限值标准和《轻型汽车排气污染物测量方法》、《车用汽油机排气污染物测量方法》两个工况法测量方法标准，至此，我国已形成了一套较为完整的汽车尾气排放标准体系；值得一提的是，我国 1993 年颁布的《轻型汽车排气污染物测量方法》采用了 ECE R15—04 的测量方法，而测量限值《轻型汽车排气污染物排放标准》则采用了 ECE R15—03 限值标准，该限值标准只相当于欧洲七十年代的水平（欧洲在 1979 年实施 ECE R15—03 标准）。

第三阶段：以北京市 DB11/105—1998《轻型汽车排气污染物排放标准》的出台和实施，拉开了我国新一轮尾气排放法规制定和实施的序曲。从 1999 年起北京实施 DB11/105—1998 地方法规，2000 年起全国实施 GB 14961—1999《汽车排放污染物限值及测试方法》（等效于 91/441/1EEC 标准），同时《压燃式发动机和装用压燃式发动机的车辆排气污染物限值及测试方法》也制定出台；与此同时，北京、上海、福建等省市还参照 ISO3929 中双怠速排放测量方法分别制定了《汽油车双怠速污染物排放标准》地方法规，这一条例标准的制定和出台，使我国汽车尾气排放标准达到国外九十年代初的水平。

第四阶段：环境保护部发布公告，轻型汽油车、两用燃料车和单一气体燃料车污染物排放标准的第四阶段国家标准（即国Ⅳ标准）于 2011 年 7 月 1 日起实施。凡不满足国Ⅳ标准要求的轻型汽油车、单一气体燃料车及两用燃料车不得销售和注册登记。从 2013 年 7 月 1 日起，凡不符合国四标准要求的轻型柴油汽车不得销售和注册登记。

中国机动车排放法规的实施情况如图 2-24 所示。

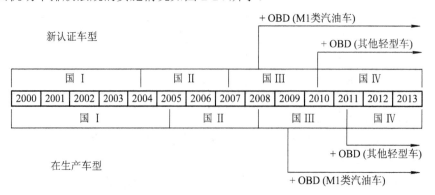

图 2-24　中国机动车排放法规的实施情况（全国）

友情小帖示：

北京和上海国Ⅳ标准提前实施情况

1. 为了兑现"绿色奥运"的承诺，北京于 2008 年 3 月 1 日起率先启动"国Ⅳ标准"，比全国提前两年多。

2. 为了迎接世博盛会的召开，上海于 2009 年 11 月 1 日执行"沪Ⅳ标准"。

2) 国Ⅲ与国Ⅳ排放标准介绍

中国轻型汽车国Ⅲ、国Ⅳ排放标准在污染物排放限值上与欧Ⅲ、欧Ⅳ标准完全相同，但在实验方法上作了一些改进，在法规格式上也与欧Ⅲ、欧Ⅳ标准有很大差别。主要不同在于引入或国内生产的新车必须安装一个 OBD(车载自诊断系统)。该系统的特点在于对排放的检测点增多、检测系统增多，在三元催化转换器的进出口上都有氧传感器。它通过实时监控车辆排放来控制达标，可以更加保证欧Ⅲ排放标准的执行。当车辆因为油品质量的因素，造成排放没有达到欧Ⅲ标准的时候，OBD 系统将自行报警，转而进入系统默认模式，发动机将不能正常工作，车辆只能进入特约维修站进行检查和维护(OBD 系统不能在车辆出厂之后经过改造加上，所以实施国标会使单车成本上涨 1000～2000 元)。机动车污染物排放要稳定达到国Ⅲ机动车排放标准，车辆必须装备使污染物排放达到国Ⅲ标准的技术措施，同时使用达到国Ⅲ标准的油品。因而从这个层面来说，可以认为国标比欧标更严格。

中国的燃油品质与国际上比，其石蜡含量高，尤其是含硫量。汽油国三标准规定，汽油含硫量不超过 150 ppm，柴油含硫量不超过 350 ppm。再看看国际上的标准，欧洲标准规定汽柴油含硫量不超过 10 ppm，美国规定汽柴油含硫量不超过 30 ppm。按照《重点区域大气污染防治"十二五"规划》，2013 年底我国将全面供应国四车用汽油，2014 年底前供应国四车用柴油。"国四油"将含硫量控制在 50 ppm 以内，即便如此，它还是欧标的 5 倍，美标的 3 倍。

3) 国五排放标准介绍

(1) 征求意见稿。2011 年 3 月，环保部发布《轻型汽车污染物排放限值及测量方法(中国第五阶段标准一次征求意见稿)》；2013 年 1 月，环保部又发布《轻型汽车污染物排放限值及测量方法(中国第五阶段标准二次征求意见稿)》。与现行的轻型汽车第四阶段污染物排放标准相比，"国五"排放标准对污染物排放限值的要求均有大幅提升，并大幅削减了新生产汽车的单车排放量。

就在环保部发布国五排放标准意见稿后仅一周，2012 年 1 月 21 日，北京市环保局就宣布，自 2013 年 2 月 1 日起，北京市将率先开始执行"国五"排放标准，不再受理汽车企业申请不符合该标准的轻型汽油车型环保目录。自 2013 年 3 月 1 日起，停止在京销售和注册登记不符合京五排放标准的轻型汽油车，新车将贴上"京 V"蓝标。

(2) 参照法规。国五排放标准参照了 EC 715/2007、EC 692/2008 和 ECE R83 法规的技术内容。

(3) 征求意见稿内容。与现行的轻型汽车第四阶段污染物排放标准相比，"国五"排放标准对污染物排放限值的要求有大幅提升，并大幅削减了新生产汽车的单车排放量。

国五排放标准意见稿显示,"国五"排放标准对污染物的控制包括氮氧化物、一氧化碳、碳氢化合物、非甲烷碳氢、颗粒物,以及颗粒物粒子数量等多项要求。以轿车为例:汽油车的氮氧化物排放限值降低 25%,柴油车的氮氧化物排放限值降低 28%,颗粒物排放限值降低 82%。

　　征求意见稿建议实施的时间为 2016 年 1 月 1 日,但具备条件的地方,经国务院批准可提前实施。

【小阅读】

沪五标准汽油于 2013 年 9 月 1 日起实施

　　欧盟从 2009 年 1 月 1 日起,全部推行硫含量为 10 mg/kg 的车用汽油,也就是俗称的"欧五"汽油标准。北京市质监局比照"欧五"标准所制定的"京五"汽油地方标准也已于 2013 年 5 月 31 日起正式实施。此次,上海的"沪五"汽油标准也向"欧五"和"京五"看齐,和制定中的"国五"指标基本保持一致。据悉,目前正在实行的"沪四"标准汽柴油的硫含量为 50 ppm 以下,而即将推行的"沪五"标准汽柴油的硫含量在 10 ppm 以下(注:硫含量 10 ppm,即 1 百万千克的汽柴油中含有 10 千克硫)。据有关权威机构测试表明,车辆使用"沪五"标准油品可减排 15%,尤其是氮氧化物、一氧化碳、碳氢化合物减排效果明显,PM2.5 也会同步削减。

　　告别"锰时代"是"沪五"汽油的又一个特点。据介绍,锰是一种辛烷值的改变剂,锰的添加能让油品质量轻松升级,但对汽车尾气后处理器和发动机损害不小,同时排放出来的尾气对人们的呼吸系统也有影响。"沪五"标准中,所规定的锰含量从 6 毫克/升直线降低至 2 毫克/升,相当于不允许添加锰。

　　对于消费者来说,更直观的变化是,在各大加油站车用汽油的牌号将变为 89 号、92 号和 95 号三个牌号,这分别相对应于目前市场中的 90 号、93 号和 97 号标识。

　　今年 9 月 1 日起各油品生产单位须生产符合"沪五"汽油标准的油品;9 月 1 日起内环内有 2 到 3 个加油站已可供应符合"沪五"汽油标准的油品;全市拟 11 月 1 日起全面执行"国五"汽车排放标准;12 月 1 日起本市所有加油站将正式供应符合"沪五"汽油标准的油品,从 9 月 1 日至 12 月 1 日为三个月过渡期。

三、汽车噪声法规

　　噪声被称为城市新公害,据统计显示,汽车所产生的噪声已占城市噪声的 85%。道路交通噪声与车辆类型、道路条件、汽车行驶状态、交通流量等密切相关,目前,道路交通噪声已经成为城市环境污染治理的重要课题。

　　噪声对人体的危害是多方面的,长期暴露在强噪声环境中,会诱发各种疾病。噪声对中枢神经系统、心血管系统、消化系统的影响表现在多种症状上,如:头痛、头晕、脑胀、耳鸣、多梦、失眠、记忆力衰退等,也有出现心律不齐、血压变化、心电图 T 波升高等现象。鉴于噪声对人们的不良影响,大多数国家都制定了相应的汽车噪声限制标准。

　　汽车噪声的来源主要有四方面:一是来自发动机的噪声(包括排气噪声);二是来自汽

车传动系的噪声；三是来自轮胎的噪声；四是来自空气动力的噪声，如图 2-25 所示。

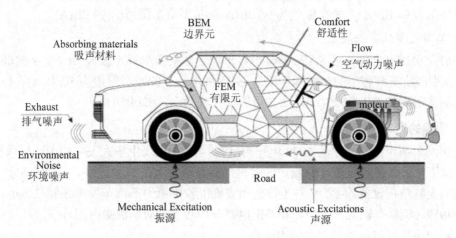

图 2-25 汽车噪声的来源

1. 世界三大噪声法规

汽车噪声法规主要有美国、欧洲和日本三大体系(见图 2-16)，其中，欧洲的噪声限值最为严格，其次为日本，而美国较差。

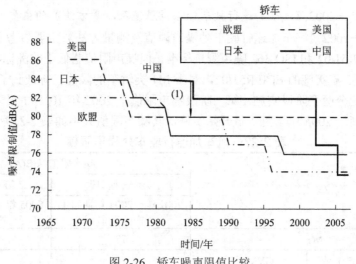

图 2-26 轿车噪声限值比较

1) 欧洲汽车噪声法规

欧洲目前的汽车噪声法规主要是 70/157/EEC《欧共体型式认证指令——汽车噪声》(修订本：92/97/EEC)、ECE R51《关于在噪声方面汽车型式认证的统一规定》(修订本：ECE R51/02)。

1992 年欧盟首次颁布了轮胎型式认证指令 92/23/EC，然后于 2001 年，欧盟对该法令进行了修订，公布了新的轮胎型式认证指令 2001/43/EC。对轿车轮胎测试工况的速度范围为 70～90 km/h；对卡车轮胎测试工况的速度范围为 60～80 km/h。

2) 日本汽车噪声法规

1971 年，日本实施了等效于国际标准的现代汽车噪声法规体系。目前实施的噪声法规修订于 1992 年。日本等速行驶噪声限值依然维持在 1952 年的 85 dB(A)水平，而停车噪声规定摩托车为 94 dB(A)；轿车限值为 96 dB(A)；重型货车限值为 99 dB(A)。

3) 美国汽车噪声法规

1967 年美国联邦颁布了 SAE J986《小客车和轻型载货车噪声级》，1969 年又批准了 SAE J366《重型载货车和客车的车外噪声级》。美国规定卡车的噪声限值为 80dB(A)，按照欧盟法规的测量距离相当于 86dB(A)，而在用轿车行驶噪声：82dB(A)。

2. 我国的汽车噪声法规

我国汽车噪声控制工作从 1979 年开始。1979 年公布了《中华人民共和国环境保护法(试行)》，该法要求加强对城市工业噪声的管理，各种噪声大的机械设备、机动车辆、航空器等都应当安装消声设备。同年 7 月 1 日公布实施了我国第一部汽车噪声强制性标准，有 GB 1495—1979《机动车辆允许噪声》和 GB 1495—1979《机动车辆噪声测量方法》。该标准规定了车辆加速行驶时车外最大允许的噪声。

2002 年又公布实施了我国第二部汽车噪声强制性标准 GB 1495—2002《汽车加速行驶车外噪声限值及测量方法》。该标准也是我国目前执行的汽车噪声强制性标准，而噪声测量方法仍然沿用 GB 1495—1979《机动车辆噪声测量方法》。目前，北京、上海、天津、广州、福州、武汉、西安、太原、兰州等地方已相继制定了城市噪声管理条例。

1) GB 1495—2002《汽车加速行驶车外噪声限值及测量方法》的主要内容

GB 1495—2002《汽车加速行驶车外噪声限值及测量方法》主要参考了联合国欧洲经济委员会 ECE R51/02 和 ISO 362 噪声测量标准，但噪声限值略低于欧洲标准。例如，1997 年颁布并于 2002 年实施的 ECE R51/02，对于 M1 类轿车的限值已降低到了 71 dBA。

该标准规定分两个阶段实施，第一阶段噪声限值于 2002 年 10 月 1 日开始实施，而第二阶段噪声限值于 2005 年 1 月 1 日开始实施，其噪声限值大小如表 2-27 所示。

表 2-27　汽车加速行驶车外噪声限值

汽　车　分　类		噪声限值 /dB(A)	
		第　一　阶　段	第　二　阶　段
		2002 年～2004 年期间生产的汽车	2005 年 1 月 1 日以后生产的汽车
M1		77	74
M2 (GVM≤3.5 t) 或 N1 (GVM≤3.5 t)	GVM≤2 t	78	76
	2 t<GVM≤3.5 t	79	77
M2 (3.5 t<GVM≤5 t) 或 M3 (GVM>5 t)	P<150 kW	82	80
	P≥150 kW	85	83
N2(3.5 t<GVM≤12 t) 或 N3 (GVM>12 t)	P<75 kW	83	81
	75 kW≤P≤150 kW	86	83
	P>150 kW	88	84

2) 第三阶段排放限值介绍

我国目前正在对汽车排放噪声限值标准进行修订。

(1) GB 1495《汽车加速行驶车外噪声限值及测量方法》的修订。

① 采用 ISO 362-1：2007 和 ECE R51 附件 10；

② >3.5 t 的 M2 类、M3、N2、N3 车辆：全油门加速试验方法；

③ M1、N1、小于等于 3.5 t 的 M2 类车辆：全油门加速与匀速行驶两种工况试验；

④ 限值：未定。

(2) GB 16170《汽车定置噪声限值及测量方法》的修订。

① 采用 ISO 5130：2007；

② 对新车要求定置噪声标牌，在用车超过新车 5 dB(A)以上为超标。

四、汽车油耗法规

20 世纪 70 年代中期以前，世界各国还没有强制执行的汽车油耗法规或标准。尤其是美国，政府一直是用低汽油税的办法来压低国内汽油销售价格，以适应国内大型舒适轿车的生产和销售。直到 1973 年的中东石油危机导致了世界石油价格飞涨，而且世界石油资源在逐渐枯竭，美国公众开始转向购买省油的小型汽车，日本和西欧的省油车大举入侵美国汽车市场，使美国的汽车工业遭受了前所未有的打击。1974 年，美国议会指令交通部和能源部研究对 1980 年以后制造的新轿车和轻型载货汽车颁布一个燃料经济性改进标准。1975年，美国政府首先颁布了能源保护法和能源政策，并制定了 1978 年～1985 年控制汽车燃油消耗量的法规，成为了世界上第一部强制执行的汽车油耗法规。

1. 世界三大油耗限值

1) 美国的平均油耗法

自从美国政府 1975 年颁布了能源保护法和能源政策后，美国运输部根据《机动车情报和成本节约法》制定了《平均油耗法》，收录在 CFR 第 49 卷中。该法规规定了公司汽车平均油耗限值 CAFÉ(单位：英里/加仑)，即不管某汽车公司生产多少个档次的汽车，其平均油耗必须符合国家规定。这里的平均油耗允许值，是将厂家每年销售的各类轿车或轻型货车以其所占总销售量百分比作为加权系数乘以该车型的油耗，再将各车型加权油耗累计即可。如当时的轿车平均油耗是 3.8 L/(1USgal)行驶 21 km，随后的法规规定，各汽车公司必须在 80 年代初期实现 3.8 L 行驶 43 km 的要求。这项法规的实施，迫使美国汽车公司投入上千亿美元的巨资，重新设计新车型，重新按排生产线，从而将平均油耗几乎降到了 1970年的一半。在平均油耗法实施的二十几年里，使车主一年可节约 3000 美元的汽油费，这是国家推动汽车技术进步的代表杰作，同时也大大促进了代用燃料的开发。

但在二十世纪末，随着石油危机的缓和及油价的下跌，油耗已不再成为美国公众的焦点，于是，油耗法规的性质已部分转化成为控制 CO_2 的手段。因为导致温室效应的 CO_2 气体来源之一就是汽车的排放，所以，汽车的燃油消耗量与 CO_2 的排放量相关。

由于低燃料效率轻型载货汽车的不断普及(如 2004 年，轻型货车占美国汽车销售的48%，而轿车只占销量的 52%)，美国国家公路交通安全管理局(NHTSA)于 1996 年为轻型载货汽车制定了油耗标准，符合新出台油耗标准的轻型货车包括皮卡、厢型客货两用车及多功能车。但对于中重型货车，由于它们大多属于运营性车辆，且油耗占运营成本的比例较大，车主会非常关心其车辆的燃油消耗量，所以这部分车辆可以通过市场手段解决，政府只需引导而不必干预。因此，美国油耗法规控制的是轿车和轻型汽车，CAFE 限值如表 2-28 所示。

表2-28 美国轿车和轻型货车CAFE限值

轿 车		轻型货车	
车型年份	限值(英里/加仑)	车型年份	限值(英里/加仑)
1978	18	1982	17.5
1979	19	1983	19.0
1980	20	1984	20.0
1981	22	1985	19.5
1982	24	1986	20.0
1983	26	1987～1989	20.5
1984	27	1990	20.0
1985	27	1991～1992	20.2
1986	26	1993	20.4
1987	26	1994	20.5
1988	26	1995	20.6
1989	26	1996～2004	20.7
1990至目前	27.5	2005	21.0
		2006	21.6
		2007	22.2

为了配合执行平均油耗法的实施，美国政府还将CAFÉ限值与税收挂钩，对超过限值的车辆征收油老虎税，如表2-29和表2-30所示。

表2-29 CAFÉ限值和油老虎税起征点

年份	1980	1981	1982	1983	1984	1985	1986-目前
CAFE限值	20.0	22.0	24.0	26.0	27.0	27.0	26(27.5)
超标锐起征点	15.0	17.0	18.0	19.0	19.5	21.0	22.5

表2-30 油老虎税　　　　　　　　　　　　　　　　美元

燃油经济性(英里/加仑)	<22.5～21.5	<21.5～20.5	<20.5～19.5	<19.5～18.5	<18.5～17.5	<17.5～16.5
油老虎税	1000	1300	1700	2100	2600	3000
燃油经济性(英里/加仑)	<16.5～15.5	<15.5～14.5	<14.5～13.5	<13.5～12.5	<12.5	
油老虎税	3700	4500	5400	6400	7700	

2) 日本的油耗法

1979年日本以法律形式颁布了《能源合理消耗法》、《能源合理消耗法实施政令》、《关于确定机动车能源利用率的省令》和《制造者关于改善机动车性能的准则》。这些法律性文件中规定了控制汽车燃料经济性的运转循环和限值。2005年前的运转循环是10工况，2005年和2010年起的运转循环是10-15工况。

在2005年前，乘用车和货车的燃料经济性限值如表2-31所示。

表 2-31　日本 2005 年前乘用车、货车燃料经济性限值

车辆整备质量(CW)/kg	限值/(km/L)(l/(100 km))	车辆整备质量(CW)/kg		限值/(km/L)(l/(100 km))
乘用车		货车		
CW＜702.5	19.2(5.2)	微型货车	CW≤702.5	16.5(6.1)
702.5≤CW＜827.5	18.2(5.5)		CW＞702.5	14.6(6.9)
827.5≤CW＜1015.5	16.3(6.1)	小型货车	CW≤1015.5	15.2(6.6)
1015.5≤CW＜1515.5	12.1(8.3)	总质量≤1700	CW＞1015.5	13.9(7.2)
1515.5≤CW＜2015.5	9.1(11.0)	轻型货车 1700＜总	CW≤1265.5	11.5(8.7)
2015.5≤CW	5.8(17.2)	质量≤2500	CW＞1265.5	9.5(10.5)

2005 年和 2010 年，乘用车和货车的燃料经济性限值如表 2-32 和表 2-33 所示。

表 2-32　日本 2005 年和 2010 年乘用车油耗限值

汽油乘用车油耗限值				
整备质量/kg	≤702	703～827	828～1015	1016～1265 ∣ 1266～1515
限值/(km/L)	21.2	18.8	17.9	16.0 ∣ 13.0
整备质量/kg	1516～1765	1766～2015	2016～2265	≥2266
限值/(km/L)	10,5	8.9	7.8	6.4

柴油乘用车油耗限值						
整备质量 kg	≤1015	1016～1265	1266～1515	1516～1765	1766～2015	2016～2265 ∣ ≥2266
限值/(km/L)	18.9	16.2	13.2	11.9	10.8	9.8 ∣ 8.7

表 2-33　日本 2005 年和 2010 年货车油耗限值

汽油货车油耗限值				
类　别	整备质量(RW)/kg		限值/(km/L)	
			自动变速	手动变速
轻型货车	RW≤702	乘用车派生	18.9	20.2
		其它	16.2	17.0
	703≤RW≤827	乘用车派生	16.5	18.0
		其它	15.5	16.7
	828≤RW		14.9	15.5
小型货车总质量≤1700	RW≤1015		14.9	17.8
	1016≤RW		13.8	15.7
轻型货车1700＜总质量≤2500	RW≤1265	乘用车派生	12.5	14.5
		其它	11.2	12.3
	1266≤RW≤1515		10.3	10.7
	RW≥1516		RW≥1266	9.3

续表

柴油货车油耗限值				
类　别	整备质量(RW)/kg		限值/(km/L)	
			自动变速	手动变速
小型货车	总质量≤1700 kg		15.1	17.7
轻型货车 1700＜总质量 ≤2500	RW≤1765	乘用车派生	14.5	17.4
		其它	12.6	14.6
	1266≤RW≤1515		12.3	14.1
	1616≤RW≤1765		10.8	12.5
	RW≥1766		9.9	

注：从 2010 年开始，允许将满足了不同质量段限值后的富裕量折半弥补别的质量段的不足。

和美国一样，日本政府也将油耗限值与税收挂钩，对低于限值的车辆在汽车税和购置税上进行适当的减免，如表 2-34 和表 2-35 所示。

表 2-34　汽车税减免表

汽车税(29500～111000 日元/年)		
绿色税务计划(2004 年和 2005 年)		
燃料经济性	排放水平	税费减免
超过 2010 燃料经济性限值的 5%	★★★★	降低 50%
超过 2010 燃料经济性限值的 5%	★★★	降低 25%
达到 2010 燃料经济性限值	★★★★	降低 25%

表 2-35　购置税减免表

购置税(售价的 5%)		
针对高燃料经济性汽车的特殊计划(2004 年和 2005 年)		
燃料经济性	排放水平	税费减免
超过 2010 燃料经济性限值的 5%	★★★★	减 300 000 日元
超过 2010 燃料经济性限值的 5%	★★★	减 200 000 日元
达到 2010 燃料经济性限值	★★★★	减 200 000 日元
清洁能源汽车(2004 年)		
电动车(包括燃料电池)、CNG、甲醇和混合动力车(货车和公共汽车)		降低 2.7%
混合动力车(客车)		降低 2.2%

3) 欧洲的油耗法

1980 年 ECE 颁布了关于燃料消耗量的指令 80/1268/EEC，1989 年、1993 年和 1999 年通过了 1989/491/EEC、1993/116/EC 和 1999/100/EC 等指令的修订，现在全称为《关于机动车的二氧化碳排放物和燃油消耗量》，其中只有试验方法而没有限值。1990 年 ECE 颁布了油耗法规 ECE-R84，1991 年修订过，全称为《装有内燃机的轿车的燃油消耗量测量》。为了使油耗法规的试验方法与排放法规的试验方法相一致，ECE 颁布了与欧 I 排放法规试验方法相一致的 ECE-R101 油耗法规。1998 年为了与即将实施的欧Ⅲ排放法规相一致，在第 2 次修订本的基础上进行了第 2 次增补，此法规的全称为《装有内燃机的轿车的二氧化碳排量和燃油消耗量测量》。很明显，这些油耗法规的内容都是测量方法，主要的油耗法规如表 2-36 所示。

表 2-36 欧洲汽车燃油消耗量试验方法的法规和指令

ECE 法规	EC 指令	对应的排放法规或指令
ECE R-84	80/1268/EEC	ECE R15/04
	89/491/EEC	83/451/EEC
ECE R-101	93/116/EC	ECE R83/02
		93/59/EEC(相当于欧 I)
ECE R-101 1995 年第 2 次修订本		ECE R83/04
		96/69/EC(相当于欧Ⅱ)
ECE R-101 第 2 次修订本 1998 年第 2 次增补	1999/100/EC	ECE R83/05
		98/69/EC(相当于欧Ⅲ、Ⅳ)

欧洲国家普遍征收高额的燃油税，因而导致燃油零售价居高不下。通过增收高额燃油税的方法，鼓励人们尽量使用公共交通工具，另一方面人们在购车时必然考虑燃油经济性，迫使汽车生产商将重点由价格竞争转向降低油耗等技术竞争。

2. 我国的汽车油耗法规

1984 年，原机械工业部发布了货车和客车燃油经济性限值标准。2004 年 10 月 28 日，国家质量监督检验检疫总局和国家标准化管理委员会发布了我国首个汽车油耗的强制性国家标准《乘用车燃料消耗量限值》(以下简称《限值》)，并决定于 2005 年 7 月 1 日起正式实施。

根据《限值》的规定，分两个阶段实施，对于新开发车型，2005 年 7 月 1 日实施第一阶段标准，2008 年 1 月 1 日执行第二阶段的标准；对于在生产车型，2006 年 7 月 1 日实施第一阶段标准，2009 年 1 月 1 日执行第二阶段的标准。从 2005 年 7 月 1 日起，所有新车型如达不到标准，将不允许生产和销售；对于已生产和使用的车型，到 2006 年 7 月 1 日也必须达到标准要求。

《限值》标准第一阶段施行后，2006 年与 2002 年相比，新车的全国平均燃料消耗量从 2002 年的 9.11 L/100 km，下降为 8.06 L/100 km，乘用车燃料消耗量平均下降了 11.5%。该标准的实施对乘用车降低油耗效果明显。尽管第二阶段的限值是在第一阶段限值基础上增加约 10%。但是，该限值只与 2002 年世界各国轿车的平均油耗水平基本相当，显然落后于世界平均水平。

从 2005 年起，国家对汽车燃油消耗的法规开始陆续实施，目前已经出台的燃油耗法规有针对乘用车的《GB 19578—2004 乘用车燃料消耗量限值》、《GB 27999—2011 乘用车燃料消耗量评价方法及指标》，针对轻型商用车的《GB 20997—2007 轻型商用车燃油消耗量限值》，针对重型商用车的《GB/T 27840—2011 重型商用车燃油消耗量限值》法规。2007 年 7 月 19 日，国家发布了《GB 20997—2007 轻型商用车燃油消耗量限值》，对轻型商用车的油耗进行限值，发布之初考虑了当时轻型商用车油耗的实际状况，要求从 2008 年 2 月 1 日开始新认证的轻型商用车必须满足第一阶段油耗法规，因此 2011 年 1 月 1 日的第二阶段油耗限值全面实施对厂商的影响不大。中重型商用车的认证一直没有油耗限值的规范，主要原因是国际上缺少可以用来参照的标准。近年来随着中重型商用车的产销量持续增大，这一块的燃油消耗限制越来越重要，因此，2011 年 12 月 30 日，国家发布了《GB/T 27840—2011 重型商用车燃油消耗量限值》，对轻型商用车的油耗进行限值。

随着汽车节能要求的逐步提高，乘用车第三阶段燃油限值法规呼之欲出，2011 年 12 月 30 日，国家发布了《GB 27999—2011 乘用车燃料消耗量评价方法及指标》，2012 年 1 月 1 日起实施。

1) 乘用车第三阶段燃油消耗量限值

2008 年 3 月，全国汽车标准化委员会就"乘用车燃料消耗量第三阶段限值标准"的制定公开征集意见。《限值》标准第一、二阶段要求实施以来，我国乘用车燃料消耗量水平下降明显，但与国际水平相比仍然存在较大的差距。我国下一阶段乘用车燃料消耗量水平只有在第二阶段的基础上下降接近 20%，才能保证与国外先进水平的差距不会继续扩大。但是，从我国乘用车技术水平分析，达到下降 20% 的目标难度很大。2008 年 5 月，全国乘联会曾提出三点建议：一是应从我国实际出发制定第三阶段限值标准；二是进口车与国产车应实行同样的限值标准；三是制定乘用车燃料消耗量激励和辅助政策。从 2008 年 4 月至 2009 年 7 月，全国汽车标准化委员会共组织召开了四次会议进行专题研究，最后确定由中国汽车技术研究中心根据最后的会议精神对标准作进一步完善后形成标准征求意见稿，提交行业征求意见。2011 年 12 月 30 日，国家发布了《GB 27999—2011 乘用车燃料消耗量评价方法及指标》，2012 年 1 月 1 日起实施。

按规定新标准将比目前实施的第二阶段再降 20%。但考虑到第三阶段燃油限值较为严格，而且计量标准完全不同，第三阶段燃油限值将分步实施。具体为：2012 年为导入期，允许企业平均燃油消耗量比目标值高 9%；2013 年，允许企业平均燃油消耗量比目标值高 6%；2014 年，允许企业平均燃油消耗量比目标值高 3%。到 2015 年全面实行第三阶段燃油消耗限值标准。

本标准适用于能够燃用汽油或柴油燃料的、最大设计总质量不超过 3500 kg 的 M1 类车辆。不适用于仅燃用气体燃料或醇类燃料的车辆。

制定本标准时确定的主要技术内容的总体方案有三点：一是标准以满足《乘用车燃料消耗量限值》第二阶段作为最低要求；二是以车型燃料消耗量目标值取代单车限值作为乘用车燃料消耗量的评价指标；三是在实施策略上采取弹性做法。这三点原则引伸出三个新定义：1、车型燃料消耗量。依据 GB/T 19233(轻型汽车燃料消耗量试验方法)试验、计算并确定的某车辆型号的综合燃料消耗量型式认证值；2、平均燃料消耗量。按产量加权计算得出的一组车辆的平均燃料消耗量；3、企业平均燃料消耗量。某制造商在一年内生产的所有乘用车车型燃料消耗量按当年生产量加权计算的平均燃料消耗量。

车型燃料消耗量目标值的确定：本标准以企业作为标准评价的对象，在实施上也采用更加灵活的方式，不再要求每辆车都必须满足标准要求，因此，本标准针对单车不再采用"限值"设定，而是从技术上可实现的角度，仍然以整车整备质量为特征参数，为各个不同的质量段分别设定车型燃料消耗量目标值。另外，对具有三排座椅或安装有非手动档变速器等因结构和用途对燃料经济性造成不利影响的车辆，目标值要求相应放松 5%。

促使整个汽车产业优化升级。本标准不替代 GB 19578—2004《乘用车燃料消耗量限值》，第二阶段限值要求仍将作为汽车产品市场准入的最低要求。本标准有关企业平均燃料消耗量目标值的要求将从 2012 年开始导入，到 2015 年最终完全实施。在实施策略上采取弹性做法，充分考虑标准对汽车企业产品规划的影响和产品的换型周期，给企业产品技术升级和换代预留充分的准备时间。但是，到 2015 年要达到车型燃料消耗量目标值，其技术难度仍然很大。

中国乘用车燃油消耗量限值及目标值如表 2-37 所示。

表 2-37 中国乘用车一、二、三阶段乘用车燃油消耗量限值及目标值

整车整备质量 (CM)/kg	普通车辆限值 L/100 km			特殊结构车辆限值 L/100 km		
	第一阶段限值	第二阶段限值	第三阶段目标值	第一阶段限值	第二阶段限值	第三阶段目标值
CM≤750	7.2	6.2	5.2	7.6	6.6	5.6
750<CM≤865	7.2	6.5	5.5	7.6	6.9	5.9
865<CM≤980	7.7	7	5.8	8.2	7.4	6.2
980<CM≤1090	8.3	7.5	6.1	8.8	8	6.5
1090<CM≤1205	8.9	8.1	6.5	9.4	8.6	6.8
1205<CM≤1320	9.5	8.6	6.9	10.1	9.1	7.2
1320<CM≤1430	10.1	9.2	7.3	10.7	9.8	7.6
1430<CM≤1540	10.7	9.7	7.7	11.3	10.3	8.0
1540<CM≤1660	11.3	10.2	8.1	12	10.8	8.4
1660<CM≤1770	11.9	10.7	8.5	12.6	11.3	8.8
1770<CM≤1880	12.4	11.1	8.9	13.1	11.8	9.3
1880<CM≤2000	12.8	11.5	9.4	13.6	12.2	9.8
2000<CM≤2110	13.2	11.9	9.9	14	12.6	10.3
2110<CM≤2280	13.7	12.3	10.4	14.5	13	10.9
2280<CM≤2510	14.6	13.1	11.0	15.5	13.9	11.5
2510<CM	15.5	13.9	11.9	16.4	14.7	12.2

注：特殊结构车辆是指具有三排座椅或安装有非手动档变速器的乘用车。

第三阶段油耗计算方式和以前最大的区别是，将采用企业平均油耗。即对企业所有车型的油耗根据产量进行加权平均，得到企业产品的平均油耗，要求该油耗必须低于法规值。从目前我国乘用车平均油耗值来看，要满足第三阶段燃油限值，还需要进一步提升技术水平。

2) 中国限制汽车油耗的紧迫性

(1) 中国是石油消耗大国。近年来我国经济持续快速发展，对石油资源的需求激增，能源供需矛盾日益突出，对进口石油的依赖度不断提高。据海关统计，中国 2007 年石油消耗总量为 3.8 亿吨，其中，进口石油达到 1.968 亿吨，占我国石油消耗总量的 52% 左右。

我国汽车消耗的燃料占燃料消耗总量的 40% 左右，汽车燃油消耗是石油消耗的主体，汽车节油也被列入节油措施中的重点。

据中投顾问发布的《2009～2012 年中国新能源汽车产业分析及投资咨询报告》显示，2020 年我国车用燃油消耗量为 3.05 亿吨，届时我国车用燃油缺口将达到 1.3 亿吨。

(2) 中国汽车百公里油耗设计值偏高。按 2002 年的数据，中国汽车油耗的设计值高出发达国家 10%～15%。

3) 中国降低车用油耗采取的措施

(1) 油耗采用限值标准。如：《GB 19578—2004 乘用车燃料消耗量限值》、《GB 20997—2007 轻型商用车燃油消耗量限值》、《GB/T 27840—2011 重型商用车燃油消耗量限值》和《GB 27999—2011 乘用车燃料消耗量评价方法及指标》。

(2) 基于乘用车燃料消耗量的财税政策。中国到目前为止还没有建立与标准实施相配套的财税政策。国际上不同国家采用不同的燃料经济性评价体系作为制定限值标准的基础，都配套有相应的辅助政策，如惩罚性税收政策和奖励政策等。本标准采用《企业平均燃料消耗量评价体系》，即参考美国的《公司平均燃料经济性(CAFE)标准》，而美国的配套财税政策是 CAFE 惩罚性税收，以及对消费者征收的惩罚性"油老虎税"等。因此，要确保本标准的实施，必须研究制定与燃料消耗量限值标准配套的财税政策，使之对生产企业和消费者都能够起到激励或惩罚作用。目前，只有针对汽车排量征收的汽车消费税作了变动。

从 2008 年 9 月 1 日起，国家再次对汽车消费税作了调整。大排量消费税税率提高，而小排量则税率降低，目前我国执行的汽车消费税税率如表 2-38 所示。

表 2-38　中国汽车消费税税率

车　型	排　量	2006 年 4 月 1 日之前	2006 年 4 月 1 日至 2008 年 9 月 1 日	2008 年 9 月 1 日之后
乘用车 (含越野车)	1.0 L(含) 以下	3%	3%	1%
	1.0 L～1.5 L(含)	5%	3%	3%
	1.5 L～2.0 L(含)	5%	5%	5%
	2.0 L～2.5 L(含)	8%	9%	9%
	2.5 L～3.0 L(含)	8%	12%	12%
	3.0 L～4.0 L(含)	8%	15%	25%
	4.0 L 以上	8%	20%	40%
商用车	2.0 L(含)以下	3%	5%	5%
	2.0 L 以上	5%	5%	5%

(3) 采用油耗标识。按照工信部 2009 年 8 月份发布的《轻型汽车燃料消耗量标示管理规定》(下称"油耗标识")，从 2010 年 1 月 1 日起，凡在国内销售的最大设计总质量不超过 3.5 吨的国产轻型载货车及座位数不超过 9 个的乘用车(含轿车、SUV 和 MPV)，不分国产还是进口，均须按照相关规定粘贴"油耗标识"。也就是说，从 2010 年起上市销售的新车，均可按照"油耗标识"的要求粘贴相应的油耗标识。按排放阶段不同分黄标和绿标。

按照油耗标识管理规定，汽车燃料消耗量标示数据系包括销售新车在市区、市郊和综合三种工况的燃料消耗量，相关测定方法由国家指定检测机构按照统一的国家标准采用模拟试验工况，分市区、市郊两部分，分别模拟车辆在城市市区道路和市区以外其他典型道路条件下的行驶状态。通过测量车辆在上述道路模拟循环下的二氧化碳、一氧化碳和碳氢化合物的排放量，从而计算得出市区、市郊和综合燃料消耗量。消费者在选购车辆时，可根据车辆的预期使用情况选择不同工况下的燃料消耗量作为主要参考。

汽车燃料消耗量数据是按照国家标准GB/T 19233—2008《轻型汽车燃料消耗量试验方法》，通过在试验室内模拟车辆市区、市郊等典型行驶工况测定的。燃料消耗量试验所采用的行驶工况与排放试验相同，分为市区运转循环和市郊运转循环两部分。市区运转循环由一系列的加速、稳速、减速和怠速组成，主要用于表征车辆在城市市区的行驶状况。其中，最高车速为 50 km/h，平均车速为 19 km/h，市区运转循环的行驶里程约为 4 km。市郊运转循环由一系列稳速行驶、加速、减速和怠速组成，主要用来表征车辆在市区以外的行驶状况。最高车速为 120 km/h，平均车速为 63 km/h，市郊运转循环的行驶里程约为 7 km。

油耗标识图样如图 2-27 的所示。

图 2-27　油耗标识图样

【小阅读】

中国的节能补贴政策

为了做好降低油耗的引导工作，国家针对新能源车和 1.6 L 以下节能车在 2010 年 6 月

连续出台了两个重大举措:

6月2日发布了《关于开展私人购买新能源汽车补贴试点的通知》,对1.6升以下及节油20%的弱混、插电式混合动力乘用车及纯电动车每辆最高补贴3000元至6万元。

6月30日公告了"节能产品惠民工程"节能汽车(1.6升及以下乘用车)推广目录。对在1.6升及以下、综合工况油耗比现行标准低20%左右的汽油、柴油乘用车(含混合动力和双燃料汽车),按每辆3000元标准给予一次性定额补贴,由生产企业在销售时直接兑付给消费者。从2011年10月1日起,实行了将近一年半的汽车节能惠民补贴将提升门槛,调整后的政策主要是将纳入补贴范围的节能汽车百公里平均油耗从6.9升降低到6.3升,补贴标准仍维持3000元/辆不变。

汽车节能补贴标准要求节能车油耗比现行标准(也就是第二阶段油耗)低20%左右,和第三阶段油耗标准是相同的。节能补贴政策可以理解为给提前达到(或接近)第三阶段燃油限值车辆的奖励,引导了汽车产品向第三阶段燃油消耗水平发展。

对比享受节能汽车补贴的油耗限值和第三阶段油耗目标值证实了这一点,享受节能补贴的油耗限值和第三阶段油耗目标值相同或略大于后者,尤其在装备质量处于1090~1430 kg的绝对主力车型范围内,两者几乎一致,如表2-39所示。

表2-39 享受节能汽车补贴的油耗限值和第三阶段油耗目标值对比

整车整备质量(CM)/kg	具有两排及以下座椅或装有手动挡变速器的车辆		具有三排或三排以上座椅或装有非手动挡变速器的车辆	
	享受汽车节能补贴限值	第三阶段油耗目标值	享受汽车节能补贴限值	第三阶段油耗目标值
CM≤750	5.2	5.2	5.6	5.6
750＜CM≤865	5.5	5.5	5.9	5.9
865＜CM≤980	5.8	5.8	6.2	6.2
980＜CM≤1090	6.1	6.1	6.5	6.5
1090＜CM≤1205	6.5	6.5	6.8	6.8
1205＜CM≤1320	6.9	6.9	7.2	7.2
1320＜CM≤1430	7.3	7.3	7.6	7.6
1430＜CM≤1540	7.7	7.7	8.0	8.0
1540＜CM≤1660	8.1	8.1	8.4	8.4
1660＜CM≤1770	8.5	8.5	8.8	8.8
1770＜CM≤1880	8.9	8.9	9.2	9.3
1880＜CM≤2000	9.3	9.4	9.6	9.8
2000＜CM≤2110	9.7	9.9	10.1	10.3
2110＜CM≤2280	10.1	10.4	10.6	10.9
2280＜CM≤2510	10.8	11.0	11.2	11.5
2510＜CM	11.5	11.7	11.9	12.2

五、思考与练习

1. 单项选择题

(1) (A) 美国汽车安全法规的特点是_____。

A. 侧重汽车的被动安全 B. 侧重汽车的主动安全

C. 侧重尾气的排放 D. 主、被动安全同等重要

(2) (B) 欧洲汽车安全法规的特点是_____。

A. 侧重汽车的被动安全 B. 侧重汽车的主动安全

C. 侧重尾气的排放 D. 主、被动安全同等重要

(3) (A) 欧洲正面碰撞法规 ECE R94 要求对车辆作_____碰撞试验。

A. 40% 正面偏置 B. 30°角倾斜壁障

C. 50% 正面偏置 D. 100% 重叠正面

(4) (C) 美国的追尾碰撞法规 FMVSS 223 和 224 主要是针对_____进行碰撞试验。

A. M1 类车 B. M2 类车

C. 牵引车 D. 所有车辆

(5) (A) 欧洲的追尾碰撞法规 ECE R32 主要是针对_____进行碰撞试验。

A. M1 类车 B. M2 类车

C. 牵引车 D. 所有车辆

(6) (D) 我国的汽车安全法规不包括_____内容。

A. 正面碰撞 B. 侧面碰撞

C. 追尾碰撞 D. 车辆翻滚

(7) (B) 我国的追尾碰撞标准 GB 20072—2006 是参照 ECE R95 法规制定的，但它主要是检验_____的安全。

A. 假人受伤指标 B. 燃油箱

C. 后保险杠 D. 车身结构

(8) (D) 我国的汽车安全法规也强制性要求出厂销售的汽车必须做碰撞试验 NCAP，它包括_____试验。

A. 正面碰撞 B. 侧面碰撞

C. 尾部碰撞 D. A + B

(9) (D) 我国的新车评价规程 NCAP 中的侧面碰撞试验采人_____型式的假人。

A. Hybrid Ⅲ型第 50 百分位男性假人

B. Hybrid Ⅲ型第 5 百分位女性假人

C. Hybrid Ⅲ型儿童假人

D. EuroSID Ⅱ型假人

(10) (B) 发展中国家的汽车排放法规大多参照_____的排放法规。

A. 美国 B. 欧洲

C. 日本 D. 中国

(11) (　C　) 欧洲开始对汽车实施欧 1 排放标准的时间是＿＿＿＿。

A. 1970 年　　　　　　　　　　　　　B. 1984 年

C. 1992 年　　　　　　　　　　　　　D. 1996 年

(12) (　C　) 欧洲开始对汽车实施欧 4 排放标准的时间是＿＿＿＿。

A. 1996 年　　　　　　　　　　　　　B. 2000 年

C. 2005 年　　　　　　　　　　　　　D. 2009 年

(13) (　D　) 欧洲开始对汽车实施欧 5 排放标准的时间是＿＿＿＿。

A. 1996 年　　　　　　　　　　　　　B. 2000 年

C. 2005 年　　　　　　　　　　　　　D. 2009 年

(14) (　B　) 欧 5 与欧 6 汽车排放标准与欧 4 标准相比，主要对＿＿＿＿的排放限制更严格。

A. CO　　　　　　　　　　　　　　　B. NO_x

C. HC　　　　　　　　　　　　　　　D. CO_2

(15) (　A　) 从欧 5 标准开始实施起，汽油必须使用＿＿＿＿汽油。

A. E5　　　　　　　　　　　　　　　B. 无铅

C. 有铅　　　　　　　　　　　　　　D. B5

(16) (　C　) 根据中国机动车尾气排放达标时间规定，轻型汽车执行国 3 排放标准的实施时间为＿＿＿＿。

A. 2004 年 7 月 1 日　　　　　　　　　B. 2006 年 7 月 1 日

C. 2007 年 7 月 1 日　　　　　　　　　D. 2009 年 7 月 1 日

(17) (　D　) 根据中国机动车尾气排放达标时间规定，轻型汽车执行国 4 排放标准的实施时间为＿＿＿＿。

A. 2007 年 7 月 1 日　　　　　　　　　B. 2008 年 7 月 1 日

C. 2009 年 7 月 1 日　　　　　　　　　D. 2010 年 7 月 1 日

(18) (　C　) 根据中国机动车尾气排放达标时间规定，轻型柴油汽车执行国 4 排放标准的实施时间为＿＿＿＿。

A. 2010 年 7 月 1 日　　　　　　　　　B. 2012 年 7 月 1 日

C. 2013 年 7 月 1 日　　　　　　　　　D. 2014 年 7 月 1 日

(19) (　B　) 上海市从＿＿＿＿开始购买新车如达不到国四排放标准，就不能在上海地区上牌。

A. 2008 年 7 月 1 日　　　　　　　　　B. 2009 年 11 月 1 日

C. 2008 年 11 月 1 日　　　　　　　　　D. 2009 年 7 月 1 日

(20) (　C　) 在环保部发布《轻型汽车污染物排放限值及测量方法(中国第五阶段标准二次征求意见稿)》即国 5 标准第二次征求稿后仅一周，北京市环保局就宣布，自＿＿＿＿起，北京市将率先开始执行"国五"排放标准。

A. 2012 年 7 月 1 日　　　　　　　　　B. 2013 年 7 月 1 日

C. 2013 年 2 月 1 日　　　　　　　　　D. 2014 年 7 月 1 日

(21) (　A　) 目前，M_1 类汽车噪声限值必须小于＿＿＿＿分贝。

A. 74　　　　　　　　　　　　　　　B. 77

C. 76　　　　　　　　　　　　　　　　D. 78

(22)（　B　）我国对 M_1 类汽车第一阶段噪声限值必须小于_____分贝。

A. 74　　　　　　　　　　　　　　　　B. 77

C. 76　　　　　　　　　　　　　　　　D. 78

(23)（　B　）我国第一阶段噪声限值于_____年 10 月 1 日起开始实施。

A. 2000 年　　　　　　　　　　　　　B. 2002 年

C. 2005 年　　　　　　　　　　　　　D. 2007 年

(24)（　C　）我国第二阶段噪声限值于_____年 1 月 1 日起开始实施。

A. 2000 年　　　　　　　　　　　　　B. 2002 年

C. 2005 年　　　　　　　　　　　　　D. 2007 年

(25)（　A　）我国在《乘用车燃料消耗量限值》中，对乘用车燃料消耗量限值的要求是根据汽车_____决定的。

A. 整车整备质量　　　　　　　　　　B. 发动机排量

C. 核定载质量　　　　　　　　　　　D. 自重

(26)（　C　）为了降低车用油耗，我国从 2008 年 9 月 1 日起调整了汽车消费税政策。小排量消费税税率由原来的 3% 下调至_____，其中小排量汽车是指排量在_____升以下。

A. 2%、1.0　　　　　　　　　　　　　B. 2%、1.6

C. 1%、1.0　　　　　　　　　　　　　D. 1%、1.6

(27)（　D　）为了降低车用油耗，我国从 2008 年 9 月 1 日起调整了汽车消费税政策。与 2006 年 4 月 1 日实施的汽车消费税相比较，大排量消费税税率明显提高，其中大排量汽车是指排量在_____升以上。

A. 1.6　　　　　　　　　　　　　　　B. 2.0

C. 2.5　　　　　　　　　　　　　　　D. 3.0

(28)（　D　）我国《乘用车燃料消耗限量限值》中对整车整备质量为 1090 kg＜质量≤1205 kg 的汽车，第二阶段的限值为_____/(100 km)。

A. 9.5 L　　　　　　　　　　　　　　B. 8.9 L

C. 8.6 L　　　　　　　　　　　　　　D. 8.1 L

(29)（　B　）我国《乘用车燃料消耗限量限值》中对整车整备质量为 1090 kg＜质量≤1205 kg 的汽车，第一阶段的限值为_____/(100 km)。

A. 9.5 L　　　　　　　　　　　　　　B. 8.9 L

C. 8.6 L　　　　　　　　　　　　　　D. 8.1 L

(30)（　B　）我国《乘用车燃料消耗限量限值》第二阶段实施的时间为_____。

A. 2009 年 1 月 1 日　　　　　　　　　B. 2008 年 1 月 1 日

C. 2007 年 7 月 1 日　　　　　　　　　D. 2005 年 7 月 1 日

(31)（　A　）我国《乘用车燃料消耗限量限值》中对整车整备质量为 1205 kg＜质量≤1320 kg 的汽车，第一阶段的限值为_____/(100 km)。

A. 9.5 L　　　　　　　　　　　　　　B. 8.9 L

C. 8.6 L　　　　　　　　　　　　　　D. 8.1 L

(32)（　C　）我国《乘用车燃料消耗限量限值》中对整车整备质量为 1205 kg＜质量≤

1320 kg 的汽车，第二阶段的限值为_____/(100 km)。

A. 9.5 L
B. 8.9 L

C. 8.6 L
D. 8.1 L

(33) (A) 我国《乘用车燃料消耗限量限值》中对整车整备质量为 1090 kg＜质量≤ 1205 kg 的汽车，第三阶段的目标值为_____/(100 km)。

A. 6.5 L
B. 8.9 L

C. 8.6 L
D. 8.1 L

(34) (D) 我国《乘用车燃料消耗限量限值》中对整车整备质量为 1205kg＜质量≤ 1320 kg 的汽车，第三阶段的目标值计为_____/(100 km)。

A. 6.5 L
B. 8.9 L

C. 8.6 L
D. 6.9 L

2. 多项选择题

(1) (A B) 将正面碰撞法规作为汽车安全法规主要内容的原因是_____。

A. 正面碰撞最严重
B. 正面碰撞概率大

C. 正面碰撞试验容易
D. 正面碰撞概率小

(2) (B D) 美国正面碰撞法规 FMVSS 208 要求对车辆作_____碰撞试验。

A. 40% 正面偏置
B. 30°角倾斜壁障

C. 50% 正面偏置
D. 100% 重叠正面

(3) (A B C) 欧洲的汽车安全法规包含下列_____内容。

A. 正面碰撞
B. 侧面碰撞

C. 追尾碰撞
D. 车辆翻滚

(4) (A D) 中国的正面碰撞标准《乘用车正面碰撞的乘员保护》GB 11551—2003 虽然是参照欧洲 ECE R94 法规制定的，但要求对车辆作_____碰撞试验。

A. 40% 正面偏置
B. 30°角倾斜壁障

C. 50% 正面偏置
D. 100% 重叠正面

(5) (C D) 中国的侧面碰撞标准《汽车侧面碰撞的乘员保护》 GB 20071—2006 与 ECER95 的主要差异是_____。

A. 碰撞形式不同
B. 碰撞速度不同

C. 采用的假人不同
D. 座椅调节不同

(6) (A B) 我国的汽车安全法规也强制性要求出厂销售的汽车必须做碰撞试验， 它包括_____试验。

A. 正面碰撞
B. 侧面碰撞

C. 尾部碰撞
D. 顶部碰撞

(7) (B C) 下列_____国家的 NCAP 需要对车辆作行人碰撞保护试验。

A. 美国
B. 欧洲

C. 日本
D. 中国

(8) (A B D) 欧洲和日本的新车评价规程 NCAP 要求进行_____试验。

A. 正面碰撞
B. 侧面碰撞

C. 追尾碰撞　　　　　　　　　　　D. 行人碰撞

(9)（ A B C ）我国的新车评价规程NCAP中的正面碰撞试验采人＿＿＿＿＿＿型式的假人。

A. Hybrid Ⅲ 型第 50 百分位男性假人

B. Hybrid Ⅲ 型第 5 百分位女性假人

C. Hybrid Ⅲ 型儿童假人

D. EuroSID Ⅱ型假人

(10)（　A B　）我国的新车评价规程NCAP的正面碰撞试验中所采用的 Hybrid Ⅲ型第 50 百分位男性假人是安装在样车的＿＿＿＿＿＿位置上。

　　A. 正驾驶室　　　　　　　　　　　B. 副驾驶室

　　C. 第二排座椅最左侧　　　　　　　D. 第二排座椅最右侧

(11)（　B D　）欧 5 与欧 6 汽车排放标准与欧 4 标准相比，主要对＿＿＿＿＿＿的排放限制更严格。

　　A. CO　　　　　　　　　　　　　　B. NO$_x$

　　C. HC　　　　　　　　　　　　　　D. PM

(12)（　A D　）北京从＿＿＿＿＿＿起，汽车开始执行"国五"排放标准，新车贴上＿＿＿＿＿＿。

　　A. 2013 年 2 月 1 日　　　　　　　B. 京 Ⅴ 黄标

　　C. 2013 年 7 月 1 日　　　　　　　D. 京 Ⅴ 蓝标

(13)（　A B C　）汽车的噪声主要来自＿＿＿＿＿＿的噪声。

　　A. 发动机　　　　　　　　　　　　B. 轮胎

　　C. 传动系　　　　　　　　　　　　D. 行驶系

(14)（　B D　）我国第二阶段噪声限值于＿＿＿＿＿＿年 1 月 1 日起开始实施，其中对 M$_1$ 类汽车噪声限值要求必须小于＿＿＿＿＿＿分贝。

　　A. 2002 年　　　　　　　　　　　B. 2005 年

　　C. 77　　　　　　　　　　　　　　D. 74

(15)（　A C　）我国第一阶段噪声限值于＿＿＿＿＿＿年 10 月 1 日起开始实施，其中对 M$_1$ 类汽车噪声限值要求必须小于＿＿＿＿＿＿分贝。

　　A. 2002 年　　　　　　　　　　　B. 2005 年

　　C. 77　　　　　　　　　　　　　　D. 74

(16)（　A B D　）相对于 2006 年 4 月 1 日实施的汽车消费税政策而言，我国从 2008 年 9 月 1 日起实施的汽车消费税政策主要对发动机排量在＿＿＿＿＿＿的汽车作了调整。

　　A. 1.0 升以下　　　　　　　　　　B. 3.0～4.0 升

　　C. 2.5～3.0 升　　　　　　　　　　D. 4.0 升及以上

(17)（　A D　）从 2009 年 10 月 1 号起，现在所有的在用车实行油耗标识管理，＿＿＿＿＿＿车代表其排放已达标。

　　A. 黄标　　　　　　　　　　　　　B. 黑标

　　C. 蓝标　　　　　　　　　　　　　D. 绿标

(18)（　B C　）驾驶技术对汽车油耗的影响很大，其中合理使用档位很重要，下列＿＿＿＿＿＿叙述正确。

　　A. 低挡位上小坡　　　　　　　　　B. 低挡位上大坡

C. 高挡位冲小坡　　　　　　　　　　　　D. 高挡位冲大坡

(19) （　A D　）我国《乘用车燃料消耗量评价方法及指标》已于 2011 年 12 月 30 日正式公布，第三阶段燃油限值将分步实施，其中＿＿＿＿年为导入期，而＿＿＿＿年将全面实施。

A. 2012　　　　　　　　　　　　　　　　B. 2013

C. 2014　　　　　　　　　　　　　　　　D. 2015

(20) （　C D　）我国的新车评价规程 NCAP 的正面碰撞试验中所采用的 Hybrid Ⅲ 型第 5 百分位女性假人是安装在样车的＿＿＿＿位置上。

A. 正驾驶室　　　　　　　　　　　　　　B. 副驾驶室

C. 第二排座椅最左侧　　　　　　　　　　D. 第二排座椅最右侧

(21) （　B C　）从 2011 年 10 月起对节能汽车推广政策实施调整，其中排量和综合百公里油耗为＿＿＿＿。

A. 1.5 L　　　　　　　　　　　　　　　B. 1.6 L

C. 6.3 L　　　　　　　　　　　　　　　D. 6.9 L

3. 填充题

(1) 欧洲对车辆进行正面碰撞试验所用的壁障应在固定壁前加装一个能变形吸能的＿＿蜂窝铝块＿＿。

(2) 新车评价规程 NCAP 评估的主要依据是测试＿＿假人＿＿的伤害指标。

(3) 车辆的碰撞形式可分为＿＿正面＿＿碰撞、＿＿侧面＿＿碰撞、＿＿追尾＿＿碰撞和车辆＿＿翻滚＿＿四种。

(4) 欧洲开始对汽车实施欧 6 排放标准的时间为＿＿2014＿＿年。

(5) 从欧 5 标准开始实施起，汽油也从以前的无铅汽油变成了＿＿E5＿＿汽油。

(6) 我国在 09 年 2 月实施的《节能与新能源汽车示范推广财政补助资金管理暂行办法》中规定：节油率在 40% 以上的混合动力汽车，补助标准为＿＿5＿＿万元/辆；纯电动汽车的补助标准为＿＿6＿＿万元/辆；燃料电池汽车的补助标准高达＿＿25＿＿万元/辆。

(7) 我国《乘用车燃料消耗量限值》按照＿＿整车整备质量＿＿对乘用车燃料消耗量限值提出了要求。

(8) 从 2008 年 1 月 1 日起，我国《乘用车燃料消耗量限值》开始执行第二阶段的限值标准，但该限值只与＿＿2002＿＿年世界各国轿车的平均油耗水平基本相当，显然落后于世界平均水平。

第三章 车辆管理法规与政策

第一节 机动车登记规定

我国于 2004 年 5 月 1 日颁布并实施了新中国第一部《道路交通安全法》(以下简称《道交法》)，以法律的形式确立了中国的机动车登记制度。为了与《道交法》相配套，国务院制定了《道路交通安全法实施条例》(以下简称《道交法实施条例》)，又进一步对中国的机动车登记制度做出了明确的规定。这导致了 2001 年公安部发布的《中华人民共和国机动车登记办法》(公安部第 56 号令)与上述法律和法规在内容上或有重复，或在一些具体规定上不一致，因此，需要对《中华人民共和国机动车登记办法》中有关内容进行调整和修改，确保与《道交法》及其《实施条例》配套实施。为此，公安部发布了第 72 号令，自 2004 年 5 月 1 日起开始实施《机动车登记规定》，同时废除 2001 年公安部发布的《中华人民共和国机动车登记办法》。

自从《机动车登记规定》于 2004 年 5 月 1 日实施以来，到目前为止已对《机动车登记规定》进行了两次修订：一次是 2008 年进行了修改，又称公安部第 102 号令，俗称 08 版《机动车登记规定》；另一次是 2012 年作了第二次修改，又称公安部第 124 号令，俗称 12 版《机动车登记规定》。

一、两次修改的背景

1. 08 版《机动车登记规定》的修订

随着中国经济社会的发展，04 版《机动车登记规定》的部分内容需要修改和调整：一是建设和谐社会对车辆管理工作提出了更高的要求，机动车登记工作需要进一步简化办理程序，优化服务方式，为群众提供更多的便利；二是随着《物权法》、《典当管理办法》等一些新法律、法规、规章的实施，机动车登记的相关内容需要随之加以调整；三是根据形势的变化，需要对一些内容加以明确和规范，如县级车辆管理部门的名称和业务范围、违反规定应承担的法律责任等。为此，公安部 2008 年 6 月 5 日发布新修订的《机动车登记规定》，自 2008 年 10 月 1 日起施行，届时机动车所有人可以通过计算机自动选取或者按机动车号牌标准规定自行编排的方式获取机动车号牌号码。

08 版《机动车登记规定》在内容上有如下特点：

1) 减少登记种类，提高办事效率

《道交法》及其《实施条例》对现行的登记种类进行了调整，将机动车的登记种类由原来的 10 类减少到 5 类，分别是注册登记、转移登记、变更登记、抵押登记和注销登记。与原《中华人民共和国机动车登记办法》相比，保留了注册登记、变更登记、抵押登记和注销登记，取消了过户、转出、转入、停驶、复驶、临时入境登记；把原过户登记和因所有权转移而申请的转出和转入登记合并改为转移登记；对变更登记的范围进行了重新界定，将原所有人地址迁出的转出和转入登记合并为变更登记。根据这些调整，《机动车登记规定》重新制定了办理注册登记、变更登记、转移登记、抵押登记和注销登记的具体程序和手续。同时，将停/复驶，补、换领机动车登记证书、号牌和行驶证，办理临时号牌，被盗抢机动车备案，申请检验合格标志等作为其他业务，规定了提交的资料和办理的程序。

2) 运用科技手段，规范操作程序

为进一步规范机动车登记行为，解决各地登记时掌握政策不一，违规操作，甚至产生腐败等问题，《机动车登记规定》明确规定：车辆管理所应当使用计算机登记系统办理机动车登记，并建立数据库。不使用计算机登记系统登记的，登记无效。同时，为加强对办理机动车驾驶证人员及其工作全过程的监督制约，还规定：计算机登记系统的数据库标准和登记软件全国统一。数据库能够完整、准确记录登记内容，记录办理过程和经办人员信息，并能够实时将有关登记内容传送到全国公安交通管理信息系统，以确保各地执行政策一致，同时能够通过计算机进行责任倒查，防止违规行为和腐败问题的产生。

3) 规范办理程序，堵塞管理漏洞

《机动车登记规定》对原《中华人民共和国机动车登记办法》施行以来各级公安交通管理部门车辆管理所在实际工作中遇到的困难和问题进行了梳理，依据《道交法》及其《实施条例》的规定，制定了相应的条件、程序和规定：一是明确被盗抢机动车备案和发还后车身颜色、发动机号等被改变如何办理变更的规定，解决被盗抢机动车的有关问题；二是明确机动车有关技术数据与国家机动车产品公告数据不符的，不予办理登记，解决目前"大吨小标"车辆办理注册登记的突出问题；三是明确涉及交通安全违法行为或交通事故未处理完毕的，不予办理转移登记和核发检验合格标志，督促道路交通安全违法行为人和事故当事人自觉接受处理。

4) 注重便民利民，提高服务水平

《机动车登记规定》在吸收了公安部三十项便民利民措施中相关内容的基础上，在确保交通安全的前提下，进一步采取了方便群众办理机动车登记的措施：

(1) 明确办理时限，减少群众往返次数。车辆管理所在受理机动车登记申请时，对申请材料齐全并符合法律、行政法规等规定的，应当在规定的时限内办结。对申请材料不齐全或者其他不符合法定形式的，应当一次告知申请人需要补正的全部内容。对不符合规定的，应当书面告知不予受理、登记的理由，避免群众多次往返车管所。

(2) 明确公示内容和方法，接受社会群众监督。车辆管理所应当将法律、行政法规和本规定的有关机动车登记的事项、条件、依据、程序、期限以及收费标准、需要提交的材料和申请表示范文本等在办理登记的场所公示。省级人民政府公安机关交通管理部门应当在互联网上建立主页，发布信息，便于群众查阅机动车登记的有关规定，下载、使用有关表格。明确了车辆管理所应当公示的办理机动车登记的内容和方法，方便社会群众对行政机关依法行政进行有效的监督。

(3) 简化办理停/复驶和补、换领牌证手续。办理机动车停/复驶和补、换领机动车号牌、行驶证时不再签注《机动车登记证书》，只在计算机登记系统中记录相关信息，减少了工作环节和提交的资料，提高了工作效率。

(4) 取消补领行驶证需提交登记证书、补领登记证书需提交行驶证的规定，解决了目前行驶证、登记证书同时丢失后无法补领的矛盾问题。

(5) 增加变更、备案的规定，提供多种申请备案方式，使机动车所有人办理变更、备案手续更加方便，也为及时调整和变更机动车所有人的有关信息创造了条件。

(6) 增加允许车主自行改装范围的规定。在不影响安全和识别机动车号牌的情况下，允许机动车所有人自行加装小型、微型载客汽车前后防撞装置；货运机动车加装防风罩、水箱、工具箱、备胎及备胎架、可拆卸栏栅；机动车增加车内装饰等，既满足了群众对车辆装饰的需要，又规范了车辆改装的行为。

(7) 规定了机动车属于共同所有的情况下办理所有人姓名/名称变更的办法和程序，解决了实际工作中经常遇到的夫妻之间过户和遗产继承等问题。

(8) 简化办理车辆报废注销的程序。在机动车办理报废注销登记时由原来的机动车所有人到车辆管理所提出申请，再到解体厂交车，最后到车辆管理所办理注销登记，改为机动车所有人直接将机动车交到解体厂，由解体厂到车辆管理所办理注销登记，减少了机动车所有人办理手续的两个环节，方便了群众，有利于提高机动车报废回收率。

(9) 扩大在暂住地办理机动车登记的范围。由原来只能办理 9 座以下小型客车、摩托车注册登记扩大到所有机动车，方便了群众在暂住地办理机动车登记。

(10) 规定了注销、撤销或者破产的单位办理车辆转移、变更、注销登记的身份证明，解决了这些单位原有车辆无法处理的问题。

(11) 改革变更登记的审批方式。变更发动机的可以事后审批；变更机动车车身颜色、更换车身或者车架的，取消变更前确认车辆的规定，只需在事后把关，既可保证车辆的唯一性，又方便群众办理登记。

(12) 取消办理临时通行牌证交验机动车的规定，既可方便车主办理临时通行牌证，又能解决机动车到车管所接受交验的过程中无牌证行驶的问题。

2. 12 版《机动车登记规定》的修订

为贯彻实施《校车安全管理条例》(国务院令第 617 号)，进一步加强校车登记管理，保障校车安全，公安部决定对《机动车登记规定》进行修改，并于 2012 年 9 月 12 日发布公安部第 124 号令，决定新修订的《机动车登记规定》自发布之日起施行。

12 版《机动车登记规定》作了如下修改：

(1) 在第六条增加一款，作为第三款："专用校车办理注册登记前，应当按照专用校车国家安全技术标准进行安全技术检验。"

(2) 在第七条第一款增加一项，作为第六项："(六)车船税纳税或者免税证明。"

(3) 将第二十七条第一款修改为："已达到国家强制报废标准的机动车，机动车所有人向机动车回收企业交售机动车时，应当填写申请表，提交机动车登记证书、号牌和行驶证。机动车回收企业应当确认机动车并解体，向机动车所有人出具《报废机动车回收证明》。报废的校车、大型客、货车及其他营运车辆应当在车辆管理所的监督下解体。"

(4) 将第三十条第一款修改为："因车辆损坏无法驶回登记地的，机动车所有人可以向车辆所在地机动车回收企业交售报废机动车。交售机动车时应当填写申请表，提交机动车登记证书、号牌和行驶证。机动车回收企业应当确认机动车并解体，向机动车所有人出具《报废机动车回收证明》。报废的校车、大型客、货车及其他营运车辆应当在报废地车辆管理所的监督下解体。"

(5) 在第二章第五节后增加一节，作为第六节，内容如下：

第六节　校车标牌核发

第三十四条　县级或者设区的市级公安机关交通管理部门应当自申请人交验机动车之日起二日内确认机动车，查验校车标志灯、停车指示标志、卫星定位装置以及逃生锤、干粉灭火器、急救箱等安全设备，审核行驶线路、开行时间和停靠站点。属于专用校车的，还应当查验校车外观标识。审查以下证明、凭证：

(一) 机动车所有人的身份证明；

(二) 机动车行驶证；

(三) 校车安全技术检验合格证明；

(四) 包括行驶线路、开行时间和停靠站点的校车运行方案；

(五) 校车驾驶人的机动车驾驶证。

公安机关交通管理部门应当自收到教育行政部门征求意见材料之日起三日内向教育行政部门回复意见，但申请人未按规定交验机动车的除外。

第三十五条　学校或者校车服务提供者按照《校车安全管理条例》取得校车使用许可后，应当向县级或者设区的市级公安机关交通管理部门领取校车标牌。领取时应当填写表格，并提交以下证明、凭证：

(一) 机动车所有人的身份证明；

(二) 校车驾驶人的机动车驾驶证；

(三) 机动车行驶证；

(四) 县级或者设区的市级人民政府批准的校车使用许可；

(五) 县级或者设区的市级人民政府批准的包括行驶线路、开行时间和停靠站点的校车运行方案。

公安机关交通管理部门应当在收到领取表之日起三日内核发校车标牌。对属于专用校车的，应当核对行驶证上记载的校车类型和核载人数；对不属于专用校车的，应当在行驶证副页上签注校车类型和核载人数。

第三十六条　校车标牌应当记载本车的号牌号码、机动车所有人、驾驶人、行驶线路、开行时间、停靠站点、发牌单位、有效期限等信息。校车标牌分前后两块，分别放置于前风窗玻璃右下角和后风窗玻璃适当位置。

校车标牌有效期的截止日期与校车安全技术检验有效期的截止日期一致，但不得超过校车使用许可有效期。

第三十七条　专用校车应当自注册登记之日起每半年进行一次安全技术检验，非专用校车应当自取得校车标牌后每半年进行一次安全技术检验。

学校或者校车服务提供者应当在校车检验有效期满前一个月内向公安机关交通管理部门申请检验合格标志。

公安机关交通管理部门应当自受理之日起一日内，确认机动车，审查提交的证明、凭证，核发检验合格标志，换发校车标牌。

第三十八条　已取得校车标牌的机动车达到报废标准或者不再作为校车使用的，学校或者校车服务提供者应当拆除校车标志灯、停车指示标志，消除校车外观标识，并将校车标牌交回核发的公安机关交通管理部门。

专用校车不得改变使用性质。

校车使用许可被吊销、注销或者撤销的，学校或者校车服务提供者应当拆除校车标志灯、停车指示标志，消除校车外观标识，并将校车标牌交回核发的公安机关交通管理部门。

第三十九条　校车行驶线路、开行时间、停靠站点或者车辆、所有人、驾驶人发生变化的，经县级或者设区的市级人民政府批准后，应当按照本规定重新领取校车标牌。

第四十条　公安机关交通管理部门应当每月将校车标牌的发放、变更、收回等信息报本级人民政府备案，并通报教育行政部门。

学校或者校车服务提供者应当自取得校车标牌之日起，每月查询校车道路交通安全违法行为记录，及时到公安机关交通管理部门接受处理。核发校车标牌的公安机关交通管理部门应当每月汇总辖区内校车道路交通安全违法和交通事故等情况，通知学校或者校车服务提供者，并通报教育行政部门。

第四十一条　校车标牌灭失、丢失或者损毁的，学校或者校车服务提供者应当向核发标牌的公安机关交通管理部门申请补领或者换领。申请时，应当提交机动车所有人的身份证明及机动车行驶证。公安机关交通管理部门应当自受理之日起三日内审核，补发或者换发校车标牌。

(6) 将第四十条改为第四十九条，并将第二款修改为："申请前，机动车所有人应当将涉及该车的道路交通安全违法行为和交通事故处理完毕。申请时，机动车所有人应当填写申请表并提交行驶证、机动车交通事故责任强制保险凭证、车船税纳税或者免税证明、机动车安全技术检验合格证明。"

(7) 将第四十一条改为第五十条，修改为："除大型载客汽车、校车以外的机动车因故不能在登记地检验的，机动车所有人可以向登记地车辆管理所申请委托核发检验合格标志。申请前，机动车所有人应当将涉及机动车的道路交通安全违法行为和交通事故处理完毕。申请时，应当提交机动车登记证书或者行驶证。

车辆管理所应当自受理之日起一日内，出具核发检验合格标志的委托书。

机动车在检验地检验合格后，机动车所有人应当按照本规定第四十九条第二款的规定向被委托地车辆管理所申请检验合格标志，并提交核发检验合格标志的委托书。被委托地车辆管理所应当自受理之日起一日内，按照本规定第四十九条第三款的规定核发检验合格标志。

营运货车长期在登记以外的地区从事道路运输的，机动车所有人向营运地车辆管理所备案登记一年后，可以在营运地直接进行安全技术检验，并向营运地车辆管理所申请检验合格标志。"

(8)《机动车登记规定》的条文序号根据本决定作相应调整。

二、汽车登记与登记证书

1. 汽车登记

根据《道交法实施条例》第四条规定，我国现行的机动车登记包括注册登记、变更登记、转移登记、抵押登记和注销登记五种类型。

(1) 注册登记。注册登记是指机动车所有人初次申领机动车号牌、行驶证时所办理的登记。不办理注册登记的，该机动车就不得上路行驶。

机动车所有人应当向住所地的车辆管理所申请办理注册登记。在车辆登记前应首先到机动车安全技术检验机构对机动车进行安全技术检验，并填写申请表、交验机动车、提交相关的证明及凭证，取得机动车安全技术检验合格证明，但经海关进口的机动车和国务院机动车产品主管部门认定免予安全技术检验的机动车除外。

专用校车办理注册登记前，应当按照专用校车国家安全技术标准进行安全技术检验。

车辆管理所应当自受理申请之日起二日内，确认机动车，核对车辆识别代号拓印膜，审查提交的证明、凭证，核发机动车登记证书、号牌、行驶证和检验合格标志。

车辆管理所办理消防车、救护车、工程救险车注册登记时，应当对车辆的使用性质、标志图案、标志灯具和警报器进行审查。

车辆管理所办理全挂汽车列车和半挂汽车列车注册登记时，应当对牵引车和挂车分别核发机动车登记证书、号牌和行驶证。

(2) 变更登记。变更登记是指机动车的车身颜色、发动机、车身、车架、所有人的住所等发生变更后所进行的登记。变更登记主要是针对机动车物理形态变化所作的记载。

当车辆改变了车身颜色、更换了发动机、更换了车身或者车架、因质量问题更换了整车、使用性质发生改变、机动车所有人的住所迁出或者迁入车辆管理所管辖区域、机动车所有人为两人以上，需要将登记的所有人姓名变更为其他所有人姓名时，机动车所有人应当向登记地车辆管理所申请变更登记。

申请变更登记的，机动车所有人也应当填写申请表，交验机动车，并提交相关证明及凭证；车辆管理所应当自受理之日起一日内，确认机动车，审查提交的证明、凭证，在机动车登记证书上签注变更事项；机动车所有人的住所迁出车辆管理所管辖区域的，车辆管理所应当自受理之日起三日内，在机动车登记证书上签注变更事项。

(3) 转移登记。转移登记是指机动车所有权发生转移后所办理的登记。

已注册登记的机动车所有权发生转移的，现机动车所有人应当自机动车交付之日起三十日内向登记地车辆管理所申请转移登记，但在登记前，应当将涉及该车的道路交通安全违法行为和交通事故处理完毕。

申请转移登记的，机动车所有人也应当填写申请表，交验机动车，并提交相关证明及凭证；车主住所在车辆管理所管辖区域内的，车辆管理所应当自受理申请之日起一日内，确认机动车，核对车辆识别代号拓印膜，审查提交的证明、凭证，收回号牌、行驶证，确定新的机动车号牌号码，在机动车登记证书上签注转移事项，重新核发号牌、行驶证和检验合格标志。

根据《道交法实施条例》的规定，机动车可以在所有权发生转移后，由当事人向登记机关申请办理转移登记。该登记仅仅是对机动车所有权发生转移的事实在事后进行的一个记载或备案，并非是车辆转让的生效要件或对抗要件。

(4) 抵押登记。抵押登记是指机动车所有人将机动车作为抵押物抵押时所办理的登记。

机动车所有人将机动车作为抵押物抵押的，应当向登记地车辆管理所申请抵押登记，抵押权消除的，应当向登记地车辆管理所申请解除抵押登记。

（5）注销登记。注销登记是指已注册登记的机动车达到国家规定的强制报废标准时所办理的登记。

当机动车已达到国家强制报废标准、机动车灭失、机动车因故不在我国境内使用、因质量问题退车、机动车登记被依法撤销时，机动车所有人应向登记地车辆管理所申请注销登记。

机动车一旦达到国家规定的强制报废标准时，车主应填写申请表并将车辆送至机动车回收企业进行拆解（报废的校车、大型客、货车及其他营运车辆应当在车辆管理所的监督下解体），车辆被拆解后，机动车回收企业应向机动车所有人出具《报废机动车回收证明》、向车辆管理所提交《报废机动车回收证明》副本及申请表等，申请注销登记。若车主逾期不办理注销登记的，车辆管理所应当公告机动车登记证书、号牌、行驶证作废。

根据公安部印发的《机动车登记工作规范》规定，机动车登记工作岗位有三个，即查验岗、登记审核岗和档案管理岗，取消了以前的"业务领导岗"和"牌证管理岗"两个岗位。

车辆管理所应当使用计算机登记系统办理机动车登记，并建立数据库。不使用计算机登记系统登记的，登记无效。计算机登记系统的数据库标准和登记软件全国统一。数据库能够完整、准确记录登记内容，记录办理过程和经办人员信息，并能够实时将有关登记内容传送到全国公安交通管理信息系统。计算机登记系统应当与交通违法信息系统和交通事故信息系统实行联网。

已注册登记的机动车被盗抢的，车辆管理所应当根据刑侦部门提供的情况，在计算机登记系统内记录，停止办理该车的各项登记和业务。被盗抢机动车发还后，车辆管理所应当恢复办理该车的各项登记和业务。

2. 汽车登记证书

我国启用《机动车登记证书》是从 2001 年 10 月 1 日开始的。从那时起，所有的机动车办完注册登记手续后都会由公安机关交通管理部门车辆管理所签发一本《机动车登记证书》，上面详细记载了机动车所有权人的相关信息和机动车技术参数。

机动车登记证书是车辆所有权的法律证明，可以作为车辆担保抵押、过户和交易等的有效凭证。

作为机动车登记的证明文件，机动车登记证书由车辆管理所核发并由机动车所有人保管，不要随车携带。汽车在办理过户、转籍、抵押、注销等任何车辆登记时都要求出示，并由车辆管理所在登记证书上记录车辆的有关情况。除机动车登记证书丢失需要补领以外，其他所有登记均可由代理人进行代理。对机动车所有人因死亡、出境、重病、伤残或者不可抗力等原因不能到场申请补领机动车登记证书的，可以凭相关证明委托代理人代理申领。

机动车所有人发现登记内容有错误的，应当及时要求车辆管理所更正，并在机动车登记证书上更正相关内容。

机动车登记证书由公安部统一印制。

【案例3-1】 机动车登记证书不要随车携带。

张某为新车入户后随手将《机动车登记证书》放在了后备厢里，其朋友王某借用该车时取得了该车行驶证，又在后备厢里发现了《机动车登记证书》，遂持证书、行驶证将该车转卖给了刘某,并伪造张某的委托书与刘某一起到二手车市场开具了《旧机动车交易发票》,刘某持《机动车登记证书》和自己的身份证以及该车的行驶证、号牌、旧机动车交易发票到车管所申请过户,车管所按照机动车登记规定的要求查验车辆、审核上述凭证后依法为其办理了产权转移登记。十几天后张某发现时懊悔不已,只得进行诉讼。

【案例评析】

《机动车登记规定》第五十四条规定:"机动车所有人可以委托代理人代理申请各项机动车登记和业务,但申请补领机动车登记证书的除外。对机动车所有人因死亡、出境、重病、伤残或者不可抗力等原因不能到场申请补领机动车登记证书的,可以凭相关证明委托代理人代理申领。代理人申请机动车登记和业务时,应当提交代理人的身份证明和机动车所有人的书面委托。"

本案中,由于王某是作为代理人替张某办理二手车交易,并去车管所代办产权过户手续的,不属于申请补领机动车登记证书,所以,代理的本身行为并不违法。

当然,王某伪造委托书的行为是违法的。《机动车登记规定》第五十五条规定:"机动车所有人或者代理人申请机动车登记和业务,应当如实向车辆管理所提交规定的材料和反映真实情况,并对其申请材料实质内容的真实性负责。"但张某未能保管好产权证书也是引起本案发生的一个重要的直接原因。

三、汽车号牌

1. 机动车号牌

机动车号牌是准予机动车在我国境内道路上行驶的法定标志,其号码是机动车登记编号。目前和机动车号牌相关的法律法规主要有《机动车登记规定》、《中华人民共和国机动车号牌》(GA36-20011)标准和《机动车登记工作规范》。

1) 机动车号牌的演变

据记载,清光绪二十七年(1901年)冬天,匈牙利人李恩时(Leinz)将两辆汽车带入上海。同年腊月廿一日(1902年1月20日),经当时公共租界工部局讨论,决定暂时先给这两辆进口"自动车"发放临时号牌以便管理。这是中国第一块机动车号牌诞生的原由,也由此拉开了中国汽车"户口"管理的帷幕。1949年以前,机动车号牌没有统一标准,由各地方政府决定号牌样式进行发放。当时的中国内地,随处可见各种款式的机动车号牌。

新中国成立后,随着汽车数量的增多,公安机关统一规范机动车号牌大小、标色和材质,并按照全国省、市、自治区序列号进行排序,但机动车号牌也数易其容。1992年以前的机动车号牌称为"顺序式号牌",有两种颜色,小型车挂绿色的,大型车为红色的。号牌分两行,上面一行小字表示"发证机关代码",即省、直辖市、自治区全名加两位数字序号(01至99),下面一行大字是五位编码。1992年,"九二"式机动车号牌样式确定,1994年7月1日,公安部交通管理局下发了《关于启用换发九二式机动车号牌及行驶证有关问题的通知》,开始正式使用"九二"式机动车号牌。这是我国车辆管理史上第六代机动车号牌。与"顺序式号牌"相比,"九二"式只有一行字,字体大了许多。字体变大的目的是便于人们目视识别和探头拍照识别,有利于追查逃逸车辆。

为体现机动车所有人的个性意愿,公安部从2002年8月12日起至当年12月31日启用"〇二"式机动车号牌,并在北京、天津、杭州、深圳四城市进行试点。与"九二"式机动车号牌相比,"〇二"式机动车号牌的号码容量扩大了100多倍,号码编排方式也为车辆所有者展现个性意愿创造了条件,但因为"〇二"式机动车号牌的发放属阶段性试点,不久"因技术原因"便停发了。

2007年11月1日起,由公安部颁布的新的行业标准《中华人民共和国机动车号牌》(GA 36—2007)实施,此前于1992年7月1日实施的《中华人民共和国机动车号牌》(GA 36—92)同时废止。新标准对号牌分类、登记编号编码规则、制作技术和安装使用等规定进行了调整。新标准调整了大型汽车号牌(黄牌)的使用范围,对中型载客汽车由原核发"小型汽车号牌"(蓝牌),调整为核发"大型汽车号牌"(黄牌);新标准取消了外籍车号牌(黑牌)种类,对在京申请机动车牌证的外国人和中国香港、澳门、台湾地区的人改为核发普通民用号牌;新标准修改了机动车号牌号码的编码规则,允许字母在后五位编码中任意一位出现,但总数不能超过2个,增加了号牌容量,解决了部分地区号牌资源不足的问题;新标准对临时号牌的式样进行了调整,由原来的一种式样调整为行政辖区内、跨行政辖区、试验车、特型机动车4种式样,并且将有效期的位置调整到号牌的正面。

在2008年至2010年期间,公安部连续3年在全国范围组织开展了机动车涉牌涉证违法行为专项整治。为巩固机动车涉牌涉证违法行为专项整治取得的效果,公安部下发了《关于进一步加强机动车号牌管理的通知》,要求各地公安机关继续保持对机动车涉牌涉证违法行为的严管态势,同时修订了公共安全行业标准《中华人民共和国机动车号牌》(GA 36—2007),进一步规范机动车临时行驶车号牌使用管理。新版《中华人民共和国机动车号牌》标准于2011年1月1日起正式实施。

依据新标准,临时行驶车号牌的安装方式由原来的"放置"调整为现在的"粘贴",便于从正面或侧面进行识别;同时,载客汽车的临时行驶车号牌由1张调整为2张,需要临时上道路行驶的,应当同时粘贴2张:1张粘贴在车内前风窗玻璃的左下角或右下角不影响驾驶人视线的位置,另1张应当粘贴在车内后风窗玻璃左下角。对于其他类型车辆,由于受安装条件限制,临时行驶车号牌仍为1张,但应当粘贴在车内前风窗玻璃的左下角或右下角不影响驾驶人视线的位置,以保障驾车安全。

同时,通知特别指出,号牌固封装置是机动车号牌的重要组成部分,不按规定安装号牌固封装置属于违法行为,公安机关将依法查处,不允许上路行驶。对现场领取机动车号牌的,由公安机关现场监督安装号牌,规范使用号牌固封装置,没有按照规定安装号牌的,不允许上道路行驶;对采用邮寄等方式发送号牌的,公安机关将书面告知号牌固封装置的安装要求以及不按规定安装使用的法律责任。同时,规定除受车辆条件限制外,每个号牌的4个安装孔均应当安装固封装置;对发现安装可拆卸或者可翻转号牌架的,当场予以拆除,未按照规定要求安装号牌前,不允许上道路行驶;公安机关在办理定期检验或者需要更换号牌业务时,要对使用不符合规定的固封装置的机动车换发新的固封装置。

2)《中华人民共和国机动车号牌》主要内容

(1)机动车登记编号。按照不同类型的机动车号牌,机动车登记编号包含省、自治区、直辖市的汉字简称、用英文字母表示的发牌机关的代号、由阿拉伯数字和英文字母组成的序号和有特殊性质的机动车使用的号牌分类用汉字简称。

① 发牌机关代号。发牌机关即车辆登记机关，为省、自治区、直辖市公安厅、局和地、市、州、盟公安局、处车辆管理所。

直辖市公安机关交通管理部门车辆管理所的发牌机关代号为 A 至 Z，应当按照英文字母顺序依次启用新的发牌机关代号，并在启用前 30 天报公安部交通管理局备案，经确认后方可使用。

发牌机关代号由公安部统一规定，例如：

a. 江苏省：南京市——A、无锡市——B、徐州市——C、常州市——D、苏州市——E、南通市——F、连云港市——G、淮安市——H、盐城市——J、扬州市——K、镇江市——L、泰州市——M、宿迁市——N。

b. 浙江省：杭州市——A、宁波市——B、温州市——C、绍兴市——D、湖州市——E、嘉兴市——F、金华市——G、衢州市——H、台州市——J、丽水市——K、舟山市——L。

c. 安徽省：合肥市——A、芜湖市——B、蚌埠市——C、淮南市——D、马鞍山市——E、淮北市——F、铜陵市——G、安庆市——H、黄山市——J、阜阳市——K、宿州市——L、滁州市——M、六安市——N、宣城市——P、巢湖市——Q、池州市——R、亳州市——S。

d. 湖北省：武汉市——A、黄石市——B、十堰市——C、荆州市——D、宜昌市——E、襄樊市——F、鄂州市——G、荆门市——H、黄冈市——J、孝感市——K、咸宁市——L、仙桃市——M、潜江市——N、神农架林区——P、恩施土家族苗族自治州——Q、天门市——R、随州市——S。

e. 陕西省：西安市——A、铜川市——B、宝鸡市——C、咸阳市——D、渭南市——E、汉中市——F、安康市——G、商洛市——H、延安市——J、榆林市——K、杨凌——V。

f. 山西省：太原市——A、大同市——B、阳泉市——C、长治市——D、晋城市——E、朔州市——F、忻州市——H、吕梁市——J、晋中市——K、临汾市——L、运城市——M。

g. 上海市：A B C D E F G H I J K L M N O P Q R S T U V W X Y Z；北京市、天津市：A B C D E F G H I J K L M N O P Q R S T U V W X Y Z。

② 序号编码规则。序号编码规则有：序号的每一位都使用阿拉伯数字；序号的每一位可单独使用英文字母，26 个英文字母中 O 和 I 不能使用；序号中允许出现 2 位英文字母，26 个英文字母中 O 和 I 不能使用。

注意：机动车登记中收回的号牌，其机动车登记编号 6 个月后可重新使用。

③ 号牌分类用汉字。领馆汽车号牌和摩托车号牌的机动车登记编号中使用汉字简称"领"字；使馆汽车号牌和摩托车号牌的机动车登记编号中使用汉字简称"使"字；警用汽车号牌和摩托车号牌的机动车登记编号使用汉字简称"警"字；教练汽车号牌和摩托车号牌的机动车登记编号中使用汉字简称"学"字；挂车号牌的机动车登记编号使用汉字简称"挂"字；香港特别行政区入出内地车辆号牌的机动车登记编号使用汉字简称"港"字；澳门特别行政区入出内地车辆号牌的机动车登记编号使用汉字简称"澳"字；试验车的临时行驶车号牌的机动车登记编号中使用汉字简称"试"字；特型车的临时行驶车号牌的机动车登记编号中使用汉字简称"超"字。

(2) 机动车号牌。机动车号牌种类共 19 种。本书只介绍常见的汽车号牌。

① 大型汽车号牌。

外廓尺寸为前：440 mm × 140 mm，后：440 mm × 220 mm；颜色：黄底黑字，黑框线；

数量：2 块；适用范围：中型(含)以上载客、载货汽车和专项作业车，半挂牵引车，电车。其样式如图 3-1 所示。

图 3-1 大型汽车号牌(正、反面) 样式

② 挂车号牌。

外廓尺寸为 440 mm × 220 mm；颜色：与大型汽车号牌相同；数量：2 块；适用范围：全挂车和不与牵引车固定使用的半挂车。其样式如图 3-2 所示。

③ 小型汽车号牌。

外廓尺寸为 440 mm × 140 mm；颜色：蓝底白字，白框线；数量：2 块；适用范围：中型以下的载客、载货汽车和专项作业车。其样式如图 3-3 所示。

图 3-2 挂车号牌样式  　　　　　　图 3-3 小型汽车号牌样式

④ 教练汽车号牌。

外廓尺寸为 440 mm × 140 mm；颜色：黄底黑字，黑"学"字黑框线；数量：2 块；适用范围：教练用汽车。其样式如图 3-4 所示。

图 3-4 教练汽车号牌样式

⑤ 警用汽车号牌。

外廓尺寸为 440 mm × 140 mm；颜色：白底黑字，红"警"字黑框线；数量：2 块；适用范围：汽车类警车。其样式如图 3-5 所示。

图 3-5 警用汽车号牌(正、反面)样式

⑥ 临时行驶车号牌。

外廓尺寸为 220 mm × 140 mm；颜色：行政辖区内临时行驶的机动车为天(酞)蓝底纹黑

字黑框线，跨行政辖区临时移动的机动车为棕黄底纹黑字黑框线，试验用机动车为棕黄底纹黑字黑框线黑"试"字，特型机动车(轴荷和总质量超限的工程专项作业车和超长、超宽、超高的运输大型不可解物品的机动车)为棕黄底纹黑字黑框线黑"超"字；数量：载客机动车和试验用载客汽车为 2 块，其他机动车为 1 块。其样式分别如图 3-6、图 3-7、图 3-8 和图 3-9 所示。

图 3-6　行政辖区内临时行驶使用的临时行驶车号牌(正、反面)样式

图 3-7　跨行政辖区临时移动使用的临时行驶车号牌(正、反面)样式

图 3-8　试验用机动车的临时行驶车号牌(正、反面)样式

图 3-9　特型机动车的临时行驶车号牌(正、反面)样式

⑥ 临时入境汽车号牌。

外廓尺寸为 220 mm × 140 mm；颜色：白底棕蓝色专用底纹，黑字黑边框；数量：2 块；适用范围：临时入境汽车。其样式如图 3-10 所示。

图 3-10　临时入境汽车号牌样式

(3) 省、自治区、直辖市的简称。省、自治区、直辖市的简称应符合表 3-1 的要求。

表 3-1　省、自治区、直辖市简称

序号	地区名称	简称	序号	地区名称	简称
1	北京市	京	17	湖北省	鄂
2	天津市	津	18	湖南省	湘
3	河北省	冀	19	广东省	粤
4	山西省	晋	20	广西壮族自治区	桂
5	内蒙古自治区	蒙	21	海南省	琼
6	辽宁省	辽	22	重庆市	渝
7	吉林省	吉	23	四川省	川
8	黑龙江省	黑	24	贵州省	贵
9	上海市	沪	25	云南省	云
10	江苏省	苏	26	西藏自治区	藏
11	浙江省	浙	27	陕西省	陕
12	安徽省	皖	28	甘肃省	甘
13	福建省	闽	29	青海省	青
14	江西省	赣	30	宁夏回族自治区	宁
15	山东省	鲁	31	新疆维吾尔自治区	新
16	河南省	豫			

(4) 汽车号牌的安装。

① 前号牌安装在机动车前端的中间或者偏右，后号牌安装在机动车后端的中间或者偏左，应不影响机动车安全行驶和号牌的识别；

② 号牌安装要保证号牌无任何变形和遮盖，横向水平，纵向基本垂直于地面，纵向夹角不大于 15°；

③ 金属材料号牌的安装孔均应安装符合 GA804 的固封装置，但受车辆条件限制无法安装的除外。

④ 使用号牌架辅助安装时，号牌架内侧边缘距离机动车登记编号字符边缘大于 5 mm；

⑤ 临时入境汽车号牌应放置在前风窗玻璃右侧；

⑥ 临时行驶车号牌应粘贴在车内前风窗玻璃的左下角或右下角不影响驾驶人视线的位置。载客汽车的另一张应粘贴在车内后风窗玻璃左下角。没有风窗玻璃的机动车，临时行驶车号牌应随车携带。

2. 12 版《机动车登记规定》中有关汽车号牌的内容

1) 机动车号牌的补领、换领

机动车号牌灭失、丢失或者损毁的，机动车所有人应当向登记地车辆管理所申请补领、换领。申请时，机动车所有人应当填写申请表并提交身份证明。车辆管理所应当审查提交的证明、凭证，收回未灭失、丢失或者损毁的号牌，自受理之日起十五日内补发、换发号牌，原机动车号牌号码不变。

补发、换发号牌期间应当核发有效期不超过十五日的临时行驶车号牌。

2) 临时行驶车号牌的申领

临时行驶车号牌细分为"行政辖区内临时行驶"、"跨行政辖区临时移动"、"试验用机动车"、"特型机动车"四种类型。

机动车具有下列情形之一，需要临时上道路行驶的，机动车所有人应当向车辆管理所申领临时行驶车号牌：

① 未销售的；

② 以购买、调拨、赠予等方式获得机动车后尚未注册登记的；

③ 进行科研、定型试验的；

④ 因轴荷、总质量、外廓尺寸超出国家标准不予办理注册登记的特型机动车。

临时行驶车号牌的有效期：本行政辖区内临时行驶车号牌为十五日；跨行政辖区的临时行驶车号牌为三十日；属于进行科研、定型试验的以及特型机动车临时行驶车号牌为九十日。机动车所有人需要多次申领临时行驶车号牌的，车辆管理所核发临时行驶车号牌不得超过三次。

因号牌制作的原因，无法在规定时限内核发号牌的，车辆管理所应当核发有效期不超过十五日的临时行驶车号牌。

3) 机动车号牌的选取

机动车号牌号码有两种选取方式，机动车所有人可任选一种：一是机动车所有人通过计算机公开自动选择，并可以至少从五个号牌号码中选取一个，选毕可当场领到号牌；二是由机动车所有人按照机动车号牌编码规则自行编排确定，只是选定的号牌号码必须先前没有人使用过。实行自编自选的，不收取选号费。机动车所有人自行编排选号可以在车辆管理所内进行，也可以通过互联网编排确定；自行编排号牌号码规则适用于中小型汽车新车注册登记业务和小型汽车转入的登记业务，但警车、教练车、工程抢险、消防、出租客运、小型专项作业、低速货载、三轮汽车等特殊和特种车辆并不适用。

4) 机动车号牌的留用

所有办理机动车转移登记或者注销登记的机动车，原机动车所有人在申请办理新购机动车注册登记时，均可以向车辆管理所申请使用原机动车号牌号码。比原先规定的报废机动车的号牌号码才能留用的范围有所扩大。

为了防止恶意买卖或变相买卖机动车的号牌号码，《机动车登记规定》规定了申请使用原机动车号牌号码的条件。《机动车登记规定》第五十二条规定："办理机动车转移登记或者注销登记后，原机动车所有人申请办理新购机动车注册登记时，可以向车辆管理所申请使用原机动车号牌号码。申请使用原机动车号牌号码应当符合下列条件：(一) 在办理转移登记或者注销登记后六个月内提出申请；(二) 机动车所有人拥有原机动车三年以上；(三) 涉及原机动车的道路交通安全违法行为和交通事故处理完毕。"

【小阅读】

最早的汽车号牌

1893 年 8 月 14 日，法国颁布了《巴黎警察条例》，最早使汽车悬挂行车号牌的规则制度化。根据条例的规定，"所有的汽车，都必须挂上印有所有人姓名、住址以及登记号码的金属号牌。号牌必须挂在车身左侧，保持在随时可以看见的位置上。"当时，有消息报导："号牌尺寸约 9 英寸×5 英寸，白底黑字的号码。汽车尾灯的玻璃上也写有号码，一亮灯马上就可以看清车号。挂车号的办法相当不体面，给人一种不是属于私人，而是借来的感觉。"

3. 汽车牌照拍卖制度

1) 拍卖制度的起因

为了解决上海交通拥堵的状况，从 1994 年开始，上海首次对新增的客车额度实行拍卖制度，对私车牌照实行有底价、不公开拍卖的政策，购车者凭拍卖中标后获得的额度，可以去车管所为自己购买的车辆上牌，并拥有在上海中心城区(外环线以内区域)使用机动车辆的权利。由于每个月额度只有几千辆，致使原本车管所发放的价值为 140 元人民币的两块印有车辆牌号的铁牌子变得异常紧俏，甚至一度超过了黄金价，上海牌照拍卖制度由此也备受争议，要求取消之声也不绝于耳。上海市政府发言人多次说过，拍牌只是一种阶段性的政策，不可能长期存在。

2) 拍卖流程

(1) 拍卖登记。竞买人必须符合竞买人资格并持相关证件。

先填写《客车额度投标拍卖登记表》，再到审证处审核并盖章，再领取《投标拍卖卡》、密码、网上投标专用光盘。

(2) 出价。在首次出价时段(10:00～11:00)，竞买人必须成功出价；在修改出价时段(11:00～11:30)允许竞买人在系统提示的修改出价范围内进行修改出价，但最多只能修改两次。

(3) 公布投标拍卖结果。在网上、电话、现场即时公布相关投标拍卖信息(包括目前系统时间、目前投标拍卖人数、目前时间的最低可成交价及该出价时间)。

3) 注意事项

(1) 拍卖成交并获得客车额度后，自拍卖成交之日起 12 个月内不得再次参加投标拍卖会。买受人通过本次拍卖获得《额度证明》上牌的机动车，一年内不予办理车辆带牌过户转让手续。

(2) 为了避免集中上牌给中标者造成不便，《额度证明》的启用期实行错时，有效期三个月不变，以确保车管所上牌工作的正常秩序。

(3) 私人限购生活性小型客车，特殊需要的可另行向市交通局申请。

四、汽车行驶证

1. 汽车行驶证介绍

汽车行驶证是准予机动车在我国境内上道路行驶的法定证件。行驶证在过去常被称为行车执照。

机动车行驶证由证夹、主页、车辆照片和副页四部分组成，是用于记录机动车号牌号码、车型、车主、住址、发动机号、车架号、总质量、使用性质、核定载质(客) 量及有关事项的证书。

新版行驶证综合使用了近 30 项防伪技术，重点改进了直观视觉查验的技术。其证芯材料采用专用纸张，为非标准克重的专用安全纸张，并嵌入荧光纤维和开窗式彩色金属线，从而从源头上控制了证芯材料，提高了造假难度；证芯采用防伪印刷，底纹从普通印刷变为专业防伪印刷，并采用随机底纹、特殊暗记和印章荧光印刷等技术措施；证芯增加了一维条码的技术要求；使用双通道变色、双色荧光图案；采用全息透镜技术；开发应用了数字化发行和使用管理系统。此外，新版行驶证还对行驶证的个别签注项目进行了调整。

2. 法律规定

1) 《道交法》的规定

《道交法》第九条规定："机动车登记证书、号牌、行驶证的式样由国务院公安部门规定并监制。"第十一条规定："驾驶机动车上道路行驶，应当悬挂机动车号牌，放置检验合格标志、保险标志，并随车携带机动车行驶证。"第九十五条规定："上道路行驶的机动车，未随车携带行驶证、驾驶证的，公安机关交通管理部门应当扣留机动车，通知当事人提供相应的牌证或者补办相应手续，并可以处警告或者二十元以上二百元以下罚款。"第九十六条规定："伪造、变造或者使用伪造、变造的机动车行驶证的，由公安机关交通管理部门予以收缴，扣留该机动车，处十五日以下拘留，并处二千元以上五千元以下罚款；构成犯罪的，依法追究刑事责任。"

2) 12 版《机动车登记规定》的规定

《机动车登记规定》第四十四条规定："机动车行驶证灭失、丢失或者损毁的，机动车所有人应当向登记地车辆管理所申请补领、换领。申请时，机动车所有人应当填写申请表并提交身份证明。车辆管理所应当审查提交的证明、凭证，收回未灭失、丢失或者损毁的行驶证，自受理之日起一日内补发、换发行驶证。"

五、检验合格标志

机动车所有人可以在机动车检验有效期满前三个月内向登记地车辆管理所申请检验合格标志。申请前，机动车所有人应当将涉及该车的道路交通安全违法行为和交通事故处理完毕。申请时，机动车所有人应当填写申请表并提交行驶证、机动车交通事故责任强制保险凭证、车船税纳税或者免税证明、机动车安全技术检验合格证明。车辆管理所应当自受理之日起一日内，确认机动车，审查提交的证明、凭证，核发检验合格标志。

除大型载客汽车、校车以外的机动车因故不能在登记地检验的，机动车所有人可以向登记地车辆管理所申请委托核发检验合格标志。申请前，机动车所有人应当将涉及机动车的道路交通安全违法行为和交通事故处理完毕。申请时，应当提交机动车登记证书或者行驶证。车辆管理所应当自受理之日起一日内，出具核发检验合格标志的委托书。机动车在检验地检验合格后，机动车所有人应当将涉及该车的道路交通安全违法行为和交通事故处理完毕。申请时，机动车所有人应当填写申请表并提交行驶证、机动车交通事故责任强制保险凭证、车船税纳税或者免税证明、机动车安全技术检验合格证明，向被委托地车辆管理所申请检验合格标志，并提交核发检验合格标志的委托书。被委托地车辆管理所应当自受理之日起一日内，确认机动车，审查提交的证明、凭证，核发检验合格标志。营运货车长期在登记以外的地区从事道路运输的，机动车所有人向营运地车辆管理所备案登记一年后，可以在营运地直接进行安全技术检验，并向营运地车辆管理所申请检验合格标志。

机动车检验合格标志灭失、丢失或者损毁的，机动车所有人应当持行驶证向机动车登记地或者检验合格标志核发地车辆管理所申请补领或者换领。车辆管理所应当自受理之日起一日内补发或者换发。

机动车未按照规定期限进行安全技术检验的，由公安机关交通管理部门处警告或者二百元以下罚款。以欺骗、贿赂等不正当手段办理补、换领机动车检验合格标志业务的，由公安机关交通管理部门处警告或者二百元以下罚款。检验合格标志式样由公安部制定，检验合格标志的制作应当符合有关标准。

六、思考与练习

1. 单项选择题

(1) (C) 我国目前执行的《机动车登记规定》是_____实施的。

A. 2004 年　　　　　　　　　　　　B. 2008 年

C. 2012 年　　　　　　　　　　　　D. 2001 年

(2) (B) 下列_____不属于目前《机动车登记规定》中所规定的机动车登记种类。

A. 注册登记　　　　　　　　　　　B. 过户登记

C. 变更登记　　　　　　　　　　　D. 抵押登记

(3) (A) 根据《机动车登记规定》，到车辆管理所办理机动车注销登记手续的是_____。

A. 车辆解体厂　　　　　　　　　　B. 车主

　　C. 驾驶员　　　　　　　　　　　　D. 保险公司

　　(4)（　D　）12 版《机动车登记规定》的修订内容与 08 版内容相比，主要是增加了＿＿＿＿方面的内容。

　　A. 规范办理程序　　　　　　　　　B. 减少登记种类

　　C. 机动车号牌　　　　　　　　　　D. 校车登记管理

　　(5)（　B　）初次申领机动车号牌、行驶证的，机动车所有人应当向＿＿＿＿的车辆管理所申请办理注册登记。

　　A. 身份证地址　　　　　　　　　　B. 住所地

　　C. 省会城市　　　　　　　　　　　D. 地址不限

　　(6)（　C　）核发机动车检验合格标志的机构是＿＿＿＿。

　　A. 机动车安全技术检验机构　　　　B. 交警部门

　　C. 车辆管理所　　　　　　　　　　D. 保险公司

　　(7)（　C　）在办理二手车买卖时，现机动车所有人应当自机动车交付之日起＿＿＿＿内向登记地车辆管理所申请转移登记，但在登记前，应当将涉及该车的道路交通安全违法行为和交通事故处理完毕。

　　A. 十五日　　　　　　　　　　　　B. 二十日

　　C. 三十日　　　　　　　　　　　　D. 六十日

　　(8)（　A　）根据《机动车登记规定》，在办理机动车注销登记手续时，车主应将填写的申请表交与＿＿＿＿。

　　A. 车辆解体厂　　B. 车管所

　　C. 交警队　　　　　　　　　　　　D. 保险公司

　　(9)（　B　）代表车辆所有权的法律证明是＿＿＿＿。

　　A. 行驶证　　　　　　　　　　　　B. 机动车登记证书

　　C. 驾驶证　　　　　　　　　　　　D. 机动车号牌

　　(10)（　D　）我国现在使用的机动车号牌属于＿＿＿＿。

　　A. 自选式　　　　　　　　　　　　B. 92 式

　　C. 2002 式　　　　　　　　　　　　D. 2007 式

　　(11)（　D　）2002 年 8 月 12 日，公安部推出的"2002 式"民用汽车号牌，只在北京、天津、杭州和＿＿＿＿四个城市中试行了一段时间。

　　A. 上海　　　　　B. 重庆　　　　　C. 广州　　　　　D. 深圳

　　(12)（　C　）下列＿＿＿＿汽车的临时行驶车号牌有两张。

　　A. 载货　　　　　B. 警用　　　　　C. 载客　　　　　D. 特种

　　(13)（　A　）下列＿＿＿＿汽车的号牌采用"蓝底白字"。

　　A. 小型汽车　　　B. 挂车　　　　　C. 大型汽车　　　D. 警用汽车

　　(14)（　A　）"行政辖区内临时行驶"的应核发有效期不超过＿＿＿＿日的临时行驶车号牌。

　　A. 15　　　　　　B. 30　　　　　　C. 60　　　　　　D. 90

　　(15)（　B　）"跨行政辖区临时移动"的应核发有效期不超过＿＿＿＿日的临时行驶

车号牌。

　　A. 15　　　　　　　B. 30　　　　　　　C. 60　　　　　　　D. 90

　　(16)（　D　）"试验用机动车"的应核发有效期不超过＿＿＿＿日的临时行驶车号牌。

　　A. 15　　　　　　　B. 30　　　　　　　C. 60　　　　　　　D. 90

　　(17)（　D　）"特型机动车"的应核发有效期不超过＿＿＿＿日的临时行驶车号牌。

　　A. 15　　　　　　　B. 30　　　　　　　C. 60　　　　　　　D. 90

　　(18)（　A　）因号牌制作的原因，无法在规定时限内核发号牌的，核发有效期不超过＿＿＿＿日的临时行驶车号牌。

　　A. 15　　　　　　　B. 30　　　　　　　C. 60　　　　　　　D. 90

　　(19)（　C　）申请使用原机动车号牌号码的条件之一是机动车所有人拥有原机动车＿＿＿＿年以上。

　　A. 1　　　　　　　B. 2　　　　　　　C. 3　　　　　　　D. 4

　　(20)（　C　）机动车所有人需要多次申领临时行驶车号牌的，车辆管理所核发临时行驶车号牌不得超过＿＿＿＿次。

　　A. 1　　　　　　　B. 2　　　　　　　C. 3　　　　　　　D. 4

　　(21)（　D　）在申领机动车号牌号码时，如果机动车所有人采取的是通过计算机公开自动选择的方式，则可以至少从＿＿＿＿个号牌号码中选取一个。

　　A. 2　　　　　　　B. 3　　　　　　　C. 4　　　　　　　D. 5

2. 多项选择题

　　(1)（　ABCD　）当车辆＿＿＿＿时，机动车所有人应当向登记地车辆管理所申请变更登记。

　　A. 改变了车身颜色　　　　　　　　　B. 更换了车身
　　C. 改变使用性质　　　　　　　　　　D. 更换了发动机

　　(2)（　BCD　）根据公安部印发的《机动车登记工作规范》规定，目前的机动车登记工作岗位有＿＿＿＿。

　　A. 牌证管理岗　　　　　　　　　　　B. 查验岗
　　C. 登记审核岗　　　　　　　　　　　D. 档案管理岗

　　(3)（　ACD　）下列＿＿＿＿情形，机动车所有人可以委托代理人进行代理。

　　A. 注册登记　　　　　　　　　　　　B. 补领机动车登记证书
　　C. 过户登记　　　　　　　　　　　　D. 变更登记

　　(4)（　BC　）下列＿＿＿＿是准予机动车在我国境内上道路行驶的凭证。

　　A. 机动车登记证书　　　　　　　　　B. 行驶证
　　C. 机动车号牌　　　　　　　　　　　D. 驾驶证

　　(5)（　AB　）针对07版《中华人民共和国机动车号牌》而言，11版新标准主要修改了＿＿＿＿。

　　A. 临时行驶车号牌　　　　　　　　　B. 号牌固封装置
　　C. 挂车号牌　　　　　　　　　　　　D. 教练汽车号牌

　　(6)（　ABC　）下列＿＿＿＿汽车的号牌采用"黄底黑字"。

A. 大型汽车   B. 挂车

C. 教练汽车   D. 警用汽车

(7) (C D   ) 根据机动车车牌号码的编码规定，后 5 位中不能出现与数字混淆的_____英文字母。

A. Q   B. L   C. I   D. O

3. 填充题

(1) 机动车的登记种类有__注册登记__、__转移登记__、__变更登记__、__抵押登记__和__注销登记__五种类型。

(2) 根据《机动车登记规定》规定，车辆管理所应当使用__计算机__登记系统办理机动车登记，并建立数据库。

(3) 机动车一旦被被盗抢，车辆管理所应当根据__刑侦__部门提供的情况，在计算机登记系统内记录，停止办理该车的各项登记和业务。

(4) 所有临时行驶车号牌的安装方式均为__粘贴__方式。

(5) 根据《道交法》的规定，驾驶机动车上道路行驶时，应当悬挂机动车号牌，放置__检验合格__标志、__保险__标志，并随车携带__机动车行驶证__。

4. 是非题

(1) 车辆管理所不使用计算机登记系统登记的，登记无效。(√)

(2) 如果机动车有关技术数据与国家机动车产品公告数据不符的，车辆管理所将不予办理登记。(√)

(3) 机动车所有人在办理机动车停/复驶和补、换领机动车号牌、行驶证时，必须签注《机动车登记证书》，并在计算机登记系统中记录相关信息。(×)

(4) 机动车所有人在补领行驶证时必须向车辆管理所提交登记证书；在补领登记证书时必须向车辆管理所提交行驶证。(×)

(5) 机动车所有人在办理报废注销登记时，必须先到车辆管理所提出申请，再到解体厂交车，最后到车辆管理所办理注销登记。(×)

(6) 报废的校车、大型客、货车及其他营运车辆都应当在车辆管理所的监督下在机动车回收企业中进行解体。(√)

(7) 办理全挂汽车列车和半挂汽车列车注册登记时，应当将牵引车和挂车视为一体核发机动车登记证书、号牌和行驶证。(×)

(8) 因为机动车登记证书是车辆所有权的法律证明，所以机动车所有人必须随车携带。(×)

(9) 小型载客汽车加装前后防撞装置，不需要办理变更登机。(√)

(10) 货运机动车加装防风罩、水箱、工具箱、备胎及备胎架、可拆卸栏栅，不需要办理变更登机。(√)

5. 简答题

(1) 机动车需要申请变更登记的项目有哪些？

答：已注册登记的机动车出现下列情形时需要向登记地车辆管理所申请变更登记：

① 改变车身颜色的；

② 更换发动机的；

③ 更换车身或者车架的；

④ 因质量问题更换整车的；

⑤ 改变车辆使用性质的；

⑥ 机动车所有人的住所迁出或者迁入车辆管理所管辖区域的。

(2) 申请使用原机动车号牌号码的条件有哪些？

答：办理机动车转移登记或者注销登记后，原机动车所有人申请办理新购机动车注册登记时，可以向车辆管理所申请使用原机动车号牌号码。申请使用原机动车号牌号码应当符合下列条件：

① 在办理转移登记或者注销登记后六个月内提出申请；

② 机动车所有人拥有原机动车三年以上；

③ 涉及原机动车的道路交通安全违法行为和交通事故处理完毕。

第二节　机动车驾驶证申领和使用规定

在 2004 年之前，尽管我国对驾驶证的管理、驾驶员考试及违章记分等也有相应的法律法规，但内容较为分散不系统。在 1996 年颁布并实施了《中华人民共和国机动车驾驶证管理办法》(公安部令第 28 号)和《中华人民共和国机动车驾驶员考试办法》(公安部令第 29 号)，在 1999 年又颁布并实施了《机动车驾驶员交通违章记分办法》(公安部令第 45 号)。随着中国经济建设的发展和人民生活水平的提高，机动车和驾驶员数量迅猛增长。与此同时，交通安全形势也日益严峻，道路交通违章、肇事问题突出，新驾驶员交通肇事率居高不下，迫切需要进一步改革和加强驾驶员管理工作，从严规范驾驶证管理制度，提高驾驶员整体素质。为此，公安部在总结驾驶员管理工作的基础上，对 1996 年颁布施行的《驾驶证管理办法》和《驾驶员考试办法》进行了修改，在 2003 年公布的《关于修改〈中华人民共和国机动车驾驶证管理办法〉和〈中华人民共和国机动车驾驶员考试办法〉部分条款的决定》(公安部令第 67 号)。随后不久，公安部又对前面的几部法规进行了整合，终于在 2004 年 5 月 1 日颁布并实施了《机动车驾驶证申领和使用规定》(公安部令第 71 号)。

自从 2004 年实施《机动车驾驶证申领和使用规定》以来，到目前为止已对《机动车驾驶证申领和使用规定》进行了三次修订：第一次是在 2007 年进行了修改，又称公安部第 91 号令，俗称 07 版《机动车驾驶证申领和使用规定》；在 2010 年又进行了第二次修改，又称公安部第 111 号令，俗称 10 版《机动车驾驶证申领和使用规定》；最近的一次修改是 2013 年，又称公安部第 123 号令，俗称 13 版《机动车驾驶证申领和使用规定》。

一、三次修改的背景

1. 07 版《机动车驾驶证申领和使用规定》的修订

07 版《机动车驾驶证申领和使用规定》进一步完善了机动车驾驶人考试制度，细化了考试标准，严格了记分管理制度和重点车型驾驶许可申请条件，特别是驾驶考试部分调整内容多，政策性强。

与 04 版《机动车驾驶证申领和使用规定》相比，主要有如下五大变化：

(1) 理论考试增加了内容。理论考试内容的改革是 07 版《机动车驾驶证申领和使用规定》中的一个大亮点。理论考试增加了以下内容：山区道路、桥梁、隧道、夜间等条件下的安全驾驶知识；出现爆胎、转向失控、制动失灵等紧急情况时的临危处置知识；发生交通事故后的自救、急救等基本知识以及常见危险物品知识。新《规定》还首次将文明驾驶知识列为考试范畴。

(2) "九选六"与桩考并为科目二。以前，驾驶人考试的顺序为：科目一(理论考试)、科目二(桩考)、科目三(路考)，前一科目考试合格后，方准参加后一科目的考试。而 07 版《机动车驾驶证申领和使用规定》是将原属科目三考试范畴的"九选六"与桩考合并为科目二。

(3) 科目三考试难度增加。科目三考试项目包括：上车准备、起步、直线行驶、变更车道、通过路口、靠边停车、通过人行横道线、通过学校区域、通过公共汽车站、会车、超车、掉头、夜间行驶等。尽管科目二、科目三考试采取的是必考项目与选考项目相结合的方式进行，但新的考试项目明显更注重实际驾驶，使学习驾驶人获得更多的路面驾驶经验，以避免很多"新手"拿到驾照后不敢开车。

(4) 增加夜间考试。根据 07 版《机动车驾驶证申领和使用规定》，申请大型客车、牵引车、城市公交车、中型客车、大型货车准驾车型的学员要进行夜间以及低能见度考试。申请其他准驾车型(如小汽车)的将按不低于总人数 20% 的比例确定部分学员进行夜间以及低能见度考试。夜间以及低能见度考试主要内容有夜间会车、路口转弯、超车、通过急弯、坡路、超车等情况以及低能见度情况下能否正确使用灯光。

(5) 调整道路交通安全违法行为记分分值。07 版《机动车驾驶证申领和使用规定》分别对原记分为 12 分、6 分、3 分、2 分、1 分的情形进行了修改：

① 调整记 12 分道路交通安全违法行为，由原 71 号令规定的 7 项调整为 4 项。增加饮酒后驾驶营运机动车的情形，调整"驾驶公路客运车辆载人超过核定人数 20% 以上"情形的记分，由记 6 分提高到 12 分。

② 调整记 6 分道路交通安全违法行为，由原 71 号令规定的 7 项调整为 12 项。增加"驾驶机动车载运爆炸物品、易燃易爆化学物品以及剧毒、放射性等危险物品，未按指定的时间、路线、速度行驶或者未悬挂警示标志并采取必要的安全措施的"、"使用伪造、变造机动车号牌或者使用其他机动车号牌的"情形；调整"连续驾驶公路客运车辆或者危险物品运输车辆超过 4 小时未停车休息或者停车休息时间少于 20 分钟"的记分分值，由记 2 分提高为 6 分，"上道路行驶的机动车未悬挂机动车号牌"和"故意遮挡、污损、不按规定安装机动车号牌"由记 3 分提高到 6 分等。

③ 对一次记 3 分、2 分和 1 分的交通违法行为也进行了分别调整。

2. 10 版《机动车驾驶证申领和使用规定》的修订

为进一步方便残疾人驾驶汽车出行，完善机动车驾驶证管理制度，公安部对 07 版《机动车驾驶证申领和使用规定》进行了修改，2009 年 11 月 21 日公安部部长办公会议通过，自 2010 年 4 月 1 日起施行。

与 07 版《机动车驾驶证申领和使用规定》相比，主要有如下六大变化：

(1) 放宽残疾人驾驶汽车身体条件，保障残疾人权益。通过此次修订，允许右下肢、双下肢缺失或者丧失运动功能但能够自主坐立的，可以申请残疾人专用小型自动挡载客汽车准驾车型的机动车驾驶证；允许手指末节残缺或者右手拇指缺失的人员，可以申请小型汽车、小型自动挡汽车准驾车型的机动车驾驶证；允许有听力障碍，但佩戴助听设备能够达到两耳分别距音叉 50 厘米能辨别声源方向的，可以申请小型汽车、小型自动挡汽车准驾车型的驾驶证。

(2) 简化摩托车驾驶证办理程序。10 版《机动车驾驶证申领和使用规定》取消了摩托车驾驶证科目考试的间隔时间限制，申请摩托车驾驶证的，在完成道路交通法规学习和驾驶技能训练后，可以在同一天进行科目一、科目二和科目三考试，大大减少了申请人的往返次数和等待时间。

(3) 取消了在暂住地申领摩托车驾驶证的限制。允许群众在暂住地申领摩托车驾驶证，满足了群众的实际需求。

(4) 增加被注销驾驶证的救济措施。因逾期未换证或未提交身体条件证明驾驶证被注销不超过两年的，驾驶人考试科目一(道路交通安全法律、法规和相关知识)合格后，可以恢复驾驶资格。

(5) 延长提交身体条件证明的期限。对 60 周岁以下持有准驾车型为大型客车、牵引车、城市公交车、中型客车、大型货车、无轨电车、有轨电车的机动车驾驶人，由原来每年进行一次身体检查，改为每两年进行一次身体检查，向公安车辆管理所提交身体条件证明。持有准驾车型为残疾人专用小型自动挡载客汽车的机动车驾驶人，每三年进行一次身体检查，在记分周期结束后十五日内，提交经省级卫生主管部门指定的专门医疗机构出具的有关身体条件证明。

(6) 加强驾驶人源头管理。对部分驾驶人主观过错大、严重影响道路交通安全、扰乱道路交通秩序的交通违法行为提高记分分值，加大对交通违法行为的处罚力度。如：将饮酒后驾驶机动车，在高速公路上倒车、逆行、掉头，使用伪造、变造机动车牌证 3 种违法行为，由一次记 6 分调整为记 12 分；对违反禁令标志、禁止标线指示的记分分值由 2 分提高至 3 分；新增遇前方机动车停车排队或者缓慢行驶时，借道超车或者占用对面车道、穿插等候车辆，以隐瞒、欺骗手段补领机动车驾驶证和机动车在高速公路或城市快速路上遇交通拥堵，占用应急车道行驶等 3 种违法行为记分。

3. 13 版《机动车驾驶证申领和使用规定》的修订

为了进一步严格大中型客货车驾驶人管理，改进驾驶人考试制度，提高社会管理和服务群众水平，被称为"史上最严交规"的修订版《机动车驾驶证申领和使用规定》将于 2013 年 1 月 1 日起施行。

与 10 版《机动车驾驶证申领和使用规定》相比，主要有如下六大变化：

(1) 提高大中型客货车驾照申请门槛。为严格限制有严重危险驾驶行为的驾驶人申请大中型客货车驾驶证，保证驾驶经验丰富、安全守法的驾驶人进入大中型客货车驾驶人队伍，新规定明确，造成死亡交通事故负同等以上责任、醉酒驾驶记录的终身不得申请；被处以吊销或者撤销驾驶证记录的 10 年内不得申请；记满 12 分的 5 年内不得申请大型客车驾驶证、3 年内不得申请牵引车、中型客车驾驶证。

(2) 对"毒驾"零容忍。对吸毒人员申请驾驶证或者驾驶机动车采取"零容忍"措施，严格限制吸毒人员申请机动车驾驶证。按照新规定，3 年内有吸食、注射毒品行为或者解除强制隔离戒毒措施未满 3 年的，不得申请驾驶证；驾驶人吸食、注射毒品后驾驶机动车或者正在执行社区戒毒、强制隔离戒毒、社区康复措施的，要注销驾驶证。

(3) 完善驾驶人考试制度。为增强考试的针对性和实用性，新规定对小型汽车、大中型客货车的考试项目进行了调整，确保更多小汽车驾驶人考试合格后能够独立驾车上路，提高大中型客货车驾驶人应对复杂条件的能力。

将科目一理论考试拆分为两部分，第一部分主要考核道路交通安全法律法规、交通信号、通行规则等知识，仍作为科目一；第二部分作为安全文明驾驶考试项目，在实际道路考试后进行，考核安全文明驾驶要求、复杂条件下的安全驾驶知识等，加深驾驶人对安全文明驾驶常识的理解记忆。对申领大中型客货车驾驶证的，在科目二场地驾驶技能考试中，增加模拟高速公路、雨雾天、湿滑路、紧急情况处置等考试项目，提高了考试针对性和考试难度。

大中型客货车科目二考试由原来的"训练 10 项、考试 6 项"修改为"训练、考试均为 16 项"。在科目三的实际道路驾驶技能考试中，增加山区、隧道、陡坡等复杂道路考试，并明确大中型客车考试里程不少于 20 公里、牵引车和大型货车不少于 10 公里。

小型汽车驾驶人的考试项目调整突出了实际驾驶中的实用性，取消小型汽车桩考两个桩位之间的移库、通过连续障碍、单边桥等现实中应用性不强的考试项目。调整后，小型汽车场地考试项目由原来的"训练 10 项、考试 4 项"改为"训练和考试均为 5 项"，即倒车入库、坡道定点停车与起步、侧方停车、曲线行驶和直角转弯。场地考试中用标线替换现有的标杆，更加贴近实际道路场景。

为确保驾驶人培训考试质量，建立了考试培训质量公告制度和违规考试发证责任追究制度，设置考试工作纪律"高压线"，明确民警违规考试发证的法律责任，并规定对 3 年以下驾龄的驾驶人发生交通死亡事故的，倒查考试发证民警的责任。

(4) 大中型客货车驾驶人和实习期驾驶人被列入重点管理。据统计，我国驾驶人以平均每年 2000 多万人的速度快速增长，1 年以下驾龄的实习期驾驶人肇事率较高，大中型客货车驾驶人交通违法较为突出。对此，新规定明确将大中型客货车驾驶人和实习期驾驶人作为重点管理对象，进一步完善驾驶证审验和实习期管理制度。

除第一次领取驾驶证的人外，新规定将增驾新取得大型客车、中型客车、牵引车等驾驶证的驾驶人一并纳入实习期管理。特别是大中型客货车驾驶人，实习期结束后要参加安全文明驾驶等知识考试，接受交通事故案例警示教育；在实习期内违法记 6 分以上的，实习期限延长一年，再次记 6 分以上的，取消其实习车型的驾驶资格。同时，还规定实习期内有记满 12 分记录的，要予以注销实习车型的驾驶资格。实习期驾驶人驾车上高速公路时，必须由持相应或者更高车型驾驶证 3 年以上的驾驶人陪同。

在驾驶证审验方面，规定大中型客货车驾驶人每年参加审验，但没有记分的可免于审验，以鼓励驾驶人守法驾驶。同时，规定持有其他准驾车型驾驶证且发生交通死亡事故承担同等以上责任的，也要参加当年的审验。此外，加强了审验时的学习教育，规定除审验交通违法、事故处理、违法记分和满分学习、申报身体条件情况以外，还要参加不少于 3 小时的法律法规、交通安全文明驾驶等知识学习，并接受交通事故案例警示教育。

同时，对发生死亡交通事故负同等以上责任、有记满 12 分记录或连续 3 年不审验的，注销最高准驾车型驾驶资格，逐级降低其驾驶资格，最终只保留其小型汽车驾驶资格。

(5) 增加记分项，提高记分值。新规定对校车、大中型客货车、危险品运输车等重点车型驾驶人的严重交通违法行为提高了记分分值，记分项由 38 项增加至 52 项。

新增的记分项有：使用伪造和变造校车标牌、校车超员 20% 以上记 12 分，不按规定避让校车记 6 分等 14 个涉及校车管理的记分项；中型以上客货车、危险品运输车在高速公路、城市快速路行驶超速 20% 以上或在其他道路行驶超速 50% 以上，驾驶营运客车、校车超员 20% 以上、未取得校车驾驶资格驾驶校车等行为记 12 分，以及疲劳驾驶载客汽车、危险品运输车记 12 分等记分项。

提高记分值的有：将未悬挂或不按规定安装号牌、故意遮挡污损号牌等违法行为记分由 6 分提高到 12 分，将违反道路交通信号灯通行等违法记分由 3 分提高到 6 分。

同时，考虑到《道交法》已规定醉酒驾驶机动车的，吊销机动车驾驶证且 5 年内不得重新取得驾驶证，取消了原醉酒驾驶机动车违法行为记分。

(6) 新增六项便民措施：

① 将驾驶证补换领、审验和小型汽车驾驶证考试等业务向县级车辆管理所下放，方便县乡、农村群众在家门口申领、换领汽车驾驶证，缩短群众办事距离，减少群众往返时间。

② 将核发和补换领驾驶证的时限由 3 日缩短为 1 日。群众在驾驶证遗失或损坏后，在申请办理补换证的当日即可领取新的驾驶证。同时，对于申领驾驶证的群众，在三个科目考试合格和宣誓仪式后，当日就可领取驾驶证。

③ 将申领大型货车驾驶证的年龄条件由 21 岁放宽至 20 岁。

④ 将驾驶准考证明有效期由 2 年延长至 3 年，方便群众通过法规知识考试后，有更充裕的时间参加驾驶技能培训学习考试。

⑤ 推行互联网、电话等远程自助预约驾驶人考试服务，公开考试预约计划、预约人数和考试人数，方便群众根据自己的学习、工作和生活需要，合理选择时间参加考试。

⑥ 规定异地从事营运的驾驶人和货车，在备案登记一年后，可直接在营运地参加驾驶证审验或车辆年检，避免群众多次往返办理业务。

二、机动车驾驶证的申领

1. 机动车驾驶证

(1) 驾驶证类型。

机动车驾驶人准予驾驶的车型顺序依次分为：大型客车、牵引车、城市公交车、中型客车、大型货车、小型汽车、小型自动挡汽车、低速载货汽车、三轮汽车、残疾人专用小型自动挡载客汽车、普通三轮摩托车、普通二轮摩托车、轻便摩托车、轮式自行机械车、无轨电车和有轨电车，如表 3-2 所示。

表 3-2　准驾车型及代号

准驾车型	代号	准 驾 的 车 辆	准予驾驶的其他准驾车型
大型客车	A1	大型载客汽车	A3、B1、B2、C1、C2、C3、C4、M
牵引车	A2	重型、中型全挂、半挂汽车列车	B1、B2、C1、C2、C3、C4、M
城市公交车	A3	核载 10 人以上的城市公共汽车	C1、C2、C3、C4
中型客车	B1	中型载客汽车(含核载 10 人以上、19 人以下的城市公共汽车)	C1、C2、C3、C4、M
大型货车	B2	重型、中型载货汽车；重型、中型专项作业车	
小型汽车	C1	小型、微型载客汽车以及轻型、微型载货汽车；轻型、微型专项作业车	C2、C3、C4
小型自动挡汽车	C2	小型、微型自动挡载客汽车以及轻型、微型自动挡载货汽车	
低速载货汽车	C3	低速载货汽车	C4
三轮汽车	C4	三轮汽车	
残疾人专用小型自动挡载客汽车	C5	残疾人专用小型、微型自动挡载客汽车(只允许右下肢或者双下肢残疾人驾驶)	
普通三轮摩托车	D	发动机排量大于 50 mL 或者最大设计车速大于 50 km/h 的三轮摩托车	E、F
轻便摩托车	F	发动机排量小于等于 50 mL，最大设计车速小于等于 50 km/h 的摩托车	
轮式自行机械车	M	轮式自行机械车	
无轨电车	N	无轨电车	
有轨电车	P	有轨电车	

(2) 机动车驾驶证记载和签注的内容。

① 机动车驾驶人信息：包括姓名、性别、出生日期、国籍、住址、身份证明号码(机动车驾驶证号码)、照片；

② 车辆管理所签注内容：初次领证日期、准驾车型代号、有效期限、核发机关印章、档案编号。

(3) 机动车驾驶证有效期。机动车驾驶证有效期分为六年、十年和长期。

(4) 驾驶证样式。与现在使用的版本相比，2013 版新驾驶证在样式上有三大主要变化：一是原来在副本上的条形码移到了正本的背面，进入到塑封中。由于小车驾驶证的使用年限一般是 6 年，没有塑封，条形码容易污损，不方便辨识；二是正本上的证件有效期限也进行了调整。旧版驾照有效期分为起止时间，新版调整为只有使用期限，更加直观明了；三是新版驾驶证还对之前驾照上惹争议的各栏目英文进行了修改和调整，例如性别和生日的英文都有改动。

2013 版新驾驶证样式如图 3-11 和图 3-12 所示。

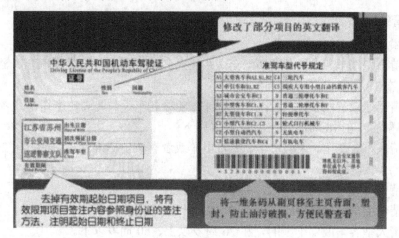

图 3-11 机动车驾驶证主页

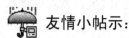

图 3-12 机动车驾驶证副页正、反面

友情小帖示：

拖拉机驾驶人准予驾驶的机型代号。

根据《农业机械运行安全技术条件》GB 16151.1-2008，拖拉机是用于牵引、推动、携带/驱动配套机具进行作业的自走式动力机械。有履带拖拉机、手扶、方向盘式等。

1. 大中型拖拉机：驾驶证准驾机型代号为"G"，发动机功率在 14.7 千瓦以上。
2. 小型方向盘式拖拉机：驾驶证准驾机型代号为"H"，发动机功率不足 14.7 千瓦。
3. 手扶式拖拉机：驾驶证准驾机型代号为"K"。

 **【小阅读】**

最早的汽车驾驶证

1893 年 8 月 14 日，法国开始给本国的汽车司机颁发驾驶证，这是世界上最早的驾驶证。驾驶证上必须贴驾驶员的照片，发证官员还要在驾驶证上写上车种。巴黎警察条例规定："所有的汽车没有当局根据汽车所有者的要求发给的驾驶证，均不得使用。当局根据技术官员的指示，可以取消这种驾驶证。"

2. 申请条件

(1) 年龄条件：

① 申请小型汽车、小型自动挡汽车、残疾人专用小型自动挡载客汽车、轻便摩托车准驾车型的，在18周岁以上、70周岁以下；

② 申请低速载货汽车、三轮汽车、普通三轮摩托车、普通二轮摩托车或者轮式自行机械车准驾车型的，在18周岁以上、60周岁以下；

③ 申请城市公交车、大型货车、无轨电车或者有轨电车准驾车型的，在20周岁以上、50周岁以下；

④ 申请中型客车准驾车型的，在21周岁以上、50周岁以下；

⑤ 申请牵引车准驾车型的，在24周岁以上、50周岁以下；

⑥ 申请大型客车准驾车型的，在26周岁以上、50周岁以下。

(2) 身体条件：

① 身高：申请大型客车、牵引车、城市公交车、大型货车、无轨电车准驾车型的，身高为155厘米以上。申请中型客车准驾车型的，身高为150厘米以上；

② 视力：申请大型客车、牵引车、城市公交车、中型客车、大型货车、无轨电车或者有轨电车准驾车型的，两眼裸视力或者矫正视力达到对数视力表5.0以上。申请其他准驾车型的，两眼裸视力或者矫正视力达到对数视力表4.9以上；

③ 辨色力：无红绿色盲；

④ 听力：两耳分别距音叉50厘米能辨别声源方向。有听力障碍但佩戴助听设备能够达到以上条件的，可以申请小型汽车、小型自动挡汽车准驾车型的机动车驾驶证；

⑤ 上肢：双手拇指健全，每只手其他手指必须有三指健全，肢体和手指运动功能正常。但手指末节残缺或者右手拇指缺失的，可以申请小型汽车、小型自动挡汽车、低速载货汽车、三轮汽车准驾车型的机动车驾驶证；

⑥ 下肢：双下肢健全且运动功能正常，不等长度不得大于5厘米。但左下肢缺失或者丧失运动功能的，可以申请小型自动挡汽车准驾车型的机动车驾驶证。右下肢、双下肢缺失或者丧失运动功能但能够自主坐立的，可以申请残疾人专用小型自动挡载客汽车准驾车型的机动车驾驶证；

⑦ 躯干、颈部：无运动功能障碍。

(3) 不得申请机动车驾驶证的情形：

① 有器质性心脏病、癫痫病、美尼尔氏症、眩晕症、癔病、震颤麻痹、精神病、痴呆以及影响肢体活动的神经系统疾病等妨碍安全驾驶疾病的；

② 三年内有吸食、注射毒品行为或者解除强制隔离戒毒措施未满三年，或者长期服用依赖性精神药品成瘾尚未戒除的；

③ 造成交通事故后逃逸构成犯罪的；

④ 饮酒后或者醉酒驾驶机动车发生重大交通事故构成犯罪的；

⑤ 醉酒驾驶机动车或者饮酒后驾驶营运机动车依法被吊销机动车驾驶证未满五年的；

⑥ 醉酒驾驶营运机动车依法被吊销机动车驾驶证未满十年的；

⑦ 因其他情形依法被吊销机动车驾驶证未满两年的；

⑧ 驾驶许可证依法被撤销未满三年的；

⑨ 法律、行政法规规定的其他情形。

(4) 初次申领机动车驾驶证的类型。初次申领机动车驾驶证的，可以申请准驾车型为城市公交车、大型货车、小型汽车、小型自动挡汽车、低速载货汽车、三轮汽车、残疾人专用小型自动挡载客汽车、普通三轮摩托车、普通二轮摩托车、轻便摩托车、轮式自行机械车、无轨电车、有轨电车的机动车驾驶证。

在暂住地初次申领机动车驾驶证的，可以申请准驾车型为小型汽车、小型自动挡汽车、低速载货汽车、三轮汽车、残疾人专用小型自动挡载客汽车、普通三轮摩托车、普通二轮摩托车、轻便摩托车的机动车驾驶证。

(5) 申请增加准驾的车型。已持有机动车驾驶证，申请增加准驾车型的，应当在本记分周期和申请前最近 1 个记分周期内没有记满 12 分记录。申请增加中型客车、牵引车、大型客车准驾车型的，还应当符合下列规定：

① 申请增加中型客车准驾车型的，已取得驾驶城市公交车、大型货车、小型汽车、小型自动挡汽车、低速载货汽车或者三轮汽车准驾车型资格三年以上，并在申请前最近连续三个记分周期内没有记满 12 分记录；

② 申请增加牵引车准驾车型的，已取得驾驶中型客车或者大型货车准驾车型资格三年以上，或者取得驾驶大型客车准驾车型资格一年以上，并在申请前最近连续三个记分周期内没有记满 12 分记录；

③ 申请增加大型客车准驾车型的，已取得驾驶中型客车或者大型货车准驾车型资格五年以上，或者取得驾驶牵引车准驾车型资格二年以上，并在申请前最近连续五个记分周期内没有记满 12 分记录。

④ 在暂住地可以申请增加的准驾车型为小型汽车、小型自动挡汽车、低速载货汽车、三轮汽车、普通三轮摩托车、普通二轮摩托车、轻便摩托车。

⑤ 有下列情形之一的，不得申请大型客车、牵引车、中型客车、大型货车准驾车型：发生交通事故造成人员死亡或承担同等以上责任的；醉酒后驾驶机动车的；被吊销或者撤销机动车驾驶证未满十年的。

(6) 申请对应准驾车型的机动车驾驶证。持有军队、武装警察部队机动车驾驶证，或者持有境外机动车驾驶证，符合本规定的申请条件，可以申请相应准驾车型的机动车驾驶证。

3. 申请方式

(1) 申请地。申领机动车驾驶证的人，按照下列规定向车辆管理所提出申请：

① 在户籍所在地居住的，应当在户籍所在地提出申请；

② 在暂住地居住的，可以在暂住地提出申请；

③ 现役军人(含武警)，应当在居住地提出申请；

④ 境外人员，应当在居留地或者居住地提出申请；

⑤ 申请增加准驾车型的，应当在所持机动车驾驶证核发地提出申请。

(2) 提交材料。申领机动车驾驶证，除了应当填写申请表外，还应当提交以下证明、凭证：

① 初次申请机动车驾驶证的应提交：申请人的身份证明、县级或者部队团级以上医疗机构出具的有关身体条件的证明。属于申请残疾人专用小型自动挡载客汽车的，应当提交经省级卫生主管部门指定的专门医疗机构出具的有关身体条件的证明。

② 申请增加准驾车型的应提交：除了初次申请机动车驾驶证应提交的证明外，还应当提交所持机动车驾驶证。

③ 持军队、武装警察部队机动车驾驶证的人申请机动车驾驶证应提交：

a. 申请人的身份证明。属于复员、转业、退伍的人员，还应当提交军队、武装警察部队核发的复员、转业、退伍证明；

b. 县级或者部队团级以上医疗机构出具的有关身体条件的证明；

c. 军队、武装警察部队机动车驾驶证。

④ 持境外机动车驾驶证的人申请机动车驾驶证应提交：

a. 申请人的身份证明；

b. 县级以上医疗机构出具的有关身体条件的证明。属于外国驻华使馆、领馆人员及国际组织驻华代表机构人员申请的，按照外交对等原则执行；

c. 所持机动车驾驶证。属于非中文表述的，还应当出具中文翻译文本。

4. 驾驶实习期

机动车驾驶人初次申请机动车驾驶证和增加准驾车型后的 12 个月为实习期。

新取得大型客车、牵引车、城市公交车、中型客车、大型货车驾驶证的，实习期结束后三十日内应当参加道路交通安全法律法规、交通安全文明驾驶、应急处置等知识考试，并接受不少于半小时的交通事故案例警示教育。

在实习期内驾驶机动车的，应当在车身后部粘贴或者悬挂统一式样的实习标志。

机动车驾驶人在实习期内不得驾驶公共汽车、营运客车或者执行任务的警车、消防车、救护车、工程救险车以及载有爆炸物品、易燃易爆化学物品、剧毒或者放射性等危险物品的机动车；驾驶的机动车不得牵引挂车。

驾驶人在实习期内驾驶机动车上高速公路行驶，应当由持相应或者更高准驾车型驾驶证三年以上的驾驶人陪同。其中，驾驶残疾人专用小型自动挡载客汽车的，可以由持有小型自动挡载客汽车以上准驾车型驾驶证的驾驶人陪同。

在增加准驾车型后的实习期内，驾驶原准驾车型的机动车时不受上述限制。

 特别提示：

《道交法》明确规定：县级以上地方各级公安交通管理部门负责本行政区域的道路交通管理工作；农机部门管理拖拉机的户籍、号牌和拖拉机驾照的发放审验等工作。这个法条将曾经的农机道路执法权赋予了公安交通管理部门，同时仍然保留了农机部门的发照权利。江苏省农机部门亦根据这种精神，进一步明确了拖拉机驾证的核发标准。根据苏农安监(2006)7 号文件精神，对持有公安交通管理部门核发的驾驶证或农机部门核发的拖拉机区分界限为：(1) 2007 年 5 月 31 日前发生的交通事故，对持有公安交通管理部门于 2007

年5月31日前核发的A、B、C、J照，准驾拖拉机；(2) 2007年5月31日后发生的交通事故，对持有在公安交通管理部门核发的机构车驾驶证，无权驾驶拖拉机。

【案例3-2】 汽车司机驾驶拖拉机，保险公司该不该赔？

2007年1月26日，王某驾驶苏03*号变型拖拉机，与骑助力车由西向东正常行驶的张某发生相撞，致使张某受伤，助力车损坏。张某住院43天，花费医疗费20000多元，且还需二次手术治疗。此事故经交通巡逻警察大队认定：王某负事故的全部责任，张某不负事故的责任，王某的车辆苏03*变形拖拉机在保险公司投保了商业第三者责任险，责任限额50000元，保险期限自2006年5月7日至2007年5月6日。故受害人张某于2007年9月17日将王某及保险公司告上了法庭。

在庭审中，被告王某的代理人提供了其驾驶证，为C3驾驶证，并不是其驾驶的变形拖拉机的拖拉机驾驶证。

保险公司辩称：保险车辆投保的为商业第三者责任险，而本案立案时间在2006年8月11日之后，应当使用江苏省高级人民法院审判委员会会议纪要苏高法[2006]23号关于修改《关于参照〈机动车交通事故责任强制保险条例〉审理交通事故损害赔偿案件若干问题的通知》规定："《机动车交通事故责任强制保险条例》施行后，如果发生交通事故的机动车方没有投保机动车交通事故责任强制保险，但在《机动车交通事故责任强制保险条例》施行前投保了机动车第三者责任险且该保险合同尚未到期的，应当依照该保险合同的约定确定保险公司承担的赔偿责任，根据保险合同条款第二节除外责任，第四条第七项第二款之规定：驾驶与准驾车型不相符的车辆。事故发生时第一被告王某持C3驾驶证驾驶变形拖拉机，但是根据《机动车驾驶证申领和实用规定》C3驾驶证的准驾车型不包括变形拖拉机，根据《拖拉机驾驶证申领和实用规定》驾驶拖拉机应申领拖拉机驾驶证即G证，故被告王某的行为属于驾驶与准驾车型不相符的驾驶证，根据保险条款的约定，保险公司不应承担责任。"

一审法院未采纳保险公司的答辩意见，认为第一被告保险投保的第三者商业保险为强制保险，判决保险公司承担原告的各项损失共计43 713.45元，并且没有扣除免赔率。保险公司不服，依法向徐州市中级人民法院提起上诉。

二审法院经过庭审，依法查明事故的事实，对于中华保险在一审时的抗辩意见予以采纳，认定一审被告王某的行为确为驾驶与准驾车型不符，即认定为无证驾驶行为，并且王某在中华保险公司投保的为商业保险，按照保险合同的约定保险公司依法不应承担该事故的赔偿责任。二审法院判决保险公司胜诉。

三、考试与发证

1. 考试

1) 考试内容

机动车驾驶人考试内容分为道路交通安全法律、法规和相关知识考试科目(以下简称"科目一")、场地驾驶技能考试科目(以下简称"科目二")、道路驾驶技能和安全文明驾驶常识考试科目(以下简称"科目三")。考试内容和合格标准全国统一，根据不同准驾车型规定相应的考试项目。

(1) 科目一考试内容。科目一考试的内容包括：道路通行、交通信号、交通安全违法行为和交通事故处理、机动车驾驶证申领和使用、机动车登记等规定以及其他道路交通安全法律、法规和规章。

(2) 科目二考试内容。

① 大型客车、牵引车、城市公交车、中型客车、大型货车：桩考、坡道定点停车和起步、侧方停车、通过单边桥、曲线行驶、直角转弯、通过限宽门、通过连续障碍、起伏路行驶、窄路掉头，以及模拟高速公路、连续急弯山区路、隧道、雨(雾)天、湿滑路、紧急情况的处置。

② 小型汽车、小型自动挡汽车、残疾人专用小型自动挡载客汽车和低速载货汽车：倒车入库、坡道定点停车和起步、侧方停车、曲线行驶、直角转弯。

③ 三轮汽车、普通三轮摩托车、普通二轮摩托车和轻便摩托车：桩考、坡道定点停车和起步、通过单边桥。

④ 轮式自行机械车、无轨电车、有轨电车：考试内容由省级公安机关交通管理部门确定。

(3) 科目三考试内容。

① 道路驾驶技能考试：大型客车、牵引车、城市公交车、中型客车、大型货车、小型汽车、小型自动挡汽车、低速载货汽车和残疾人专用小型自动挡载客汽车考试上车准备，起步，直线行驶，加减挡位操作，变更车道，靠边停车，直行通过路口，路口左转弯，路口右转弯，通过人行横道线，通过学校区域，通过公共汽车站，会车，超车，掉头，夜间行驶；其他准驾车型的考试内容，由省级公安机关交通管理部门确定。

大型客车、中型客车考试里程不少于 20 公里，其中白天考试里程不少于 10 公里，夜间考试里程不少于 5 公里。牵引车、城市公交车、大型货车考试里程不少于 10 公里，其中白天考试里程不少于 5 公里，夜间考试里程不少于 3 公里。小型汽车、小型自动挡汽车、低速载货汽车、残疾人专用小型自动挡载客汽车考试里程不少于 3 公里，并抽取不少于 20% 进行夜间考试；不进行夜间考试的，应当进行模拟夜间灯光使用考试。

对大型客车、牵引车、城市公交车、中型客车、大型货车，省级公安机关交通管理部门应当根据实际增加山区、隧道、陡坡等复杂道路驾驶考试内容。对其他汽车准驾车型，省级公安机关交通管理部门可以根据实际增加考试内容。

② 安全文明驾驶常识考试：安全文明驾驶操作要求、恶劣气象和复杂道路条件下的安全驾驶知识、爆胎等紧急情况下的临危处置方法以及发生交通事故后的处置知识等。

2) 考试合格标准

(1) 科目一考试满分为 100 分，成绩达到 90 分的为合格；

(2) 科目二考试满分为 100 分，考试大型客车、牵引车、城市公交车、中型客车、大型货车准驾车型的，成绩达到 90 分的为合格，其他准驾车型的，成绩达到 80 分的为合格；

(3) 科目三道路驾驶技能和安全文明驾驶常识考试满分分别为 100 分，成绩分别达到 90 分的为合格。

3) 考试要求

车辆管理所对符合机动车驾驶证申请条件的，应当受理，并按照预约日期安排考试。

考试顺序按照科目一、科目二、科目三依次进行，前一科目考试合格后，方准参加后一科目的考试。科目三道路驾驶技能考试合格后，方准参加安全文明驾驶常识考试。

车辆管理所应当提供互联网、电话等方式由申请人自助预约考试，并在车辆管理所和互联网公开考试预约计划、预约人数和考试人数等情况。

(1) 初次申请机动车驾驶证或者申请增加准驾车型的，科目一考试合格后，车辆管理所应当在一日内核发驾驶技能准考证明。驾驶技能准考证明的有效期为三年，申请人应当在有效期内完成科目二和科目三考试。未在有效期内完成考试的，已考试合格的科目成绩作废。

(2) 初次申请机动车驾驶证或者申请增加准驾车型的，申请人预约考试科目二，应当符合下列规定：

① 报考小型汽车、小型自动挡汽车、低速载货汽车、三轮汽车、残疾人专用小型自动挡载客汽车、轮式自行机械车、无轨电车、有轨电车准驾车型的，在取得驾驶技能准考证明满十日后预约考试；

② 报考大型客车、牵引车、城市公交车、中型客车、大型货车准驾车型的，在取得驾驶技能准考证明满二十日后预约考试。

(3) 初次申请机动车驾驶证或者申请增加准驾车型的，申请人预约考试科目三，应当符合下列规定：

① 报考低速载货汽车、三轮汽车、轮式自行机械车、无轨电车、有轨电车准驾车型的，在取得驾驶技能准考证明满二十日后可预约考试；

② 报考小型汽车、小型自动挡汽车、残疾人专用小型自动挡载客汽车准驾车型的，在取得驾驶技能准考证明满三十日后可预约考试；

③ 报考大型客车、牵引车、城市公交车、中型客车、大型货车准驾车型的，在取得驾驶技能准考证明满四十日后可预约考试。

每个科目考试一次，考试不合格的，可以补考一次。不参加补考或者补考仍不合格的，本次考试终止，申请人应当重新预约考试，但科目二、科目三考试应当在十日后预约。科目三安全文明驾驶常识考试不合格的，已通过的道路驾驶技能考试成绩有效。

在驾驶技能准考证明有效期内，科目二和科目三道路驾驶技能考试预约考试的次数不得超过五次。第五次预约考试仍不合格的，已考试合格的其他科目成绩作废。

2. 发证

申请人考试合格后，应当接受不少于半小时的交通安全文明驾驶常识和交通事故案例警示教育，并参加领证宣誓仪式。

车辆管理所应当在申请人参加领证宣誓仪式的当日核发机动车驾驶证。属于申请增加准驾车型的，应当收回原机动车驾驶证。属于复员、转业、退伍的，应当收回军队、武装警察部队机动车驾驶证。

四、机动车驾驶证的审验与记分

1. 审验

1) 审验的场合

(1) 机动车驾驶证有效期期满换领机动车驾驶证时，应当接受公安机关交通管理部门

的审验;

(2) 机动车驾驶人因户籍迁出原车辆管理所管辖区而向迁入地车辆管理所申请换证时,应当接受公安机关交通管理部门的审验;

(3) 机动车驾驶人因在核发地车辆管理所管辖区以外居住而向居住地车辆管理所申请换证时,应当接受公安机关交通管理部门的审验;

(4) 持有大型客车、牵引车、城市公交车、中型客车、大型货车驾驶证(即持 A、B 照)的驾驶人,应当在每个记分周期结束后三十日内到公安机关交通管理部门接受审验(即年审一年一次),并应当申报身体条件情况。但在一个记分周期内没有记分记录的,免予本记分周期审验;

(5) 持 A、B 照以外准驾车型驾驶证的驾驶人,发生交通事故造成人员死亡承担同等以上责任未被吊销机动车驾驶证的,应当在本记分周期结束后三十日内到公安机关交通管理部门接受审验,并应当申报身体条件情况。

年龄在 60 周岁以上的机动车驾驶人,应当每年进行一次身体检查,在记分周期结束后三十日内,提交县级或者部队团级以上医疗机构出具的有关身体条件的证明。

持有残疾人专用小型自动挡载客汽车驾驶证的机动车驾驶人,应当每三年进行一次身体检查,在记分周期结束后三十日内,提交经省级卫生主管部门指定的专门医疗机构出具的有关身体条件的证明。

在异地从事营运的机动车驾驶人,向营运地车辆管理所备案登记一年后,可以直接在营运地参加审验。

逾期不参加审验仍驾驶机动车的或机动车驾驶人身体条件发生变化不适合驾驶机动车,仍驾驶机动车的,由公安机关交通管理部门处二百元以上五百元以下罚款。

2) 机动车驾驶证审验内容

机动车驾驶证审验内容包括:

(1) 道路交通安全违法行为、交通事故处理情况;

(2) 身体条件情况;

(3) 道路交通安全违法行为记分及记满 12 分后参加学习和考试情况。

持有大型客车、牵引车、城市公交车、中型客车、大型货车驾驶证一个记分周期内有记分的,以及持有其他准驾车型驾驶证发生交通事故造成人员死亡承担同等以上责任未被吊销机动车驾驶证的驾驶人,审验时应当参加不少于三小时的道路交通安全法律法规、交通安全文明驾驶、应急处置等知识学习,并接受交通事故案例警示教育。

对交通违法行为或者交通事故未处理完毕的,身体条件不符合驾驶许可条件的,未按照规定参加学习、教育和考试的,不予通过审验。

3) 延期办理

机动车驾驶人因服兵役、出国(境)等原因,无法在规定时间内办理驾驶证期满换证、审验、提交身体条件证明的,可以向机动车驾驶证核发地车辆管理所申请延期办理。申请时应当填写申请表,并提交机动车驾驶人的身份证明、机动车驾驶证和延期事由证明。

延期期限最长不超过三年。延期期间机动车驾驶人不得驾驶机动车。

2. 记分

道路交通安全违法行为累积记分周期(即记分周期)为 12 个月，满分为 12 分，从机动车驾驶证初次领取之日起计算。依据道路交通安全违法行为的严重程度，一次记分的分值为：12 分、6 分、3 分、2 分、1 分五种。

1) 记分规则

(1) 对机动车驾驶人的道路交通安全违法行为，处罚与记分同时执行。机动车驾驶人一次有两个以上违法行为记分的，应当分别计算，累加分值。

(2) 机动车驾驶人在一个记分周期内累积记分达到 12 分的，公安机关交通管理部门应当扣留其机动车驾驶证。

机动车驾驶人应当在十五日内到机动车驾驶证核发地或者违法行为地公安机关交通管理部门参加为期七日的道路交通安全法律、法规和相关知识学习。机动车驾驶人参加学习后，车辆管理所应当在二十日内对其进行道路交通安全法律、法规和相关知识考试。考试合格的，记分予以清除，发还机动车驾驶证；考试不合格的，继续参加学习和考试。拒不参加学习，也不接受考试的，由公安机关交通管理部门公告其机动车驾驶证停止使用。

机动车驾驶人在一个记分周期内有两次以上达到 12 分或者累积记分达到 24 分以上的，车辆管理所还应当在道路交通安全法律、法规和相关知识考试合格后十日内对其进行道路驾驶技能考试。接受道路驾驶技能考试的，按照本人机动车驾驶证载明的最高准驾车型考试。

(3) 机动车驾驶人对道路交通安全违法行为处罚不服，申请行政复议或者提起行政诉讼后，经依法裁决变更或者撤销原处罚决定的，相应记分分值予以变更或者撤销。

(4) 机动车驾驶人在一个记分周期内记分未达到 12 分，所处罚款已经缴纳的，记分予以清除；记分虽未达到 12 分，但尚有罚款未缴纳的，记分转入下一记分周期。

2) 道路交通安全违法行为记分分值

(1) 机动车驾驶人有下列违法行为之一，一次记 12 分：

① 驾驶与准驾车型不符的机动车的；

② 饮酒后驾驶机动车的；

③ 驾驶营运客车(不包括公共汽车)、校车载人超过核定人数 20% 以上的；

④ 造成交通事故后逃逸，尚不构成犯罪的；

⑤ 上道路行驶的机动车未悬挂机动车号牌的，或者故意遮挡、污损、不按规定安装机动车号牌的；

⑥ 使用伪造、变造的机动车号牌、行驶证、驾驶证、校车标牌或者使用其他机动车号牌、行驶证的；

⑦ 驾驶机动车在高速公路上倒车、逆行、穿越中央分隔带掉头的；

⑧ 驾驶营运客车在高速公路车道内停车的；

⑨ 驾驶中型以上载客载货汽车、校车、危险物品运输车辆在高速公路、城市快速路上行驶超过规定时速 20% 以上或者在高速公路、城市快速路以外的道路上行驶超过规定时速 50% 以上，以及驾驶其他机动车行驶超过规定时速 50% 以上的；

⑩ 连续驾驶中型以上载客汽车、危险物品运输车辆超过 4 小时未停车休息或者停车

休息时间少于 20 分钟的；

⑪ 未取得校车驾驶资格驾驶校车的。

(2) 机动车驾驶人有下列违法行为之一，一次记 6 分：

① 机动车驾驶证被暂扣期间驾驶机动车的；

② 驾驶机动车违反道路交通信号灯通行的；

③ 驾驶营运客车(不包括公共汽车)、校车载人超过核定人数未达 20% 的，或者驾驶其他载客汽车载人超过核定人数 20% 以上的；

④ 驾驶中型以上载客载货汽车、校车、危险物品运输车辆在高速公路、城市快速路上行驶超过规定时速未达 20% 的；

⑤ 驾驶中型以上载客载货汽车、校车、危险物品运输车辆在高速公路、城市快速路以外的道路上行驶或者驾驶其他机动车行驶超过规定时速 20% 以上未达到 50% 的；

⑥ 驾驶货车载物超过核定载质量 30% 以上或者违反规定载客的；

⑦ 驾驶营运客车以外的机动车在高速公路车道内停车的；

⑧ 驾驶机动车在高速公路或者城市快速路上违法占用应急车道行驶的；

⑨ 低能见度气象条件下，驾驶机动车在高速公路上不按规定行驶的；

⑩ 驾驶机动车运载超限的不可解体的物品，未按指定的时间、路线、速度行驶或者未悬挂明显标志的；

⑪ 驾驶机动车载运爆炸物品、易燃易爆化学物品以及剧毒、放射性等危险物品，未按指定的时间、路线、速度行驶或者未悬挂警示标志并采取必要的安全措施的；

⑫ 以隐瞒、欺骗手段补领机动车驾驶证的；

⑬ 连续驾驶中型以上载客汽车、危险物品运输车辆以外的机动车超过 4 小时未停车休息或者停车休息时间少于 20 分钟的；

⑭ 驾驶机动车不按照规定避让校车的。

(3) 机动车驾驶人有下列违法行为之一，一次记 3 分：

① 驾驶营运客车(不包括公共汽车)、校车以外的载客汽车载人超过核定人数未达 20% 的；

② 驾驶中型以上载客载货汽车、危险物品运输车辆在高速公路、城市快速路以外的道路上行驶或者驾驶其他机动车行驶超过规定时速未达 20% 的；

③ 驾驶货车载物超过核定载质量未达 30% 的；

④ 驾驶机动车在高速公路上行驶低于规定最低时速的；

⑤ 驾驶禁止驶入高速公路的机动车驶入高速公路的；

⑥ 驾驶机动车在高速公路或者城市快速路上不按规定车道行驶的；

⑦ 驾驶机动车行经人行横道，不按规定减速、停车、避让行人的；

⑧ 驾驶机动车违反禁令标志、禁止标线指示的；

⑨ 驾驶机动车不按规定超车、让行的，或者逆向行驶的；

⑩ 驾驶机动车违反规定牵引挂车的；

⑪ 在道路上车辆发生故障、事故停车后，不按规定使用灯光和设置警告标志的；

⑫ 上道路行驶的机动车未按规定定期进行安全技术检验的。

(4) 机动车驾驶人有下列违法行为之一，一次记 2 分：

① 驾驶机动车行经交叉路口不按规定行车或者停车的；

② 驾驶机动车有拨打、接听手持电话等妨碍安全驾驶行为的；

③ 驾驶二轮摩托车，不戴安全头盔的；

④ 驾驶机动车在高速公路或者城市快速路上行驶时，驾驶人未按规定系安全带的；

⑤ 驾驶机动车遇前方机动车停车排队或者缓慢行驶时，借道超车或者占用对面车道、穿插等候车辆的；

⑥ 不按照规定为校车配备安全设备，或者不按照规定对校车进行安全维护的；

⑦ 驾驶校车运载学生，不按照规定放置校车标牌、开启校车标志灯，或者不按照经审核确定的线路行驶的；

⑧ 校车上下学生，不按照规定在校车停靠站点停靠的；

⑨ 校车未运载学生上道路行驶，使用校车标牌、校车标志灯和停车指示标志的；

⑩ 驾驶校车上道路行驶前，未对校车车况是否符合安全技术要求进行检查，或者驾驶存在安全隐患的校车上道路行驶的；

⑪ 在校车载有学生时给车辆加油，或者在校车发动机引擎熄灭前离开驾驶座位的。

(5) 机动车驾驶人有下列违法行为之一，一次记 1 分：

① 驾驶机动车不按规定使用灯光的；

② 驾驶机动车不按规定会车的；

③ 驾驶机动车载货长度、宽度、高度超过规定的；

④ 上道路行驶的机动车未放置检验合格标志、保险标志，未随车携带行驶证、机动车驾驶证的。

五、换证、补证和注销

1. 换证

机动车驾驶人在机动车驾驶证的六年有效期内，每个记分周期均未记满 12 分的，换发十年有效期的机动车驾驶证；在机动车驾驶证的十年有效期内，每个记分周期均未记满 12 分的，换发长期有效的机动车驾驶证。

1) 到期换证

机动车驾驶人应当于机动车驾驶证有效期满前九十日内，向机动车驾驶证核发地车辆管理所申请换证。申请时应当填写申请表，并提交机动车驾驶人的身份证明、机动车驾驶证、县级或者部队团级以上医疗机构出具的有关身体条件的证明。属于申请残疾人专用小型自动挡载客汽车的，应当提交经省级卫生主管部门指定的专门医疗机构出具的有关身体条件的证明。

2) 异地换证

机动车驾驶人户籍迁出原车辆管理所管辖区的，应当向迁入地车辆管理所申请换证。机动车驾驶人在核发地车辆管理所管辖区以外居住的，可以向居住地车辆管理所申请换证。申请时应当填写申请表，并提交机动车驾驶人的身份证明、机动车驾驶证、县级或者部队团级以上医疗机构出具的有关身体条件的证明。属于申请残疾人专用小型自动挡载客汽车的，应当提交经省级卫生主管部门指定的专门医疗机构出具的有关身体条件的证明。

3) 降低准驾车型换证

年龄在 60 周岁以上的，不得驾驶大型客车、牵引车、城市公交车、中型客车、大型货车、无轨电车和有轨电车；年龄在 70 周岁以上的，不得驾驶低速载货汽车、三轮汽车、普通三轮摩托车、普通二轮摩托车和轮式自行机械车。

年龄达到 60 周岁，持有准驾车型为大型客车、牵引车、城市公交车、中型客车、大型货车的机动车驾驶人，到机动车驾驶证核发地车辆管理所换领准驾车型为小型汽车或者小型自动挡汽车的机动车驾驶证；年龄达到 70 周岁，持有准驾车型为普通三轮摩托车、普通二轮摩托车的机动车驾驶人，到机动车驾驶证核发地车辆管理所换领准驾车型为轻便摩托车的机动车驾驶证。

机动车驾驶人身体条件发生变化，不符合所持机动车驾驶证准驾车型的条件，但符合准予驾驶的其他准驾车型条件的，应当在三十日内到机动车驾驶证核发地车辆管理所申请降低准驾车型。机动车驾驶人身体条件不适合驾驶机动车的，不得驾驶机动车，应在三十日内到机动车驾驶证核发地车辆管理所申请注销。

降低准驾车型换证的，申请时应当填写申请表，并提交机动车驾驶人的身份证明、机动车驾驶证、县级或者部队团级以上医疗机构出具的有关身体条件的证明(机动车驾驶人自愿降低准驾车型的，不需要提供身体条件的证明)。

4) 特殊情况换证

具有下列情形之一的，机动车驾驶人应当在三十日内到机动车驾驶证核发地车辆管理所申请换证：

(1) 在车辆管理所管辖区域内，机动车驾驶证记载的机动车驾驶人信息发生变化的；

(2) 机动车驾驶证损毁无法辨认的。

申请时应当填写申请表，并提交机动车驾驶人的身份证明和机动车驾驶证。

5) 换证时限

车辆管理所对符合规定的，应当在一日内换发机动车驾驶证。

2. 补证

机动车驾驶证遗失的，机动车驾驶人应当向机动车驾驶证核发地车辆管理所申请补发。申请时应当填写申请表，并提交以下证明、凭证：机动车驾驶人的身份证明、机动车驾驶证遗失的书面声明。

符合规定的，车辆管理所应当在一日内补发机动车驾驶证。

机动车驾驶人补领机动车驾驶证后，原机动车驾驶证作废，不得继续使用。机动车驾驶人补领机动车驾驶证后，继续使用原机动车驾驶证的，由公安机关交通管理部门处二十元以上二百元以下罚款，并收回原机动车驾驶证。

机动车驾驶证被依法扣押、扣留或者暂扣期间，机动车驾驶人不得申请补发。机动车驾驶人违反规定，采用隐瞒、欺骗手段补领机动车驾驶证的，由公安机关交通管理部门处二百元以上五百元以下罚款，并收回机动车驾驶证。

3. 注销与恢复

1) 注销

机动车驾驶人具有下列情形之一的，车辆管理所应当注销其机动车驾驶证：

(1) 死亡的；

(2) 提出注销申请的；

(3) 丧失民事行为能力，监护人提出注销申请的；

(4) 身体条件不适合驾驶机动车的；

(5) 有器质性心脏病、癫痫病、美尼尔氏症、眩晕症、癔病、震颤麻痹、精神病、痴呆以及影响肢体活动的神经系统疾病等妨碍安全驾驶疾病的；

(6) 被查获有吸食、注射毒品后驾驶机动车行为，正在执行社区戒毒、强制隔离戒毒、社区康复措施，或者长期服用依赖性精神药品成瘾尚未戒除的；

(7) 超过机动车驾驶证有效期一年以上未换证的；

(8) 年龄在 60 周岁以上，在一个记分周期结束后一年内未提交身体条件证明的；或者持有残疾人专用小型自动挡载客汽车准驾车型，在三个记分周期结束后一年内未提交身体条件证明的；

(9) 年龄在 60 周岁以上，所持机动车驾驶证只具有无轨电车或者有轨电车准驾车型，或者年龄在 70 周岁以上，所持机动车驾驶证只具有低速载货汽车、三轮汽车、轮式自行机械车准驾车型的；

(10) 机动车驾驶证依法被吊销或者驾驶许可依法被撤销的。

有上述(4)至(10)项情形之一，未收回机动车驾驶证的，应当公告机动车驾驶证作废。

机动车驾驶人在规定时间内未办理降级换证业务的，车辆管理所应当公告注销的准驾车型驾驶资格作废。

机动车驾驶人在实习期内有记满 12 分记录的，注销其实习的准驾车型驾驶资格。

持有大型客车、牵引车、城市公交车、中型客车、大型货车驾驶证的驾驶人在一年实习期内记 6 分以上但未达到 12 分的，实习期限延长一年。在延长的实习期内再次记 6 分以上但未达到 12 分的，注销其实习的准驾车型驾驶资格。

2) 恢复驾驶资格

超过机动车驾驶证有效期一年以上未换证的；年龄在 60 周岁以上，在一个记分周期结束后一年内未提交身体条件证明的；或者持有残疾人专用小型自动挡载客汽车准驾车型，在三个记分周期结束后一年内未提交身体条件证明的，有上述情形之一被注销机动车驾驶证未超过二年的，机动车驾驶人参加道路交通安全法律、法规和相关知识考试合格后，可以恢复驾驶资格。

3) 驾驶证降级

持有大型客车、牵引车、城市公交车、中型客车、大型货车驾驶证的驾驶人有下列情形之一的，车辆管理所应当注销其最高准驾车型驾驶资格，并通知机动车驾驶人在三十日内办理降级换证业务：

(1) 发生交通事故造成人员死亡，承担同等以上责任，未构成犯罪的；

(2) 在一个记分周期内有记满 12 分记录的；

(3) 连续三个记分周期不参加审验的。

机动车驾驶人可以委托代理人代理换证、补证、提交身体条件证明、延期办理和注销业务。代理人申请机动车驾驶证业务时，应当提交代理人的身份证明和机动车驾驶人与代理人共同签字的申请表或者身体条件证明。

六、思考与练习

1. 单项选择题

(1) (D) 2013 版《机动车驾驶证申领和使用规定》的特色之一是_____。
A. 增加夜间考试　　　　　　　　B. 放宽残疾人驾驶汽车身体条件
C. 延长提交身体条件证明的期限　　D. 提高大中型客货车驾照申请门槛

(2) (B) 2013 版新驾驶证的条形码在驾证_____处。
A. 正本的正面　　　　　　　　　　B. 正本的背面
C. 副本的正面　　　　　　　　　　D. 副本的背面

(3) (A) 申请小型汽车、小型自动挡汽车、残疾人专用小型自动挡载客汽车、轻便摩托车准驾车型的，申请人年龄应为_____。
A. 18 周岁以上 70 周岁以下　　　　B. 18 周岁以上 60 周岁以下
C. 21 周岁以上 50 周岁以下　　　　D. 24 周岁以上 50 周岁以下

(4) (A) 发生_____行为后将导致终身不得申请机动车驾驶证。
A. 肇事逃逸　　　　　　　　　　　B. 醉驾发生了交通事故
C. 因酒驾被吊销了机动车驾驶证　　D. 因醉驾被吊销了机动车驾驶证

(5) (C) 初次申请机动车驾驶证的，可以申请准驾车型为_____。
A. 大型客车　　B. 中型客车　　C. 城市公交车　　D. 牵引车

(6) (C) 驾驶人在实习期内驾驶机动车上高速公路行驶，应当由持相应或者更高准驾车型驾驶证_____年以上的驾驶人陪同。
A. 一　　　　　B. 二　　　　　C. 三　　　　　D. 四

(7) (B) 安全文明驾驶常识考试属于_____考试的内容。
A. 科目一　　B. 科目三　　C. 科目二　　D. 以上全不正确

(8) (A) _____不属于小型汽车科目二的考试内容。
A. 桩考　　　B. 倒车入库　　C. 侧方停车　　D. 曲线行驶

(9) (A) 年龄在_____周岁以上的，不得驾驶大型客车、牵引车、城市公交车、中型客车、大型货车、无轨电车和者有轨电车。
A. 50　　　　　B. 60　　　　　C. 70　　　　　D. 80

(10) (C) 初次申请机动车驾驶证或者申请增加准驾车型的，在科目一考试合格并取得驾驶技能准考证明后，申请人应当在_____内完成科目二和科目三考试。未在有效期内完成考试的，已考试合格的科目成绩作废。
A. 一年　　　　B. 二年　　　　C. 三年　　　　D. 五年

(11) (C) 初次申请机动车驾驶证或者申请增加准驾车型的，申请人预约考试科目三的，报考小型汽车的应在取得驾驶技能准考证明满_____日后预约考试。
A. 10　　　　　B. 20　　　　　C. 30　　　　　D. 40

(12) (B) 驾驶机动车违反道路交通信号灯通行的，一次记_____分。
A. 12　　　　　B. 6　　　　　C. 3　　　　　D. 2

(13)（　B　）驾驶非营运客车超过核定人数20%以上的，一次记＿＿＿＿＿分。

A. 12　　　　　　B. 6　　　　　　C. 3　　　　　　D. 2

(14)（　C　）机动车违反禁令标志、禁止标线指示的，一次记＿＿＿＿＿分。

A. 12　　　　　　B. 6　　　　　　C. 3　　　　　　D. 2

(15)（　C　）机动车事故停车后，不按规定使用灯光和设置警告标志的，一次记＿＿＿＿＿分。

A. 12　　　　　　B. 6　　　　　　C. 3　　　　　　D. 2

(16)（　D　）驾驶机动车有拨打、接听手持电话等妨碍安全驾驶的行为的，一次记＿＿＿＿＿分。

A. 12　　　　　　B. 6　　　　　　C. 3　　　　　　D. 2

(17)（　B　）首次申领的机动车驾驶证，如果在每个记分周期均未记满12分的，当有效期期满后换发＿＿＿＿＿年有效期的机动车驾驶证。

A. 6　　　　　　B. 10　　　　　　C. 12　　　　　　D. 长期有效

(18)（　A　）机动车驾驶人应当于机动车驾驶证有效期满前＿＿＿＿＿日内，向机动车驾驶证核发地车辆管理所申请换证。

A. 90　　　　　　B. 60　　　　　　C. 30　　　　　　D. 15

2. 多项选择题

(1)（　A B C　）下列＿＿＿＿＿属于13版《机动车驾驶证申领和使用规定》的修订内容。

A. 对"毒驾"零容忍　　　　　　　B. 增设安全文明驾驶考试项目

C. 追究违规考试发证责任　　　　　D. 新增醉酒驾驶机动车违法行为记分

(2)（　A C　）持有C1驾证的驾驶员，允许其驾驶的准驾车型有＿＿＿＿＿。

A. 小型、微型载客汽车　　　　　　B. 大、中型载货汽车

C. 轻型、微型载货汽车　　　　　　D. 中型载客汽车

(3)（　B D　）下列＿＿＿＿＿的人员可以申请小型自动挡汽车准驾车型的机动车驾驶证。

A. 右下肢缺失　　　　　　　　　　B. 右手拇指缺失

C. 左手拇指缺失　　　　　　　　　D. 手指末节残缺

(4)（　A B　）下列＿＿＿＿＿不属于小型汽车科目二的考试内容。

A. 通过单边桥　　　　　　　　　　B. 通过限宽门

C. 侧方停车　　　　　　　　　　　D. 直角转弯

(5)（　A B C　）在＿＿＿＿＿情况下，机动车驾驶人应当接受公安机关交通管理部门的审验。

A. 驾证的有效期期满

B. 持A、B照的的驾驶人在每个记分周期结束后且在一个记分周期内有记分记录的

C. 持A、B照以外的驾驶人，当发生了有人员死亡且承担同等以上责任的交通事故时，在本记分周期结束后

D. 持A、B照的的驾驶人在每个记分周期结束后且在一个记分周期内没有记分记录的

(6)（　A B C D　）机动车驾驶人有＿＿＿＿＿违法行为之一，一次记12分。

A. 酒后驾车   B. 肇事逃逸

C. 故意遮挡、污损机动车号牌   D. 高速公路上倒车、逆行

(7) (A B C D   ) 机动车驾驶人有_____违法行为之一，一次记 12 分。

A. 营运客车超过核定人数 20% 以上

B. 中型以上载客载货汽车在高速公路超过规定时速 20% 以上

C. 中型以上载客载货汽车在高速公路、城市快速路以外的道路上超过规定时速 50% 以上

D. 小型客车在高速公路、城市快速路以外的道路上超过规定时速 50% 以上的

(8) (A B C D   ) 机动车驾驶人有_____违法行为之一，一次记 6 分。

A. 驾驶证被暂扣期间驾驶机动车的   B. 非营运客车超过核定人数 20% 以上

C. 营运客车超过核定人数未达 20% 的   D. 货车载物超过核定载质量 30% 以上

(9) (A B   ) 机动车驾驶人有_____违法行为之一，一次记 3 分。

A. 在高速公路上行驶低于规定最低时速的

B. 驾驶机动车逆向行驶的

C. 在交叉路口不按规定行车或者停车的

D. 在高速公路上驾驶人未按规定系安全带的

(10) (A B C   ) 机动车驾驶人具有下列_____情形之一的，车辆管理所应当注销其机动车驾驶证。

A. 超过机动车驾驶证有效期一年以上未换证的

B. 年龄在 60 周岁以上，在一个记分周期结束后一年内未提交身体条件证明的

C. 机动车驾驶人在实习期内有记满 12 分记录的

D. 超过机动车驾驶证有效期 90 日以上未换证的

3. 填充题

(1) 申请城市公交车、大型货车准驾车型的，申请人年龄应在 __20__ 周岁以上， __50__ 周岁以下。

(2) ___三___ 年内有吸食、注射毒品行为或者解除强制隔离戒毒措施未满 ___三___ 年，或者长期服用依赖性精神药品成瘾尚未戒除的，不得申请机动车驾驶证。

(3) 机动车驾驶人初次申请机动车驾驶证和增加准驾车型后的 12 个月为实习期。

(4) 申请增加大型客车准驾车型的，已取得驾驶中型客车或者大型货车准驾车型资格 ___五___ 年以上，或者取得驾驶牵引车准驾车型资格 ___二___ 年以上，并在申请前最近连续 ___五___ 个记分周期内没有记满 12 分记录。

(5) 考试顺序按照科目一、科目二、科目三依次进行，前一科目考试 __合格__ 后，方准参加后一科目的考试。科目三道路驾驶技能考试 __合格__ 后，方准参加安全文明驾驶常识考试。

(6) 初次申请机动车驾驶证或者申请增加准驾车型的，申请人预约考试科目二，报考小型汽车的，在取得驾驶技能准考证明满 ___十___ 日后预约考试；报考大型客车、牵引车、城市公交车、中型客车、大型货车准驾车型的，在取得驾驶技能准考证明满 ___二十___ 日后预约考试。

(7) 每个科目考试一次，考试不合格的，可以补考 ___一___ 次。补考仍不合格的 ___本___ 次考试终止。申请人可以重新预约考试，但科目二、科目三考试应当在 ___十___ 日后预约。在

驾驶技能准考证明有效期内，科目二和科目三道路驾驶技能考试预约考试的次数不得超过__五__次。否则已考试合格的其他科目成绩作废。科目三安全文明驾驶常识考试不合格的，已通过的道路驾驶技能考试成绩__有__效。

(8) 年龄在 60 周岁以上的机动车驾驶人，应当__每__年进行一次身体检查，在记分周期结束后__三十__日内，提交县级或者部队团级以上医疗机构出具的有关身体条件的证明。

(9) 机动车驾驶人因__服兵役__、__出国(境)__等原因，无法在规定时间内办理驾驶证期满换证、审验、提交身体条件证明的，可以向机动车驾驶证核发地车辆管理所申请延期办理。延期期限最长不超过__三__年。延期期间机动车驾驶人不得驾驶机动车。

(10) 道路交通安全违法行为记分周期为__12__个月，满分为__12__分，从机动车驾驶证初次领取之日起计算。依据道路交通安全违法行为的严重程度，一次记分的分值为：12 分、6 分、3 分、2 分、1 分五种。

(11) 机动车驾驶人在一个记分周期内累积记分达到 12 分的，机动车驾驶人应当在__十五__日内参加为期__七__日的道路交通安全法律、法规和相关知识学习并参加考试；机动车驾驶人在一个记分周期内有两次以上达到 12 分或者累积记分达到 24 分以上的，机动车驾驶人除了必须参加为期七日的道路交通安全法律、法规和相关知识学习并参加考试外，还应当在道路交通安全法律、法规和相关知识考试合格后十日内对其进行道路__驾驶技能__考试。

4. 是非题

(1) 机动车驾驶证有效期分为六年、十年两种。（　×　）

(2) 申请大型客车准驾车型的，申请人年龄应在 18 周岁以上，50 周岁以下。（　×　）

(3) 年龄在 50 周岁以上的不得驾驶中、大型客车及牵引车等。（　√　）

(4) 申请小型客车准驾车型的驾驶人无身高要求。（　√　）

(5) 双手拇指缺失的，可以申请小型汽车、小型自动挡汽车准驾车型的机动车驾驶证。（　×　）

(6) 左下肢缺失或者丧失运动功能的，可以申请小型自动挡汽车准驾车型的机动车驾驶证。（　√　）

(7) 在暂住地不得申请 A 照和 B 照驾驶证。（　√　）

(8) 机动车驾驶人在实习期内不得驾驶公共汽车、营运客车和牵引挂车。（　√　）

(9) 驾驶人在实习期内，允许驾驶机动车上高速公路行驶。（　×　）

(10) 在增加准驾车型后的实习期内，允许驾驶原准驾车型的机动车上高速公路行驶。（　√　）

(11) 年龄在 60 周岁以上的不得驾驶摩托车。（　√　）

(12) 年龄在 60 周岁以上的机动车驾驶人，在每个记分周期内均应提交身体条件的证明。（　√　）

(13) 机动车驾驶人在一个记分周期内记分未达到 12 分，如果罚款未缴纳的，记分将转入下一记分周期。（　√　）

5. 问答题

(1) 机动车驾驶证到期换证时应履行什么手续？

答：机动车驾驶证到期换证时应履行如下手续：

① 填写申请表；

② 提交机动车驾驶人的身份证明、机动车驾驶证；

③ 提交县级或者部队团级以上医疗机构出具的有关身体条件的证明。

(2) 对在一个记分周期内累积记分达到 12 分和在一个记分周期内有两次以上达到 12 分或者累积记分达到 24 分以上的，对机动车驾驶人应如何处理？

答：对在一个记分周期内累积记分达到 12 分的机动车驾驶人：

① 公安机关交通管理部门应当扣留其机动车驾驶证；

② 机动车驾驶人应当在十五日内参加为期七日的道路交通安全法律、法规和相关知识学习并在参加学习后的二十日内进行考试；

③ 考试合格的，记分予以清除并发还机动车驾驶证。

对在一个记分周期内有两次以上达到 12 分或者累积记分达到 24 分以上的机动车驾驶人：

① 公安机关交通管理部门应当扣留其机动车驾驶证；

② 机动车驾驶人应当在十五日内参加为期七日的道路交通安全法律、法规和相关知识学习并在参加学习后的二十日内进行考试；

③ 考试合格的，十日内再进行道路驾驶技能考试；

④ 道路驾驶技能考试合格的，记分予以清除并发还机动车驾驶证。

第三节　机动车维修管理法规

随着改革开放的深入和汽车维修市场的崛起，1986 年 12 月交通部联合原国家经委、国家工商行政管理局，并经财政部、公安部、国家物价局、国家标准局、财政部税务总局、中汽公司会签同意，颁发了《汽车维修行业管理暂行办法》〈(86)交公路字 956 号〉。按照此文件规定和建立社会主义市场经济体制的要求，各级交通主管部门相继组建了道路运政管理机构(或汽车维修管理机构)，坚持"规划、协调、服务、监督"的方针，对汽车维修业实行了有效的行业管理，规范了市场准入原则和经营者的经营行为，并不断推行行业技术进步，提高了汽车维修质量和服务质量，促进了汽车维修业持续、快速、健康地发展。

为加强汽车维修行业管理，保证汽车维修质量，根据《汽车维修行业管理暂行办法》，交通部又于 1991 年 4 月 10 日颁布了《汽车维修质量管理办法》，并于 1991 年 6 月 1 日起开始实施。

为加强道路运输车辆管理，保持车辆技术状况良好，确保运行安全，保护环境，降低运行消耗，提高运输质量，交通部于 1998 年 3 月 4 日发布了《道路运输车辆维护管理规定》(交通部 1998 年第 2 号令)，并于 1998 年 4 月 1 日正式实施。2001 年 8 月，交通部发布了《关于修改(道路运输车辆维护管理规定)的决定》(交通部 2001 年第 2 号令)，并于 2001 年 8 月 20 日起实施至今。

随着经济发展与社会全面进步，我国汽车保有量每年以超过 GDP 增长率 3 个百分点左右的速度高速增长，车辆保有量的增加使维修量增幅明显，也使维修服务成为社会焦点。

机动车技术含量的不断提高也使机动车维修的概念、方式发生了根本性变化。为了促进机动车维修业持续、快速、健康发展，满足社会经济发展与人民生活需求，交通部于 2005 年 8 月 1 日颁布实施了《机动车维修管理规定》(交通部 2005 年第 7 号令)。作为机动车维修行业的一部系统型和综合型的管理规章，《规定》被称之为机动车维修行业发展的纲领性文件。《规定》以维护市场秩序，保障维修需求为根本出发点，特别注重管理思路的创新、管理方式的改革以及对车主权益的保护，《规定》的发布实施对机动车维修行业发展将产生积极而深远的影响。而原《汽车维修行业管理暂行办法》和《汽车维修质量管理办法》同时被废止。

一、《机动车维修管理规定》实施背景

1. 推出新法规的原因

(1) 是依法行政的需要。原来的《汽车维修行业管理暂行办法》是一个部门文件。部门文件在行政许可法出台之后，所设定的行政许可条件已没有任何法律效力了。现在，必须按照新的法律要求进行调整。

(2) 是对《中华人民共和国道路运输条例》相关条款的细化。道路运输条例对维修经营有特殊的要求，对汽修企业的经营行为、许可、管理、人员要求和设施设备，都有专门的原则性的要求，这些要求必须细化。《规定》即是这种细化的具体表现。

(3) 维修市场发生了变化。过去是以维修运输车辆为主，现在私人用车越来越多。

2. 《机动车维修管理规定》特点

(1) 对维修企业实行分类许可，引导专业化经营。为了增强机动车维修市场准入的科学性和针对性，确立专业化的引导方向，《规定》细化了行政许可项目和内容，依据维修车型种类、服务能力和经营项目实行分类许可。按照维修车型种类将机动车维修分为汽车维修经营业务、危险货物运输车辆维修经营业务、摩托车维修经营业务和其他机动车维修经营业务四类。根据经营项目和服务能力，将汽车及其他机动车维修经营业务分为一类维修经营业务、二类维修经营业务和三类维修经营业务，将摩托车维修经营业务分为一类维修经营业务和二类维修经营业务。

多年来，交通部门对机动车维修企业实施市场准入管理的主要技术依据为国家标准《汽车维修业开业条件》和《摩托车维修业开业条件》。为确保行业稳定，在许可条件设置上，《规定》基本引用了这两个标准规定的内容，但《规定》强化了设施设备等硬件要求与维修车型的针对性，并更加注重了技术人员素质等软件建设。

(2) 鼓励连锁经营和建立救援网络，完善维修服务功能。《规定》结合现有的机动车维修经营户，通过鼓励其实现网络化经营和品牌经营，引导建立机动车维修救援服务网络，逐步形成机动车维修综合性"医院"和专业化"超市"布局合理的机动车维修综合服务网络，以满足不同车主的不同要求。

另外，按照国务院关于加快连锁经营发展的若干意见，在法律框架内，《规定》在行政许可程序和内容上对机动车维修连锁经营企业给予了特殊的政策。规定提出申请机动车维修连锁经营服务网点的，可由机动车维修连锁经营企业总向连锁经营服务网点所在地县级道路运输管理机构提出申请，管理部门只对材料的完整性进行审查，并缩短了许可时限，为发展连锁经营消除了政策壁垒。

(3) 实施质量保证期制度，充分保护车主权益。为了切实维护机动车维修市场正常秩序和保障车主的合法权益，按照《道路运输条例》的要求，《规定》建立了维修质量保证期制度，明确了不同车型的维修质量保证期，强调了质量保证期内企业和车主的权利和义务，规范了管理部门对质量纠纷调解和责任的认定办法。对质量保证期的具体指标，《规定》还按照维修车型和维修类别进行了分类规定。

维修质量保证期制度将有利于保护车主利益，引导维修企业不断提高维修质量，确保维修竣工出厂车辆安全、可靠。

(4) 实施水平考试制度，提高维修技术人员素质。随着机动车技术的发展，大量的电子技术、新材料、新工艺等广泛应用于机动车制造，机动车维修的技术含量不断提高。这就要求机动车维修专业技术人员既要懂汽车原理和结构，又要具有实际操作技能。为全面提高机动车维修专业技术人员素质，在充分借鉴国外先进经验，结合我国实际的基础上，《规定》提出了要对机动车辆维修技术人员实施全国统一考试制度，以此来规范机动车维修经营行为，保障机动车运行安全，提高维修质量和效率，维护车主合法权益的目的。

(5) 建立质量信誉考核机制，加强动态管理。《规定》在管理思路、管理政策、监督手段等多方面提出了许多改革措施：《规定》将积极推进企业诚信体系建设，规定将维修企业相关情况定期向社会公告，充分发挥市场配置资源的基础性作用；在管理上，将由过去的"重审批、轻监管"向审批、监管并重直至重监管、弱审批方向转移；在坚持依法管理前提下，规定要建立质量信誉考核机制和动态监督机制，积极推进政务信息化建设，实现监管手段的多样化和监管内容、程序的规范化，提高监管的效率和质量。

要实现机动车维修管理目标，还需采取一系列的综合措施：一是加快建立完善全国机动车维修救援服务网络；二是完善市场退出制度，建立用户投诉信息发布和处理机制等公共服务平台，全面维护公平竞争和守法经营的市场环境；三是加强和工商、商务等部门的协调配合，实现"证照"发放的有效衔接和维修配件销售及使用的安全可靠；四是发挥各种优势，特别是要充分发挥机动车维修协会等中介组织的作用，加强行业自律，提高机动车维修行业的社会形象和凝聚力。

二、机动车维修经营

1. 机动车维修

1) 机动车的定义

机动车即以动力装置驱动或者牵引，上道行驶的供人员乘用或者用于运送物品以及进行工程专项作业的轮式车辆，包括各种汽车、电车、电瓶车、摩托车、拖拉机、轮式专用机械车等。

2) 机动车维修的定义

机动车维修是机动车维护、修理和维修救援的泛称，具体包括整车修理、总成修理、整车维护、小修、专项修理、维修救援和维修竣工检验等。

整车修理是指用修理或更换汽车任何零部件(包括基础件)的方法，恢复机动车的完好技术状况和完全(或接近完全)恢复整车寿命的恢复性修理。

总成修理是指为恢复汽车总成完好技术状况、工作能力和延长使用寿命而进行的作业。

整车维护是指为维持汽车完好技术状况或工作能力而进行的作业。

小修是指通过修理或更换个别零件，消除车辆在运行过程或维护过程中发生或发现的故障或隐患，恢复汽车工作能力的作业。

专项修理是指用更换或修理个别零部件的方法，保证或恢复汽车某项工作能力所进行的专业化维护和修理。

维修救援是一个新型业态，尚无规范的解释，从一般意义上说，就是机动车维修经营者对于中途抛锚车辆所实施的各种形式(可以包括技术咨询、车辆配件或消耗材料供应、现场维修、将车辆拖离抛锚地点送往维修企业)的救助作业。

维修竣工检验是指对于整车修理、总成修理、整车维护的车辆或者总成在维修竣工后，在维修企业或综合性能检测站内，采用不解体方式而用检测仪器设备对维修车辆进行的技术检验。

危险货物运输车辆维修是指对运输易燃、易爆、腐蚀、放射性、剧毒等性质货物的机动车维修，不包含对危险货物运输车辆罐体的维修。

3) 车辆的维护分类

道路运输车辆的维护分为：日常维护、一级维护和二级维护三种类型。

日常维护是由驾驶员于每日出车前、行车中和收车后负责执行的车辆维护作业。其作业中心内容是车辆的清洁、补给和安全检视。

一级维护是由维修企业负责执行的车辆维护作业。其作业中心内容除日常维护作业外，以清洁、润滑、紧固为主，并检查有关制动、操纵等安全部位。

二级维护是由维修企业负责执行的车辆维护作业。其作业中心内容除一级维护作业外，以检查、调整转向节、转向摇臂、制动蹄片、悬架等经过一定时间的使用后，容易发生磨损或变形的安全部位为主，并拆检轮胎，进行轮胎换位。二级维护必须按期执行。

2. 机动车维修经营

1) 经营业务

根据维修对象不同，机动车维修经营业务可分为：汽车维修经营业务、危险货物运输车辆维修经营业务、摩托车维修经营业务和其他机动车维修经营业务四类。其中，汽车维修经营业务、其他机动车维修经营业务根据经营项目和服务能力的不同，可分为一类维修经营业务、二类维修经营业务和三类维修经营业务。

值得注意的是，虽然在本《规定》中没有明确"其他机动车"有哪些具体车型，但按《规定》的体例，其他机动车指的是除汽车(含危险品运输车辆)、摩托车以外的机动车，主要包括装载机械、施工机械等进行工程专项作业的车辆，以及拖拉机等机动车。根据《道路运输条例》的规定，这部分车辆的维修必须纳入管理。考虑到这部分车辆的结构、用途特殊，因此把维修其他机动车的企业作为一个类别单独列出。这种做法符合行业实际情况。同时，注意到这部分车辆与汽车的共性关系，因此，设定其他机动车维修的类别与汽车维修的类别一一对应。

2) 经营许可

机动车维修经营依据维修车型种类、服务能力和经营项目实施分类许可。

(1) 一类经营业务许可。获得一类汽车维修经营业务、一类其他机动车维修经营业务许可的,可以从事相应车型的整车修理、总成修理、整车维护、小修、维修救援、专项修理和维修竣工检验工作。

获得危险货物运输车辆维修经营业务许可的,除可以从事危险货物运输车辆维修经营业务外,还可以从事一类汽车维修经营业务。

鉴于危险货物运输车辆安全要求的特殊性,《规定》将危险货物运输车辆维修经营业务许可单独列出,并抬高市场准入门槛,从而体现出政府对社会公共安全的重视。从事危险货物运输车辆维修经营业务的许可条件,是在从事一类汽车维修经营业务条件的基础上确定的,因此,有能力从事一类汽车维修经营业务。

获得一类摩托车维修经营业务许可的,可以从事摩托车整车修理、总成修理、整车维护、小修、专项修理和竣工检验工作。

(2) 二类经营业务许可。获得二类汽车维修经营业务、二类其他机动车维修经营业务许可的,可以从事相应车型的整车修理、总成修理、整车维护、小修、维修救援和专项修理工作。

获得二类摩托车维修经营业务许可的,可以从事摩托车维护、小修和专项修理工作。

(3) 三类经营业务许可。获得三类汽车维修经营业务、三类其他机动车维修经营业务许可的,可以分别从事发动机、车身、电气系统、自动变速器维修及车身清洁维护、涂漆、轮胎动平衡和修补、四轮定位检测调整、供油系统维护和油品更换、喷油泵和喷油器维修、曲轴修磨、气缸镗磨、散热器(水箱)、空调维修、车辆装潢(蓬布、坐垫及内装饰)、车辆玻璃安装等专项工作。

需要说明的是,专项维修中也有总成修理,如发动机、车身、电气系统及自动变速器等的维修。

 特别提示:

一类汽车及其他机动车维修企业可以从事维修竣工检验工作,二类汽车及其他机动车维修企业则不能从事这项工作。虽然在功能上,一类维修企业包容了二类维修企业,但在具体维修车型上,一、二类没有直接的包容关系,所以,对某一具体车型而言,不能认为一类维修企业维修能力就比二类维修企业维修能力强。

虽然一、二类维修企业可以从事与其许可车型相适应的三类专项修理作业,但它和三类维修企业之间并没有相互的包容关系,所以,三类维修企业的规模不一定比一、二类维修企业规模小,其技术水平也不一定比一、二类维修企业差。

3) 经营许可的申请条件

从事汽车维修经营业务或者其他机动车维修经营业务的企业,取得经营许可的必要和充分条件是:

(1) 有与其经营业务相适应的维修车辆停车场和生产厂房。租用的场地应当有书面的租赁合同,且租赁期限不得少于1年。停车场和生产厂房面积按照国家标准《汽车维修业开业条件》(GB/T 16739)相关条款的规定执行。

国家标准《汽车维修业开业条件》(GB/T 16739)关于停车场和生产厂房的要求包括:

一是停车场，要求企业应有与承修车型、经营规模相适应的合法停车场地，停车场地面平整坚实，区域界定标志明显。二是生产厂房，要求生产厂房地面应平整坚实，面积应能满足所需设备的工位布置、生产工艺和正常作业。各类企业(或业户)的停车场、生产厂房的面积应分别不小于 GB/T 16739 中相关规定。

(2) 有与其经营业务相适应的设备、设施。所配备的计量设备应当符合国家有关技术标准要求，并经法定检定机构检定合格。从事汽车维修经营业务的设备、设施的具体要求按照国家标准《汽车维修业开业条件》(GB/T 16739)相关条款的规定执行；从事其他机动车维修经营业务的设备、设施的具体要求，参照国家标准《汽车维修业开业条件》(GB/T 16739)执行，但所配备设施、设备应与其维修车型相适应。

国家标准(汽车维修业开业条件)(GB/T 16739)关于设备、设施的规定，包括通用设备、专用设备、主要检测设备三部分。对一类企业和二类企业具体要求见 GB/T 16739 中相关规定。

(3) 有必要的技术人员。从事一类和二类维修业务的，应当各配备至少 1 名技术负责人员和质量检验人员和至少 1 名从事机修、电器、钣金、涂漆的维修技术人员。

从事三类维修业务的，应当按照其维修业务分别配备相应的机修、电器、钣金、涂漆的维修技术人员，从事发动机修理、车身修理、电气系统维修、自动变速器修理的，还应配备技术负责人员和质量检验人员。

从事一类和二类维修业务的，技术负责人员和质量检验人员总数的 60% 应当经全国统一考试合格；机修、电器、钣金、涂漆维修技术人员总数的 40% 应当经全国统一考试合格。从事三类维修业务的，技术负责人员、质量检验人员及机修、电器、钣金、涂漆维修技术人员总数的 40% 应当经全国统一考试合格。

 特别提示：

对机动车维修专业技术人员实施职业资格制度，符合国际通行做法。

美国 ASE 认证制度、澳大利亚 TAFE 证书制度、德国维修职业资格证书制度、日本整备士制度、韩国技能士制度、英国国家职业资格制度(NVQ 和 GNVQ)等都把机动车维修专业技术人员纳入管理范围，实施严格的考试和等级划分制度。

(4) 有健全的维修管理制度。包括质量管理制度、安全生产管理制度、车辆维修档案管理制度、人员培训制度、设备管理制度及配件管理制度。具体要求按照国家标准《汽车维修业开业条件》(GB/T 16739)相关条款的规定执行。

国家标准《汽车维修业开业条件》(GB/T 16739)关于管理制度的要求是：明示用户抱怨受理制度、汽车整车维修企业具有汽车维修质量承诺、进出厂登记、检验、竣工出厂合格证管理、技术档案管理、标准和计量管理、设备管理及维护、人员技术培训等制度以及安全管理制度。

国家标准《汽车维修业开业条件》(GB/T 16739)关于环境保护措施的具体要求是：企业应具有废油、废液、废气、废蓄电池、废轮胎及垃圾等有害物质集中收集、有效处理和保持环境整洁的环境保护管理制度。有害物质存储区域应界定清楚，必要时应有隔离、控制措施；作业环境以及按生产工艺配置的处理"三废"(废油、废液、废气)、通风、吸尘、净化、消声等设施，均应符合有关规定；涂漆车间应设有专用的废水排放及处理设施，采用干打磨工艺的，应有粉尘收集装置和除尘设备，应设有通风设备。调试车间或调试工位应设置汽车尾气收集净化装置。

4) 经营许可的申请与受理

(1) 经营许可的实施主体。申请从事机动车维修经营的，应当向经营所在地的县级道路运输管理机构提出申请。申请机动车维修连锁经营服务网点的，可由机动车维修连锁经营企业总部向连锁经营服务网点所在地县级道路运输管理机构提出申请。改变了过去主要是由设区的市或省级道路运输管理机构实施许可的做法。

道路运输管理机构应当按照《中华人民共和国道路运输条例》和《交通行政许可实施程序规定》规范的程序实施机动车维修经营的行政许可。

道路运输管理机构对机动车维修经营申请予以受理的，应当自受理申请之日起 15 日内作出许可或者不予许可的决定。符合法定条件的，道路运输管理机构作出准予行政许可的决定，向申请人出具《交通行政许可决定书》，在 10 日内向被许可人颁发机动车维修经营许可证件，明确许可事项；不符合法定条件的，道路运输管理机构作出不予许可的决定，向申请人出具《不予交通行政许可决定书》，说明理由，并告知申请人享有依法申请行政复议或者提起行政诉讼的权利。

申请从事机动车维修连锁经营的，道路运输管理机构在查验申请资料齐全有效后，应当场或在 5 日内予以许可，并发给相应许可证件。

机动车维修经营者应当持机动车维修经营许可证件依法向工商行政管理机关办理有关登记手续。

 特别提示：

道路运输管理机构在办理许可申请受理工作时，应当注意以下几点：一是申请材料存在可以更正的错误的，应当允许申请人当场更正；二是申请材料不齐全或者不符合法定形式的，应当当场或者在五日内一次告知申请人需要补正的全部内容，逾期不告知的，自收到申请材料之日起即为受理；三是受理或者不予受理行政许可申请，应当出具加盖本道路运输管理机构专用印章和注明日期的书面凭证。

(2) 申请人需要递交的申请材料。从事机动车维修经营的申请人应当提交以下五项材料：

① 提交《交通行政许可申请书》。该文书是《交通行政许可实施程序规定》规范的文书，主要内容包括：申请人的名称、联系方式、住址及邮政编码，存在委托代理人的应当写明其姓名和联系方式，申请的机动车维修经营的事项及有关材料目录，申请日期和申请人署名或签章。

② 提交经营场地、停车场面积材料、土地使用权及产权证明复印件。

③ 提交技术人员汇总表及相应职业资格证明。材料要说明技术人员中有多少人经过全国统一考试合格取得相应的职业资格，这部分取得职业资格的人占申请人技术人员的比例情况。

④ 提交维修检测设备及计量设备检定合格证明复印件。

⑤ 按照汽车、其他机动车、危险货物运输车辆、摩托车维修经营，分别提供与其相应的维修管理制度、安全操作规程、突发事故应急预案、必要的安全生产与环境保护措施证明等材料。

根据《行政许可法》和《交通行政许可实施程序规定》的规定，申请人应当如实向道路管理机构提交本条规定的有关材料，反映真实情况，并对其申请材料内容的真实性承担法律责任。

从事机动车维修连锁经营企业的申请人应当提交以下四项材料：

- 提交机动车维修连锁经营企业总部机动车维修经营许可证件复印件。
- 提交连锁经营协议书副本。
- 提交连锁经营的作业标准和管理手册。
- 提交连锁经营服务网点符合机动车维修经营相应开业条件的承诺书。

【小阅读】

连锁经营模式

连锁经营模式起源于发达国家，最早出现在商品零售业和餐饮服务业，经过100多年的发展，形成了独特的方式和方法，实现了流通领域的一场革命。连锁经营能够通过企业形象的标准化、经营活动的专业化、管理方式的规范化、服务价格的统一化，以及管理手段的现代化，以一定形式组成联合体，使复杂的经营活动在区域划分和职能分工的基础上变得相对简单。据称，零售巨头沃尔玛就是靠品牌连锁走向成功的典范。连锁经营"移植"到机动车维修业，约有四五十年的历史。美国的经验具有代表性，连锁经营与主流车型的专修店和事故维修中心并驾齐驱，三分天下。在亚洲，泰国机动车维修的连锁经营也非常成功。在我国，汽车维修连锁经营1996年被予引进。

发展机动车维修连锁经营，有利于整合和有效利用现有维修市场资源，优化行业机构，完善社会服务功能，向用户提供质优价廉的商品和方便快捷的服务；有利于提高市场的组织化程度，实现经营行为的标准化和规范化，净化市场环境；有利于扩大经营规模，提高企业国际竞争力；有利于提高市场集中度，有效减少责任主体，便于进行管理。因此，《规定》将连锁经营确定为鼓励行业发展的方向之一。

按照2002年9月27日国务院办公厅转发的《关于促进连锁经营发展若干意见的通知》(国办发[2002]49号)的要求，《规定》提出了在机动车维修行业鼓励连锁经营的若干政策。特别是在行政许可方面，给予连锁经营者简化手续与缩短时限两个方面的优惠。申请机动车维修连锁经营服务网点的，可由机动车维修连锁经营企业总部向连锁经营服务网点所在地县级道路运输管理机构提出申请，并提交上述规定的四种材料，道路运输管理机构在查验申请资料齐全有效后，应当当场或在5日内予以许可，并发给相应许可证件。上述规定相对普通程序，最大限度地减少了连锁经营企业总部与连锁经营服务网点的申请程序，审批时限也大大缩短。

(3) 许可证的有效期。在我国，机动车维修企业特别是规模较小的三类企业变数很大，据不完全统计，每年进入和退出市场的企业数量在20%左右。为了更准确、更及时地了解行业情况，更好地为公众提供信息服务，机动车维修经营许可证实行有效期制。

实行机动车维修经许可证件有效期制度，有利于道路运输管理机构转变思想观念、转变工作方式，增强服务意识，对机动车维修行业实施动态管理和分类管理，避免"眉毛胡子一起抓"，保证管理工作到位。考虑到企业规模、企业管理等因素，《规定》对各类企业经营许可证有效期有区别地作出了规定。

从事一、二类汽车维修业务和一类摩托车维修业务的证件有效期为6年；从事三类汽车维修业务、二类摩托车维修业务及其他机动车维修业务的证件有效期为3年。

机动车维修经营许可证件格式全国统一，并由各省、自治区、直辖市道路运输管理机构统一印制并编号，县级道路运输管理机构按照规定发放和管理，便于实现机动车维修管理的统一、规范、效能。

机动车维修经营者应当在许可证件有效期届满前30日到作出原许可决定的道路运输管理机构办理换证手续。

机动车维修经营者变更名称、法定代表人、地址等事项的，应当向作出原许可决定的道路运输管理机构备案。

机动车维修经营者需要终止经营的，应当在终止经营前30日告知作出原许可决定的道路运输管理机构办理注销手续。

5）维修经营者的基本行为准则

(1) 机动车维修需要经过行政许可才能经营，且应当按照批准的行政许可事项开展维修服务。如果未取得机动车维修经营许可，非法从事机动车维修经营的；使用无效、伪造、变造机动车维修经营许可证件，非法从事机动车维修经营的；超越许可事项，非法从事机动车维修经营的；由县级以上道路运输管理机构责令其停止经营；有违法所得的，没收违法所得，处违法所得2倍以上10倍以下的罚款；没有违法所得或者违法所得不足1万元的，处2万元以上5万元以下的罚款；构成犯罪的，依法追究刑事责任。

(2) 机动车维修经营者应当将机动车维修经营许可证件和《机动车维修标志牌》悬挂在经营场所的醒目位置。《机动车维修标志牌》的种类、规格、式样全国统一，由县级道路运输管理机构监制，机动车维修经营者按照统一式样和要求自行制作。《机动车维修标志牌》载明的内容可以准确表示机动车维修经营者获准的许可类别、维修车辆种类、类型、项目、许可批准机关与监督电话等，避免车主受骗上当，也方便车主投诉。《机动车维修标志牌》由机动车维修经营者自行制作的目的是为了更好地体现行政管理人性化，保证企业在一定程序上的自主选择权。

(3) 机动车维修经营者不得擅自改装机动车，不得承修已报废的机动车，不得利用配件拼装机动车。否则，道路运输管理机构责令改正，并没收报废车辆；有违法所得的，没收违法所得，处违法所得2倍以上10倍以下的罚款；没有违法所得或者违法所得不足1万元的，处2万元以上5万元以下的罚款；情节严重的，由原许可机关吊销其经营许可；构成犯罪的，依法追究刑事责任。

托修方要改变机动车车身颜色，更换发动机、车身和车架的，应当按照有关法律、法规的规定办理相关手续，机动车维修经营者在查看相关手续后方可承修。因为按照《中华人民共和国道路交通安全法》的规定，改变机动车车身颜色，更换发动机、车身、车架的，必须经公安车辆管理部门同意。机动车维修经营者若没有查看相关手续就从事改变机动车车身颜色，更换发动机、车身和车架作业，可以认定为非法改装车辆。

(4) 机动车维修经营者应当加强对从业人员的安全教育和职业道德教育，确保安全生产。机动车维修经营者是安全生产工作的第一责任人。机动车维修从业人员应当执行机动车维修安全生产操作规程，不得违章作业。

(5) 机动车维修产生的废弃物，应当按照国家的有关规定进行处理。机动车维修经营者应当对维修过程中产生的废气物，予以妥善处理，区别不同情况，进行回收、净化、再利用。比如，对于废油、废液、废气、废蓄电池、废轮胎及垃圾等有害物质应集中收集、有效处理，保持环境整洁；涂漆车间应设有专用的废水排放及处理设施，采用干打磨工艺，应有粉尘收集装置和除尘设备，应设有通风设备；调试车间或调试工位应设置汽车尾气收集净化装置。

(6) 机动车维修经营者应当公布机动车维修工时定额和收费标准，合理收取费用。管理的基本思路是，统一工时定额、有条件放开工时单价。

考虑到各地经济发展水平、劳动力价格、消费指数不同，《规定》没有对机动车维修工时定额作出硬性规定，而是按照国家有关规定提供了三种方式。一种是管理部门从积极发挥行业协会等中介组织的作用出发，由省级机动车维修行业协会等中介组织统一制定机动车维修工时定额，提供给企业，特别是中小企业使用；另一种是由机动车维修经营者，特别是管理水平高、技术力量强的骨干企业自行制定工时定额，并报所在地道路运输管理机构备案后执行；第三种是由车辆生产厂家提供工时定额，机动车生产厂家在新车型投放市场后一个月内，有义务向社会公布其维修技术资料和工时定额。

这里需要强调的是，当通过上述三种方式制定的标准不一致时，机动车维修经营者报备的标准可以优先采用，从而保证了企业更大的经营自主权。

机动车维修经营者应当将其执行的机动车维修工时单价报所在地道路运输管理机构备案。这是因为，根据国家现行价格政策，维修服务价格是开放的(但不是任意)。工时单价与企业规模、服务能力、地区经济发展水平诸多因素密切相关，并与企业的管理水平关系极大。

(7) 机动车维修经营者应当使用规定的结算票据，并向托修方交付维修结算清单。维修结算清单中，工时费与材料费应分项计算。结算票据与结算清单要同时交付给托修方，否则托修方有权拒绝支付费用。

结算清单是行业管理的一项主要内容，是约束企业不合理收费行为、提高机动车维修透明度、保护消费者知情权、实现明明白白消费的基础性工作，它要求机动车维修经营者在结算时，将每一个工作项目、每一种配件或材料清清楚楚地分别列出，让用户了解消费真相，杜绝随意加价、乱收费。为了保证结算清单的规范使用，维修结算清单的格式和内容由省级道路运输管理机构制定。

(8) 机动车维修经营者应当按照规定，向道路运输管理机构报送统计资料。为了保证行业健康发展，机动车维修经营者应当按照国家法律、法规的规定做好统计工作，如实向道路运输管理机构提供统计资料，不得虚报、瞒报、拒报、迟报，不得伪造、篡改，并对所报送的统计资料的真实性负责。

(9) 机动车维修连锁经营企业总部应当按照统一采购、统一配送、统一标识、统一经营方针、统一服务规范和价格的要求，建立连锁经营的作业标准和管理手册，加强对连锁经营服务网点经营行为的监管和约束，杜绝不规范的商业行为。

三、机动车维修质量管理

1. 质量标准

机动车维修经营者应当按照国家、行业或者地方的维修标准和规范进行维修。尚无标准或规范的，可参照机动车生产企业提供的维修手册、使用说明书和有关技术资料进行维修。

机动车维修标准和规范是从事机动车维修作业活动技术准则，严格地贯彻执行与机动车维修相关的标准与规范，是保证维修质量的一般要求。

多年来，我国的机动车维修行业已建立健全了机动车维修与检测方面的标准体系，主要标准有，《汽车大修竣工出厂技术条件》(GB/T 3798—83)、《汽车发动机大修竣工技术条件》(GB/T 3799—83)、《汽车维修术语》(GB 5624—85)、《汽车修理质量检查评定标准——整车大修》(GB/T 15746.1—1995)、《汽车修理质量检查评定标准——发动机大修》(GB/T 15746.2—1995)、《汽车修理质量检查评定标准——车身大修》(GB/T 15746.3—1995)、《汽车维护、检测、诊断工艺规范》(GB/T 18344—2001)、《营运车辆综合性能要求和检验方法》(GB 18565—2001)、《汽车修理技术标准》(JT 3101—81)等。此外，北京、上海等发达地区还出台了一系列的地方标准。

2. 配件管理

(1) 机动车维修经营者不得使用假冒伪劣配件维修机动车。更换配件的目的是为了改善或恢复总成乃至整车的工作能力或者完好技术状况，因此配件的质量直接关乎机动车维修的质量。当前，使用假冒伪劣配件维修机动车的现象在各地不同程度地存在，这既涉及假冒配件侵犯有关企业的知识产权问题，同时也涉及伪劣配件严重损害托修方的利益，给安全和环境带来隐患的问题。因此，《道路运输条例》和本《规定》都明令禁止机动车维修经营者使用假冒伪劣配件维修机动车。

机动车维修经营者使用假冒伪劣配件维修机动车的，道路运输管理机构责令改正，并没收假冒伪劣配件；有违法所得的，没收违法所得，处违法所得2倍以上10倍以下的罚款；没有违法所得或者违法所得不足1万元的，处2万元以上5万元以下的罚款；情节严重的，由原许可机关吊销其经营许可；构成犯罪的，依法追究刑事责任。

(2) 机动车维修经营者应当建立采购配件登记制度，记录购买日期、供应商名称、地址、产品名称及规格型号等，并查验产品合格证等相关证明。机动车维修经营者使用假冒伪劣配件维修机动车，既可能是故意采用，也有可能是由于供货渠道和判断能力的问题而过失使用，但无论故意采用，还是过失使用假冒伪劣配件，都要承担相应的法律责任。为落实上述要求，需要机动车辆维修经营者加强对采购配件的管理，建立健全采购配件登记制度，记录购买日期、供应商名称、地址、产品名称及规格型号等，并查验产品合格证等相关证明。这样做，完全符合国家关于产品质量的法律规定，也便于出现质量责任时进行追查或举证。

(3) 机动车维修经营者对于换下的配件、总成，应当交托修方自行处理。托修的机动车的所有权属于托修方，其整车包括配件的物权均属于车辆的所有权人。对于维修过程中换下的配件、总成，机动车维修经营者自然地应当交托修方予以处理。这也是规范企业管理，杜绝维修欺诈，保护用户正当权益的必要手段。

(4) 机动车维修经营者应当将原厂配件、副厂配件和修复配件分别标识，明码标价，供用户选择。就同一配件而言，市场上可以提供原厂、副厂、修复等多种形态，由于配件供应渠道、企业品牌、质量和新旧程度不同，其销售价格差异很大。为了体现诚实信用和透明，把配件选择的主动权真正交给用户，满足各种条件下的社会需求，譬如，新出厂的中高级轿车，维修时可能更多地选择原厂配件；货运车辆的非关键部位，维修时可能选用副厂配件；临近报废期的低速货车可能使用修复配件。

这里所说的原厂配件，是纳入车辆生产厂家售后服务体系和配件供应体系的配件，副厂配件是未纳入车辆生产厂家售后服务体系和配件供应体系，但符合相关技术标准的合格配件；修复配件是指除汽车"五大总成"外从汽车上拆下的经修复后达到技术标准规定要求的旧件。

3. 竣工质量检验

1) 维修质量检验的适用范围与程序

机动车维修经营者对机动车进行二级维护、总成修理、整车修理的，应当实行维修前诊断检验、维修过程检验和竣工质量检验制度。

并不是所有的机动车维修业务都需要进行质量检验，只有对机动车进行二级维护、总成修理、整车修理的，才必须进行质量检验，这是对机动车维修经营者设定的强制性义务，必须遵守。

质量检验的程序，即必须实施维修前诊断检验、维修过程检验和竣工质量检验，将检验工作贯穿于维修作业的始终。

机动车维修质量检验是维修企业按照法定要求确保维修质量的重要措施，属于企业行为的范畴。企业可以自行开展检验工作，但必须具备"符合有关标准并在检定有效期内的设备"的条件；如不具备上述条件的，可以委托具有资质的机动车综合性能检测机构完成。

但无论是企业自行检验，还是委托机动车综合性能检测机构进行检验，都必须严格执行有关标准规定的检测规程，如实提供检测结果证明，承担相应的法律责任。

2) 维修竣工出厂合格证

(1) 质量检验工作结束，由维修质量检验人员对经过机动车维修竣工质量检验合格的车辆签发《机动车维修竣工出厂合格证》。

现代的机动车维修是劳动、技术密集型行业，为切实保证质量，必须加强质量检验工作。为保证检验工作的严肃性，规范对《机动车维修竣工出厂合格证》的管理，《机动车维修竣工出厂合格证》由省级道路运输管理机构统一印制和编号，县级道路运输管理机构按照规定发放和管理。

(2) 未签发机动车维修竣工出厂合格证的机动车，不得交付使用，车主可以拒绝交费或接车。

因为不合格车辆不仅会给使用者带来麻烦，而且会给人民生命财产造成损失。如此规定的目的，直接地保护了用户的合法权益，间接地保护社会公众利益。

机动车维修经营者签发虚假或者不签发机动车维修竣工出厂合格证的，由县级以上道路运输管理机构责令改正；有违法所得的，没收违法所得，处以违法所得2倍以上10倍以下的罚款；没有违法所得或者违法所得不足3000元的，处以5000元以上2万元以下的罚款；情节严重的，由许可机关吊销其经营许可；构成犯罪的，依法追究刑事责任。

4. 维修档案

1) 适用范围

应当建立机动车维修档案的范围是机动车的二级维护、总成修理、整车修理。

建立健全机动车维修档案，有利于规范机动车维修经营者的企业管理，有利于保证维修质量，提升企业乃至全行业管理水平，并可以作为分析质量事故原因、调解维修纠纷的主要依据之一。在目前的维修体制下，机动车二级维护、总成修理、整车修理是较高级别的维修作业，其质量优劣对车辆的正常使用、效能发挥，直至整个寿命产生影响。

2) 维修档案主要内容

机动车维修档案主要内容包括：维修合同、维修项目、具体维修人员及质量检验人员、检验单、竣工出厂合格证(副本)及结算清单等。

这里要求的内容是基本的、不可缺少的，是保证档案能够发挥作用的关键所在。建立完善的维修档案是维修企业管理水平的象征，也是维修企业自我保护的重要措施。因为在质量保证期内一旦发生维修质量纠纷，维修企业要承担"举证"责任，档案是最好的证据。

3) 维修档案保存期

机动车维修档案保存期为二年。

要求企业在实际工作中，切实做好维修档案管理工作。填写时注意字迹清晰工整(用字规范无歧义，书写工整不潦草)、项目齐全完整(逐项填写，不留空白)、记录真实准确（按时记载，实事求是，一丝不苟，该定量就定量)、计量单位正确(使用法定计量单位，区别大小写)。保管中，不错落、不散失、不污损。

5. 质量保证期

机动车维修实行竣工出厂质量保证期制度。

1) 法定的质量保证期指标

(1) 汽车和危险货物运输车辆。整车修理或总成修理(最高级别的维修)质量保证期为车辆行驶 20000 公里或者 100 日；二级维护质量保证期为车辆行驶 5000 公里或者 30 日；一级维护、小修及专项修理质量保证期为车辆行驶 2000 公里或者 10 日。

(2) 其他机动车。整车修理或者总成修理(最高级别的维修)质量保证期为机动车行驶 6000 公里或者 60 日；维护、小修及专项修理质量保证期为机动车行驶 700 公里或者 7 日。

(3) 摩托车。整车修理或者总成修理质量保证期为摩托车行驶 7000 公里或者 80 日；维护、小修及专项修理质量保证期为摩托车行驶 800 公里或者 10 日。

质量保证期中行驶里程和日期指标，以先达到者为准。

值得注意的是，机动车维修企业也可采用承诺的质量保证期。所谓承诺的质量保证期是指企业自身对于质量保证期限的公开许诺。但企业承诺的质量保证期必须优于法定的质量保证期，这是引导机动车维修企业注重提高服务水平、提高企业市场竞争力的重要举措。机动车维修经营者应当公示承诺的机动车维修质量保证期。

2) 质量保证期计算方法

机动车维修质量保证期，从维修竣工出厂之日起计算，至质量保证期满结束。

这里的"维修竣工出厂之日"应当是机动车维修经营者开具机动车维修竣工出厂合格证的当天。

3) 法律责任

在质量保证期和承诺的质量保证期内,因维修质量原因造成机动车无法正常使用,且承修方在 3 日内不能或者无法提供因非维修原因而造成机动车无法使用的相关证据的,机动车维修经营者应当及时无偿返修,不得故意拖延或者无理拒绝。

在质量保证期内,机动车因同一故障或维修项目经两次修理仍不能正常使用的,机动车维修经营者应当负责联系其他机动车维修经营者,并承担相应修理费用。

(1) 质量责任。承担质量责任的条件有两种,第一种是因维修质量的原因而造成机动车无法正常使用;第二种是机动车因同一故障或维修项目经两次修理后仍不能正常使用。

承担质量责任的方式是,出现上述第一种情况时,负有责任的机动车维修经营者应当及时无偿返修,且不得故意拖延或者无理拒绝。这里首先要求要及时,即不能拖延,影响托修方使用车辆;其次要求无偿返修,是指承修方承担工时与材料的全部费用;出现上述第二种情况时,机动车维修经营者应当负责联系其他机动车维修经营者,并承担相应修理费用。

因为,如果一个维修企业对同一车辆的同一故障或维修项目经两次修理仍不能修好,说明其已不能完成类似故障或维修项目的维修能力,只有要求其联系其他机动车维修经营者负责维修,并承担相应的修理费用,消费者的最终要求才得以满足,权益才得以保障。这里特别指出,"负责联系其他机动车维修经营者"分为两个方面,一是可以联系经过相应的业务许可,具备相应车型故障或维修项目维修能力的其他机动车维修经营者把车修好;二是可以联系具备相应维修能力的专业技术人员到其企业内把车修好。

(2) 举证责任。在质量保证期和承诺的质量保证期内,承修方除非在 3 日内能举证造成机动车无法使用的原因是"非维修原因"而造成,否则,机动车维修经营者就应当承担质量责任。

根据我国的民事法律确立的过错责任原则,在一般的民事纠纷中,实行的是"谁主张、谁举证"的举证原则,举证责任通常是由提出主张的一方负责的。但法律规定,在特定领域内可以实行举证责任倒置,以切实维护受损方的合法权益。在机动车维修质量纠纷中,由于机动车维修经营者享有专业技术优势,且机动车维修过程中机动车完全处于机动车维修经营者掌控,当机动车经维修后仍无法正常使用时,如果让托修方进行举证是非常困难的。

6. 维修质量纠纷

1) 调解的主体与依据

道路运输管理机构是调解质量纠纷的主体,调解的主要依据应当是当事双方依法签订的维修合同。

道路运输管理机构在具体实施调解的过程中,可以按照交通部 1999 年颁布的《道路运输服务质量投诉管理规定》和《汽车维修质量纠纷调解办法》的有关要求进行。

值得注意的是,合同虽具有自愿的属性,但是,机动车维修质量要求高,标的数额大,事后纠纷多,签订合同是必要的。在签订合同时应准确把握下述原则:

(1) 合同当事人的法律地位平等,一方不得将自己的意志强加给另一方;

(2) 当事人行使权利、履行义务应当遵循诚实信用原则；

(3) 依法成立的合同，受法律保护；

(4) 当事人约定采用书面形式的，应当采用书面形式；

(5) 合同生效后，当事人就质量、价款或者报酬、履行地点等内容没有约定或者约定不明确的，可以协议补充；

(6) 按照法律规定，维修合同属于承揽合同。承揽合同是承揽人按照定做人的要求完成工作，交付工作成果，定做人给付报酬的合同。承揽合同包括加工、定做、修理、复制、测试、检验等工作。承揽合同的内容包括承揽的标的数量、质量、报酬、承揽方式、材料的提供、履行期限、验收标准和方法等条款。

2) 出现维修质量纠纷时当事人应尽的义务

机动车维修质量纠纷双方当事人均有保护当事车辆原始状态的义务。必要时可拆检车辆有关部位，但双方当事人应同时在场，共同认可拆检情况。

机动车维修一旦产生质量纠纷，纠纷的焦点往往首先集中在送修的车辆状态上。送修车辆的状态是维修结果的客观表现，是属于证据中物证范畴。维修质量纠纷产生后，无论是进行协商处理、调解处理，还是通过诉讼解决，都会涉及到证据，都要涉及维修后的车辆状态。因此，纠纷发生后，双方都有义务首先保护当事车辆原始状态，就是为了保留和保全证据。其次，机动车维修是技术性比较复杂的活动，为了搞清事实真相，往往需要分解检查，以取得进一步的可靠和详实的证据。为了保证拆检的公正性，拆检车辆时，双方当事人应同时在场，对拆检现象的真实性予以证实，从而避免对下一步的纠纷解决工作带来负面影响。

3) 维修质量纠纷中的技术鉴定

对机动车维修质量的责任认定需要进行技术分析和鉴定，且承修方和托修方共同要求道路运输管理机构出面协调的，道路运输管理机构应当组织专家组或委托具有法定检测资格的检测机构作出技术分析和鉴定。鉴定费用由责任方承担。

(1) 需要作技术鉴定的前提条件。一是如果机动车维修质量责任认定相对较复杂时，需要进行技术分析和鉴定的，二是当事双方共同要求道路运输管理机构出面协调。

这是因为道路运输管理机构依法维护机动车维修市场的经营秩序，保护相关各方的合法权益，其管理定位应当是承修方和托修方共同认同。但是道路运输管理机构是行政管理机构，并不是专业技术机构，因此，发生上述情况时，道路运输管理机构应当组织专家或者委托具有资格的机构进行分析和鉴定。

(2) 鉴定费用的承担。鉴定费用由责任方承担。

由于聘请专家或者技术机构进行鉴定，是民事范畴的内容，会相应地发生分析和鉴定费用，法律规定，鉴定费用由最后查明责任的责任方来承担。当然，实际情况中可能会发生纠纷双方有一方不愿意接受调解，若有确凿证据，管理部门可以采取相应的行政措施，若无确凿证据，只有让双方通过法律手段解决。

四、思考与练习

1. 单项选择题

(1) (B) 汽车维护维护作业内容是依照汽车技术状况变化规律来安排的，并在汽车技术状况_____进行。

  A. 较好时　　　　B. 下降之前　　　　C. 下降之后　　　　D. 有故障时

  (2)（ A ）一级维护由专业维修工负责，其作业中心内容除日常维护作业外，以_____为主，并检查有关制动、操纵等安全部件。

  A. 清洁、润滑、紧固　　　　　　　　B. 检查、调整

  C. 故障诊断　　　　　　　　　　　　D. 换件

  (3)（ A ）二级维护作业内容除一级维护作业内容外，以_____为主，并拆卸轮胎，进行轮胎换位。

  A. 检查、调整　　　　　　　　　　　B. 清洁、润滑、紧固

  C. 故障诊断　　　　　　　　　　　　D. 换件

  (4)（ D ）机动车维修经营业务，根据维修对象不同可分为_____。

  A. 一类　　　　B. 二类　　　　C. 三类　　　　D. 四类

  (5)（ C ）汽车维修经营业务，根据经营项目和服务能力的不同可分为_____。

  A. 一类　　　　B. 二类　　　　C. 三类　　　　D. 四类

  (6)（ A ）从事汽车维修经营业务或者其他机动车维修经营业务的企业，其生产厂房和维修车辆停车场允许使用租用的场地，但应当有书面的租赁合同，且租赁期限不得少于_____年。

  A. 1　　　　　　B. 2　　　　　　C. 3　　　　　　D. 5

  (7)（ D ）拖拉机必须到获得_____维修经营业务许可的企业进行维修。

  A. 汽车　　　　B. 危险货物运输车辆　C. 摩托车　　　　D. 其他机动车

  (8)（ C ）从事一类和二类维修业务的企业，其技术负责人员和质量检验人员中至少有_____参加全国统一考试并合格。

  A. 40%　　　　B. 50%　　　　C. 60%　　　　D. 80%

  (9)（ A ）从事一类和二类维修业务的企业，其维修技术人员中至少有_____参加全国统一考试并合格。

  A. 40%　　　　B. 50%　　　　C. 60%　　　　D. 80%

  (10)（ A ）从事三类维修业务的企业，其技术负责人员、质量检验人员及维修技术人员中至少有_____参加全国统一考试并合格。

  A. 40%　　　　B. 50%　　　　C. 60%　　　　D. 80%

  (11)（ A ）申请从事机动车维修经营的企业，应当向经营所在地的_____道路运输管理机构提出申请。

  A. 县级　　　　B. 设区的市级　　　C. 省级　　　　D. 全国

  (12)（ B ）道路运输管理机构对机动车维修经营申请予以受理的，应当自受理申请之日起_____日内作出许可或者不予许可的决定。

  A. 10　　　　　B. 15　　　　　C. 20　　　　　D. 30

  (13)（ C ）从事一、二类汽车维修业务的许可证有效期为_____。

  A. 1年　　　　B. 3年　　　　C. 6年　　　　D. 8年

  (14)（ B ）从事三类汽车维修业务的许可证有效期为_____。

  A. 1年　　　　B. 3年　　　　C. 6年　　　　D. 8年

(15) （ D ）机动车维修经营者应当在许可证件有效期届满前＿＿＿＿日到作出原许可决定的道路运输管理机构办理换证手续。

A. 10　　　　　　B. 15　　　　　　C. 20　　　　　　D. 30

(16) （ D ）拆卸轮胎并进行轮胎换位的维修作业属于＿＿＿＿作业范围。

A. 小修　　　　　B. 日常维护　　　　C. 一级维护　　　　D. 二级维护

(17) （ D ）机动车维修企业如果没有向托修方交付＿＿＿＿的，托修方有权拒绝支付费用。

A. 结算票据　　　B. 结算清单　　　　C. 被替换的配件　　D. A＋B

(18) （ D ）《机动车维修竣工出厂合格证》由＿＿＿＿级道路运输管理机构按照规定发放和管理。

A. 国家　　　　　B. 省　　　　　　C. 市　　　　　　D. 县

(19) （ A ）不需要进行竣工质量检验和建立机动车维修档案的维修是＿＿＿＿。

A. 小修　　　　　B. 总成修理　　　　C. 二级维护　　　　D. 整车修理

(20) （ B ）机动车维修档案的保存期为＿＿＿＿年。

A. 一　　　　　　B. 二　　　　　　C. 三　　　　　　D. 五

(21) （ B ）机动车维修质量保证期，从维修＿＿＿＿起计算。

A. 进厂(站) 之日　　　　　　　　B. 竣工出厂之日

C. 双方协商　　　　　　　　　　D. 发生故障之日

(22) （ A ）机动车维修质量保证期中行驶里程和日期指标＿＿＿＿。

A. 以先达到者为准　　　　　　　B. 以后达到者为准

C. 同时达到者为准　　　　　　　D. 只要一个达到即可

(23) （ B ）在质量保证期内，机动车因同一故障或维修项目经＿＿＿＿次修理仍不能正常使用的，机动车维修经营者应当负责联系其他机动车维修经营者，并承担相应修理费用。

A. 一　　　　　　B. 二　　　　　　C. 三　　　　　　D. 四

(24) （ D ）《机动车维修行业管理规定》指出，家用整车修理质量保证期为＿＿＿＿。

A. 30 天　　　　B. 60 天　　　　　C. 90 天　　　　　D. 100 天

(25) （ A ）按照《机动车维修管理规定》，汽车二级维护质量保证期为车辆行驶＿＿＿＿。

A. 5000 公里　　B. 10000 公里　　　C. 15000 公里　　　D. 20000 公里

2. 多项选择题

(1) （ A B C ）二类汽车维修企业可以从事相应车型的＿＿＿＿。

A. 整车修理　　　　　　　　　　B. 专项修理工作
C. 整车维护　　　　　　　　　　D. 维修竣工检验工作

(2) （ B C ）三类汽车维修企业可以从事＿＿＿＿。

A. 整车修理　　B. 专项修理工作　　C. 总成修理　　　D. 整车维护

(3) （ A B ）获得危险货物运输车辆维修经营业务的企业可以从事＿＿＿＿维修经营业务。

A. 一类汽车　　　　　　　　　　B. 危险货物运输车辆

C. 拖拉机　　　　　　　　　　　　D. 工程专项作业车辆

(4) (　A B　) 从事_____维修业务的企业，必须配备技术负责人员和质量检验人员。

A. 一类　　　　　B. 二类　　　　　C. 三类　　　　　D. A＋B＋C

(5) (　A B C　) 从事三类维修业务的企业，如果还从事发动机、车身、电气系统及自动变速器总成修理的，必须配备_____人员。

A. 维修技术　　　B. 技术负责　　　C. 质量检验　　　D. 工程师

(6) (　A B C D　) 托修方如果要_____的，必须征得公安车辆管理部门同意后方可送修。

A. 改变车身颜色　　　　　　　　　B. 更换发动机
C. 更换车身　　　　　　　　　　　D. 更换车架

(7) (　B C D　) 《规定》没有对机动车维修工时定额作出硬性规定，允许_____制定。

A. 托修方　　　　　　　　　　　　B. 省级机动车维修行业协会
C. 维修企业　　　　　　　　　　　D. 车辆生产厂

(8) (　A B D　) 机动车维修经营者对机动车进行_____时应当实行维修前诊断检验、维修过程检验和竣工质量检验制度。

A. 整车修理　　B. 总成修理　　　C. 一级维护　　　D. 二级维护

(9) (　B D　) 汽车和危险货物运输车辆的整车修理或总成修理，其质量保证期为车辆行驶_____公里或者_____日。

A. 5000　　　　B. 20000　　　　C. 30　　　　　D. 100

(10) (　A C　) 汽车和危险货物运输车辆的二级维护，其质量保证期为车辆行驶_____公里或者_____日。

A. 5000　　　　B. 20000　　　　C. 30　　　　　D. 100

(11) (　A D　) 汽车和危险货物运输车辆的一级维护、小修及专项修理，其质量保证期为车辆行驶_____公里或者_____日。

A. 2000　　　　B. 5000　　　　C. 30　　　　　D. 10

(12) (　A C　) 按照《机动车维修管理规定》，汽车二级维护质量保证期为车辆行驶_____或者_____日。

A. 5000 公里　　B. 10000 公里　　C. 30　　　　　D. 60

(13) (　A C D　) 在质量保证期内，满足_____条件之一时，机动车维修经营者应当承担质量责任，如无偿返修或负责联系其他机动车维修经营者进行修理并承担相应修理费用。

A. 因维修质量原因造成
B. 非维修质量原因造成
C. 因同一故障经两次修理后仍不能正常使用
D. 因同一维修项目经两次修理后仍不能正常使用

3. 填充题

(1) 日常维护是由___驾驶员___于每日出车前、行车中和收车后负责执行的车辆维护作业。其作业中心内容是车辆的清洁、___补给___和___安全___检视。

(2) 一级维护是由___维修企业___负责执行的车辆维护作业。其作业中心内容除日常维护作业外，以清洁、___润滑___、___紧固___为主，并检查有关制动、操纵等安全部位。

(3) 二级维护是由___维修企业___负责执行的车辆维护作业。其作业中心内容除一级维护作业外，以___检查___、___调整___为主，并拆检轮胎，进行轮胎换位。二级维护必须按期执行。

(4) 机动车维修经营业务根据维修的对象不同，可分为___汽车___维修经营业务、___危险货物运输车辆___维修经营业务、___摩托车___维修经营业务和___其他机动车___维修经营业务四类。

(5) 汽车维修经营业务、其他机动车维修经营业务根据经营项目和服务能力的不同，可分为___一类___维修经营业务、___二类___维修经营业务和___三类___维修经营业务。

(6) 危险货物运输车辆维修是指对运输易燃、易爆、___腐蚀___、___放射性___、剧毒等性质货物的机动车维修，不包含对危险货物运输车辆___罐体___的维修。

(7) 机动车维修经营者应当将机动车维修经营___许可证件___和《机动车维修标志牌》___悬挂在经营场所的醒目位置。

(8) 托修方要改变机动车___车身颜色___，更换___发动机___、___车身___和___车架___的，应当按照有关法律、法规的规定办理相关手续，机动车维修经营者在查看相关手续后方可承修。

(9) 维修结算清单中，工时费与材料费应___分项___计算。

(10) 机动车维修竣工质量检验合格的，维修质量检验人员应当签发《机动车维修竣工出厂___合格证___》；未签发的机动车，不得交付使用，车主可以拒绝___交费___或___接车___。

(11) 对机动车维修质量的责任认定需要进行技术分析和鉴定，且承修方和托修方共同要求道路运输管理机构出面协调的，应当组织___专家组___或委托___具有法定检测资格的___检测机构作出技术分析和鉴定。鉴定费用由___责任方___承担。

4. 是非题

(1) 机动车维修是指机动车的修理和维修救援工作，它不包括机动车的维护。（ × ）

(2) 道路运输车辆的维护分为一级维护、二级维护和三级维护三种类型。（ × ）

(3) 汽车维护是在汽车技术状况下降之前进行。（ √ ）

(4) 一级维护有专业维修工负责进行。（ √ ）

(5) 二级维护作业内容除一级维护作业内容外，以检查、调整为主，并拆卸轮胎，进行轮胎换位。（ √ ）

(6) 二级维护作业内容和一级维护作业内容相同，以检查、调整为主。（ × ）

(7) 获得危险货物运输车辆维修经营业务许可的企业，只允许从事危险货物运输车辆维修经营业务，不得从事一类汽车维修经营业务。（ × ）

(8) 只有一类汽车及其他机动车维修企业可以从事维修竣工检验工作。（ √ ）

(9) 二级维护必须按期执行。（ √ ）

(10) 危险货物运输车辆应该到二类以上的汽车维修企业进行维护作业。（ × ）

(11) 从事一类和二类维修业务的企业，应当各配备技术负责人员、质量检验人员和从

事机修、电器、钣金、涂漆的维修技术人员至少各1名。（　√　）

(12) 三类汽车维修企业不能从事整车修理业务。（　√　）

(13) 机动车维修企业必须持机动车维修经营许可证去工商局办理营业执照。（　√　）

(14) 机动车维修经营许可证实行有效期制。（　√　）

(15) 机动车维修工时定额允许维修企业自行制定，但必须在报所在地道路运输管理机构备案后方可执行。（　√　）

(16) 机动车维修经营者对于换下的配件、总成，可以自行处理。（　×　）

5. 案例分析题

孙先生拥有一辆桑塔纳轿车，2009年3月因发生了意外交通事故导致前保险杠严重损坏，他将该车送至特约维修站进行更换，维修站承诺用原厂配件给予更换，更换好后孙先生为此支付了800元人民币。过了一段时间，孙先生和朋友在一起喝茶时偶尔说起此事，因朋友是汽车方面的"行家"，帮他一看却发现维修站给予更换的保险杠不是原厂配件，而是副厂配件，保险杠的原厂配件和副厂配件的成本差大约400～500元人民币，于时孙先生找到维修站去讨个说法，而维修站却坚持说更换的是原厂配件，不同意退回配件的差价。试回答下列问题：

(1) 副厂配件是否属于假冒伪劣配件？

答：所谓副厂配件是指未纳入车辆生产厂家售后服务体系和配件供应体系，但符合相关技术标准的合格配件。

所以，副厂配件属于合格配件，并不是假冒伪劣配件。

(2) 在机动车维修中，使用原厂配件还是使用副厂配件由谁说了算？

答：在机动车维修中，决定使用原厂配件还是使用副厂配件的权利是用户而非维修厂家。

(3) 更换的保险杠实为副厂配件，而特约维修站却坚持认为更换的是原厂配件，造成该起质量纠纷的原因可能有哪些？

答：造成该起质量纠纷的原因可能有如下几种情况：

① 特约维修站因过失误将副厂配件当成了原厂配件。

② 特约维修站故意将副厂配件充当原厂配件欺骗消费者。

(4) 在该起质量纠纷中，应由谁来承担相应的法律责任？

答：特约维修站无论是故意采用还是过失使用了副厂配件，都要承担相应的法律责任。

如果特约维修站没有按照法律规定建立采购配件登记制度，没有记录购买日期、供应商名称、地址、产品名称及规格型号等并查验产品合格证的，完全由特约维修站承担质量责任。

如果特约维修站按照法律规定建立了采购配件登记制度，可以追查或举证配件供应商，但应先赔偿后追偿。

如果特约维修站是故意将副厂配件充当原厂配件的，将构成欺诈行为，实行双赔。

第四节　汽车的报废与回收法规

随着汽车保有量大幅攀升，需要报废的汽车数量也将逐年上升。2011年我国民用汽车保有量已突破 1 亿辆，汽车报废量超过 400 万辆，预计到 2020 年报废量将超过 1400 万辆。因此汽车报废的标准及报废汽车的回收利用问题日益突出。

一、汽车的报废

在《机动车强制报废标准规定》出台之前，我国的机动车报废基本依赖于 1997 年经贸委修订颁布的《汽车报废标准》。后根据国内机动车报废的实际情况，于 1998 年、2000 年对报废标准进行了两次修改，再加上针对农用车的《关于印发〈农用运输车报废标准〉的通知》(国经贸资源[2001]2234 号)和针对摩托车的《摩托车报废标准暂行规定》(国家第 33 号令)的相关标准构成了我国机动车报废的政策体系。由于没有统一的报废规定，而且在较长时间内没有对相关政策内容进行修订，成为了制约我国机动车报废进度严重滞后的主要原因之一。

2012 年 8 月 24 日商务部第 68 次会议审议通过了《机动车强制报废标准规定》，并于 2013 年 5 月 1 日起施行。《机动车强制报废标准规定》是我国第一次拥有系统化、完整化的机动车报废标准。

1. 新版《机动车强制报废标准规定》的主要特点

(1) 《规定》中取消了到期机动车延期运行的规定。自 2013 年 5 月 1 日起，到期机动车将一律进行报废处理。虽然新《规定》在使用年限和行驶里程的要求上略有放宽，但取消延期运行这一规定将从整体上缩短车辆使用周期，加快车辆更新速度。另外，统一化、系统化的规定将显著提高政策的可操作性，有助于将超龄车彻底排除。

(2) 首次取消了小、微型非营运载客汽车、大型非营运轿车、轮式专用机械车使用年限限制，但行驶里程不能超过 60 万公里。

我国以前实行的强制报废制度主要是从两个方面考虑：第一是安全性的要求。汽车在使用一定年限和行驶一定里程后，由于磨损等方面原因，可能会对汽车的安全造成影响。另外一个原因是，在汽车工业发展初期，适当的、必要的强制更新有利于汽车产业的成长。但随着社会经济发展的不断进步，以前的强制报废制度已经明显不符合保护车主，尤其是私人汽车消费者利益的精神。

1997 年 7 月 15 日我国发布的《汽车报废标准》规定，小、微型非营运载客汽车的强制报废标准为期限 10 年，行驶 10 万公里；2000 年的《汽车报废标准规定》中，虽然小、微型非营运载客汽车仍有年限限制，但是可通过年检将标准延长为 15 年；2006 年，商务部就《规定》征求意见中首次取消了小、微型非营运载客汽车使用年限限制，但超过 15 年的每年需年检 2 次，超过 20 年的每年需年检 4 次的政策；2013 年 5 月 1 日实施的《机动车强制报废标准规定》中取消了小、微型非营运载客汽车使用年限的限制。

私家车按使用里程计算更合理，从使用时间转为实际的使用里程更加合理和切合实际。现在私家车越来越普及，老百姓在车辆的使用期间一般不会跑得太多，用了 15 年可能只跑了十几万公里，车况仍然保持良好。如果按照年限报废的话，这辆车必须报废，现在改为按照里程来设定上限，这样更加切合实际，更能保护消费者的物权。

虽然新规定改为无使用年限限制，但却设定了 60 万公里的行驶上限。而且这个 60 万公里是有条件限制的。第一，车辆的安全性能是不是能达到公安部所要求的安全性能标准。

第二，它的环保状况也要符合国家标准。目前我们国家对机动车排放要求越来越严，如果机动车排放达不到相关的要求，也必须要报废。同时还要注意的是，连续 3 年没有取得年检合格标志的车，也要进行报废。

(3) 缩短了卡车使用周期。卡车作为货运用户重要的生产工具，经常会在不同用户之间流转，在不同的使用年限从事不同性质的业务。这就导致卡车整个使用周期被不断拉长，甚至有些超过报废期限的车辆仍在超期运行。

从新车销售到车辆最终报废退出市场，中间会经历多次买卖，同一辆车的不同用户构成了车辆的使用链。大约有 70%～80% 的第一批用户会在使用 2～3 年左右、行驶里程在 27 万～36 万公里的时候换车，他们构成了卡车使用链上的第一个环节。被换下的车辆一部分卖到外地，大部分会卖到当地，有一部分从业时间比较长、运营和使用车辆经验比较丰富的用户会专门购买已使用过两三年的二手车。因为这部分用户具有一定的车辆维修能力，对车辆可能出现的故障有一定的预见性，并且能够很好地把握车况，况且车辆使用的前两三年也是车辆贬值最大的时候，这部分车辆的购置成本相对新车来说很低，所以这部分用户会购买两三年的二手车反而不会购买新车，他们也构成了卡车使用链上的第二个环节。这部分用户在车辆使用几年之后，车辆的使用年限已经达到五六年，这时，还有部分用户会购买使用年限已达五六年以上的车辆，他们构成了使用链上的第三个环节。

《机动车强制报废标准规定》的出台取消了到期机动车延期运行的规定，到期的机动车必须退出市场，从而缩短了卡车的整个使用链。

【小阅读】

国外车辆报废制度

在国外，街头经常可以看到各种"时代气息"强烈的老爷车，很多车的车龄超过了 30、40 甚至 50 年，但他们依然"神采奕奕"快乐的驰骋在公路上。与我国现行的车辆报废制度相比，汽车工业发达国家并未规定车辆强制报废的使用年限或行驶里程数量(除韩国对某些用途的车辆有所规定外)，代以利用车辆定期检查的结果从经济角度引导用户自愿报废车辆。这种做法的好处是首先体现了对私有财产的尊重；其次从技术角度引导用户自愿报废车辆能够体现公平、公正的原则，不管车辆的豪华程度、技术性能好坏，只要能够满足相关的检测要求，就可以上路行驶。这样就避免了以使用年限或行驶里程数量作为报废依据时出现的不同类型车辆一刀切的情况，从某种程度上讲，能够鼓励制造商开发制造技术水平更高、舒适性更好的车辆，同时也能推动消费者购买这样的产品。

从国外事故车的报废来看，保险公司在其中起到了很重要的作用。车辆发生事故后，保险公司将通过其指定或授权的机构对车辆进行评估，以判定是否具有修复的价值。此外，在许多欧洲国家，保险公司出具的车辆保险项目单也是用户在进行注册时必须提交的文件之一。

发达国家目前把主要的注意力放在车辆在报废后的可再利用性和可回收利用性上来，对车辆在设计阶段所使用的材料和报废后可回收利用的质量做出了规定，同时也明确了车辆制造商或进口商、车辆所有者以及拆解企业的责任。

欧洲没有用来判定车辆报废的技术标准。车辆所有者要定期到技术服务机构对车辆进行检查，只要能满足规定的最低要求，即可继续使用；否则车主就必须对车辆进行修理后再次检查。随着车辆使用时间的增加，用户为了通过检查，需要针对更多的项目进行修理，用户将根据修理费用自行决定车辆是否值得修理。如果用户认为不值得修理，就会主动进行报废。在欧洲大多数国家，车辆在注册时用户要出具保险公司的承保项目单，否则不予注册。一旦车辆发生事故，将由保险公司来确定该车辆是否是完全损坏或是还有修复的可能。如果车辆不能再继续正常使用，将被送交拆解厂，同时拆解厂将向用户出具拆解证明，用户在得到该证明后，即可办理停交税款和保险费的手续；如果车辆还有修复的可能，修理厂必须保证车辆能被修理好并且不会存在道路安全隐患。

日本对汽车没有规定强制的报废标准，只要车辆能够通过年检，车辆便可继续行驶。一般来讲，车辆行驶一定年限后，要顺利通过年检，其保养费、维修费均会逐年增加，用户通过经济比较，认为继续使用不合算时，便会选择报废。但从国家来讲，是鼓励用户延长使用期的。

韩国汽车报废标准分为营运车和个人拥有车两种情况，对营运车实行规定报废年限的强制报废制度，而对私车则无报废年限规定。对行驶里程没有限制，主要通过年检来对汽车的安全及技术状况进行监督和管理。

美国没有全国性的强制性车辆报废制度，部分州(19个州)政府根据各州的安全及交通情况，制定了不同的车辆检测项目和指标，只要车辆能够通过定期的排放检查，并且车辆的外观不会破坏周围环境的美观，用户即可继续使用。

2. 新版《机动车强制报废标准规定》解读

1) 机动车强制报废的情形

已注册机动车有下列情形之一的应当强制报废：

(1) 达到了规定使用的年限；

(2) 经修理和调整仍不符合机动车安全技术国家标准对在用车有关要求的；

(3) 经修理和调整或者采用控制技术后，向大气排放污染物或者噪声仍不符合国家标准对在用车有关要求的；

(4) 在检验有效期届满后连续3个机动车检验周期内未取得机动车检验合格标志的。

按照道交法实施条例的规定，小、微型非营运载客汽车6年以内每2年检验1次；超过6年的，每年检验1次；超过15年的，每6个月检验1次。如果是一辆使用15年以上的老旧车，只要在1年半的时间内没有去检验，就将彻底失去了上路资格。

2) 机动车使用年限与行驶里程的规定

达到本规定使用年限的机动车必须强制报废。其所有人应当将机动车交售给报废机动车回收拆解企业，由报废机动车回收拆解企业按规定进行登记、拆解、销毁等处理，并将报废机动车登记证书、号牌、行驶证交公安机关交通管理部门注销。机动车使用年限起始日期按照注册登记日期计算，但自出厂之日起超过2年未办理注册登记手续的，按照出厂日期计算。

国家对达到下列行驶里程的机动车引导报废。其所有人可以将机动车交售给报废机动车回收拆解企业，由报废机动车回收拆解企业按规定进行登记、拆解、销毁等处理，并将报废的机动车登记证书、号牌、行驶证交公安机关交通管理部门注销。

机动车使用年限与行驶里程标准如下表 3-3 所示。

表 3-3　机动车使用年限与行驶里程的报废标准

车辆类型与用途				使用年限/年	行驶里程/千米
汽车	载客	营运	出租客运 小、微型	8	60 万
			出租客运 中型	10	50 万
			出租客运 大型	12	60 万
			租赁载客	15	60 万
			教练载客汽车 小型	10	50 万
			教练载客汽车 中型	12	50 万
			教练载客汽车 大型	15	60 万
			公交客运汽车	15	40 万
			其他 小、微型	10	60 万
			其他 中型	15	50 万
			其他 大型	15	80 万
		非营运	专用校车	15	40 万
			小、微型客车、大型轿车	无	60 万
			中型客车	20	50 万
			大型客车	20	60 万
	载货		微型	12	50 万
			中、轻型	15	60 万
			重型	15	70 万
			危险品运输	10	40 万
			三轮汽车、装用单缸发动机的低速货车	9	无
			装用多缸发动机的低速货车	12	30 万
	专项作业车		有载货功能	15	50 万
			无载货功能	30	50 万
挂车		半挂车	危险品运输	10	无
			集装箱	20	无
			其他	15	无
		全挂车		10	无
摩托车		正三轮		12	10 万
		其他		13	12 万
轮式专用机械车				无	50 万

3）变更使用性质的机动车报废规定

变更使用性质的机动车应当按照下列有关要求确定使用年限和报废：

(1) 营运载客汽车与非营运载客汽车相互转换的，按照营运载客汽车的规定报废，但小、微型非营运载客汽车和大型非营运轿车转为营运载客汽车的，按照下列公式核算累计使用年限，且不得超过 15 年；

$$累计使用年限 = 原状态已使用年限 + \frac{1 - 原状态已使用年限}{原状态使用年限} \times 状态改变后年限$$

注：公式中原状态已使用年中不足一年的按一年计算；原状态使用年限数值取定值为17；累计使用年限计算结果向下圆整为整数，且不得超过 15 年。

(2) 不同类型的营运载客汽车相互转换，按照使用年限较严的规定报废；

(3) 危险品运输载货汽车、半挂车与其他载货汽车、半挂车相互转换的，按照危险品运输载货车、半挂车的规定报废。

使用年限 1 年以内(含 1 年)的机动车，不得变更使用性质。

4) 转移登记的机动车报废规定

转移登记的机动车应当按照下列有关要求确定使用年限和报废：

(1) 小、微型出租客运汽车和摩托车需要转出登记所属地省、自治区、直辖市范围的，按照使用年限较严的规定报废；

(2) 使用年限 1 年以内(含 1 年)的机动车，不得转移所有权或者转出登记地所属地市级行政区域。

二、报废汽车回收管理

自 2000 年起，我国汽车行业逐步进入产销两旺的阶段，年销售量不断提升，2011 年我国汽车保有量首次突破 1 亿辆大关，随着时间的推移巨大的保有量必然产生巨大的报废量。通常汽车报废时间为 10～15 年，所以 2015 年我国将迎来汽车报废的第一个高峰期。目前发达国家年报废汽车量通常为汽车保有量的 6%～8%，按照 6% 的比例计算，2015 年我国年报废汽车量有望达到 1000 万辆水平，2020 年将达到 1500 万辆水平。

1. 我国报废汽车回收现状

我国从八十年代初就开始建立了汽车报废制度，1995 年原全国老旧汽车更新领导小组办公室、国内贸易部制定了《报废汽车回收管理办法》，但由于法规不完善和执法不严等原因，我国报废汽车回收拆解管理混乱，擅自出售报废汽车"五大总成"甚至整车现象比较普遍，由此引发了非法拼装车交易及其市场的形成与发展，导致非法拼装车泛滥，因此，加强对报废汽车回收拆解的法制化管理势在必行。2001 年，我国颁布了《报废汽车回收管理办法》，标志着报废汽车回收管理开始走向法制化轨道。

2006 年，发改委、科技部、国家环保总局曾联合发布《汽车产品回收利用技术政策》。但由于缺乏强制执行手段，至今，汽车报废回收市场混乱、技术落后、监管滞后等问题并未得到根本解决。为整顿和规范报废汽车回收拆解秩序，商务部、工信部、公安部、交通运输部、工商总局、质检总局 6 部门日前联合下发通知，并于 2012 年 9 月至 2013 年 2 月开展报废汽车回收拆解专项整治。并明确了专项整治的四大内容：全面整顿报废汽车回收拆解企业；大力整治报废汽车回收拆解市场；严厉打击报废和拼装车辆上路行驶行为；建立报废汽车管理长效机制。通知提出，商务部要会同有关部门研究完善报废汽车管理制度，强化监管措施，抓紧出台《机动车强制报废标准规定》，加快修订《报废汽车回收管理办法》。值得庆幸的是，新版《机动车强制报废标准规定》已于 2013 年 5 月 1 日起施行，但《报废汽车回收管理办法》自 2001 年实施以来至今没有完成修订工作。

1) 我国报废汽车回收前景

根据公安部交管部门的统计，截至 2012 年 6 月底，中国民用汽车保有量达到 1.14 亿辆，如果扣除 1500 万辆低速汽车，也就是农用车，中国的汽车保有量接近 1 亿辆。目前每年理论上应该报废的汽车有 700 多万辆，随着汽车保有量的迅速增加，每年报废的汽车数量也越来越多，预计到 2020 年，每年报废的汽车将达到 1400 万辆。回收拆解行业前景广阔，据权威部门估计，2013 年将成为我国报废机动车拆解处理行业的"元年"。

一辆汽车有上万个零部件，用的材料有钢铁、贵金属、橡胶、玻璃、塑料等。报废汽车中蕴含大量可循环利用物质，按重量计算，含有 72% 的钢铁(69% 钢铁 + 3% 铸铁)、11% 的塑料、8% 的橡胶和 6% 的有色金属，基本上可以全部回收利用。按照 1000 万辆报废汽车来计算，仅其中所蕴含的废弃物价值总和接近千亿元。报废汽车拆解处理将成为循环经济行业的新蓝海。

汽车即使报废了，回收利用的价值仍然很高。一些汽车核心部件如发动机、变速箱，通过再制造恢复原有性能，可以继续使用。与欧美日等汽车发达国家相比较，中国在汽车回收利用方面还有着明显的差距。提高汽车回收利用水平，促进报废汽车合理处置、避免环境污染、实现资源再利用已成为中国汽车产业健康发展亟待解决的问题。汽车回收利用大有文章可做。

目前我国报废汽车正规拆解处理产能严重不足，很难满足即将到来的汽车报废高峰。2013～2015 年将是我国报废汽车拆解处理行业集中产能建设阶段，相关设备将成为行业大发展的先锋军，率先享受到行业大发展带来的广阔市场按照新增 800 万辆拆解处理能力计算，对应拆解设备市场容量超过 70 亿元，破碎设备市场容量超过 40 亿元，百亿设备市场即将被点燃。2012 年商务部发布了《关于 2012 年开展报废汽车回收体系建设示范工程试点工作的通知》，其中对示范工程评价标准体系中非常强调大型化、自动化设备的应用。如果示范工程采用相关大型化、自动化设备将在评价中获得额外的加分。所以大型化、自动化设备将是我国报废汽车拆解相关设备的主流选择。

2) 我国报废汽车回收现状

(1) 回收情况不理想。目前每年理论上应该报废的汽车有 700 多万辆，但真正被拆解回收的不到百万，许多理论上应该报废的汽车并没有被拆解，而是通过各种方式流入市场，继续使用。我国是汽车产销大国，回收拆解行业本应前景广阔，但走报废程序的车辆却寥寥无几。

目前有三种交易途径导致"回收难"。一是部分快到报废年限的车辆被转卖到二手车市场；二是部分车主将即将报废的机动车退出户籍，转卖到管理薄弱地区或偏远地区，或套用假牌上路行驶；三是不法企业非法拆解、拼装车辆。

(2) 汽车回收交易点混乱。具有废旧汽车回收的资质的厂家，每年回收量不大，经营惨淡。其回收的报废车辆中大部分是公交车和正规运输企业的车辆，因为这些车辆有单位管理，到一定年限必须强制报废，且要保留指标进行车辆更新，所以只能到正规回收厂报废。

但与正规回收厂相比，非法汽车回收交易点却很多，在郊区，汽车回收点随处可见且生意红火，很多车主都愿意到非法回收点进行交易。这严重影响了正规回收站的经济效益。

引起非法汽车回收交易点生意红火的原因主要有以下几点：

① 车主并不在乎回收厂家有没有资质，更关心的是自身利益。

② 很多地区车辆牌照管制措施不严格，缺乏有效制约手段。

③ 国家出台的"以旧换新"政策实施时间太短，补贴太低且车型范围限制过严。

"以旧换新"政策于2009年6月1日开始实施，但于2010年12月31日起就停止了执行。在政策出台的一段时间内汽车回收量曾出现"高峰"，但补贴政策到期后，回收量立刻缩减八成左右。

"以旧换新"政策补贴金额过少，报废老旧汽车或"黄标车"的补贴标准大多不超过每辆人民币6000元，虽然国家调整了部分车型老旧汽车报废更新的补贴标准，比如报废大型载客车的补贴标准提高到1.8万元，但与车辆转让出售相比还是没有多少竞争力。例如：卡车回收补贴还不如按斤卖废铁。一辆卡车报废只能给一万多元，即使是重卡报废也只补贴1.8万元，但如果当作二手车非法买卖至少有2万~3万元，而卖给非法拼装厂就更多了。

"以旧换新"政策补贴的车型范围限制过严、手续复杂等原因，也让很多车主望而却步。虽然国家出台了补贴新政，但很多地区却没有真正落实，导致成效不明显。

(3) 多数报废车辆流入了二手市场。通过正常渠道进行报废的车辆本应占据主流，但现在许多车辆到了报废年限后却被当作二手车卖出。因为，临近报废的车辆很多存在手续不全或没有交齐检车手续费等情况，如果将这样的车去正规厂报废的话其补缴的费用就不少，即使一些手续齐全的车由于其车况不好，如果去报废厂报废的话到手的钱也就1000元左右，这导致并形成了专门从事报废车辆的收购、拆解、拼装、销售的地下拆解市场。

尽管国家法规规定报废车辆拆解必须将发动机、方向机、变速器、前后桥、车架等五大总成破损，以防再次利用影响安全。但实际上流入"黑市"的报废车辆并不按规定拆解，车况尚可的报废车翻新出售，无法再开的车辆也会被肢解后取出可用零部件，重新拼装成"新车"。这种翻新的旧车基本都会卖到比较偏远的地区或者周边县市。况且当地有二手车商接车，他们再卖到农村，这样的车价格便宜，很受欢迎。

报废汽车和拼装车安全性能极差，不仅对驾乘人员，也对路人构成严重的生命威胁。另外，报废汽车不报废，也影响了新车销售，对汽车产业发展极为不利。

(4) 政府职能部门监管不力。我国主要由商务部门对报废车回收拆解行业进行行业监督管理，公安部门主要对报废车进行注销登记，开具"报废证明"以及在车辆拆解时进行监销。但两部门实际上都没有有效监管报废车辆流失的问题。此外，二手车商和非法拆解企业的数量繁多也提高了监管难度。

尽管政府每年都会整治行业秩序，公安、商务部门及行业协会经常组织联合行动进行打击，但非法报废车回收点还是没有销声匿迹。导致汽车报废回收业混乱的重要原因是法律和监管存在严重缺失。如何彻底根治报废汽车行业的顽疾，还需要各部门相互配合并加强监管，制定更加严格的管理办法并执行到位，只有打破原有的畸形产业链，才能使报废汽车的回收拆解工作回到正轨。

为整顿和规范报废汽车回收拆解秩序，商务部、工信部、公安部、交通运输部、工商总局、质检总局6部门联合下发了通知，并于2012年9月至2013年2月开展了报废汽车回收拆解专项整治。专项整治的四大内容为：全面整顿报废汽车回收拆解企业；大力整治报废汽车回收拆解市场；严厉打击报废和拼装车辆上路行驶行为；建立报废汽车管理长效机制。

3）近期国家将要出台的新政

一是正在修订《报废汽车回收管理办法》；二是将《汽车产品限制使用有害物质和可回收利用率管理办法》(以下简称《办法》)列入了 2013 年工信部的立法计划中，条件成熟时将公开征集意见，预计最快年内出台。

2. 2001 版《报废汽车回收管理办法》解读

1）报废汽车回收管理机关

国家经济贸易委员会负责全国报废汽车回收(拆解)监督管理工作，并实行分级负责；国务院公安、工商、监察等有关部门在各自的职责范围内对报废汽车回收拆解依法实行监督管理工作。

(1) 经济贸易管理部门。省(区、市)经贸部门要根据国家经贸委下发的报废汽车回收总量控制方案，认真组织报废汽车回收企业资格认定工作，发放《报废汽车回收企业资格认定书》(以下简称《资格认定书》)并及时抄送省(区、市)公安机关治安部门备案；会同公安机关建立报废汽车回收管理信息系统，实现报废汽车回收过程实时控制，杜绝报废汽车及"五大总成"流入社会，堵塞盗窃、抢劫机动车辆的销赃渠道；积极探索治本措施，引导钢铁企业与回收企业联营或采取股份制等形式，规范报废汽车回收行为，形成报废汽车回收拆解处理良性运行机制。

县级以上地方人民政府经济贸易委员会要依据职责，对辖区内的报废汽车回收企业实施经常性的监督检查，发现其不再具备规定条件的，或违法违规的现象应立即报告(建议)原发证部门撤销《资格认定书》、《特种行业许可证》，注销《营业执照》。

(2) 公安部门。县级人民政府公安机关负责对取得《资格认定书》的企业核发《特种行业许可证》。每年年末，公安交通管理部门要及时将下一年度报废汽车车主、车型、具体车牌号等情况通报当地经贸部门，并采取措施，确保报废汽车交售给有资格的回收企业拆解。为使有关单位和个人了解汽车报废的程序及要求，各地公安交通管理部门应将汽车报废回收的要求纳入车辆年检的内容。

为堵塞销赃渠道，公安机关依照本《办法》、《废旧金属收购业治安管理办法》和《报废机动车收购业治安管理办法》的规定，对报废汽车回收企业的治安状况实施监督检查，发现问题及时处理。报废汽车回收企业的法定代表人或经营负责人是本单位的治安责任人，负责本单位的治安防范工作，制定并落实各项治安防范制度，发现可疑情况和盗窃、抢劫、销赃等违法犯罪线索及时报告公安机关。

(3) 工商行政管理部门。工商行政管理部门要切实加强对报废汽车回收经营活动的监督管理。对从事报废汽车回收(拆解)企业要严格按照规定进行审核，对没有取得报废汽车回收企业《资格认定书》和《特种行业许可证》的，不得颁发营业执照；对报废汽车回收(拆解)企业的经营行为实施监督检查；对未取得报废汽车回收企业资格认定，擅自从事报废汽车回收活动的企业和个人，或以各种形式出现的报废汽车回收拆解市场，应在经贸、公安、质检等部门的密切配合下，坚决予以查封、取缔。

2）报废汽车回收企业的资格认定

鉴于报废汽车回收拆解企业易于出现窝藏、销赃犯罪分子盗窃或抢劫的机动车辆，以及不法分子改装、拼装、倒卖报废汽车等违法犯罪活动,国家公安部门对报废汽车回收企业实行特种行业管理,国家政府主管部门对报废汽车回收企业实行资格认定制度。

除取得报废汽车回收企业资格认定的外,任何单位和个人不得从事报废汽车回收活动。由此,从法律上为执法部门治理市场混乱提供了法律依据。

不具备条件取得报废汽车回收企业资格认定或者未取得报废汽车回收企业资格认定,从事报废汽车回收活动的,任何单位和个人均有权举报。由此,从法律上使得报废汽车回收业得到规范和净化。

(1) 报废汽车回收企业应具备的条件:

① 符合国家经贸委《报废汽车回收企业总量控制方案》(国经贸资源[2001]773号)规定;符合公安部《废旧金属收购业治安管理办法》和《机动车修理业、报废汽车回收业治安管理办法》规定要求;符合《公司法》的规定要求。

② 注册资本不低于50万元人民币,依照税法规定为一般纳税人;

③ 拆解场地面积不低于5000平方米,不允许按分散场地计算;租赁的场地,租期不能少于15年;

④ 具备必要的拆解设备和消防设施,如:吊装、运输、剪切、打包、氧割、非金属处理、消防设施等必要设备;

⑤ 年回收拆解能力不低于500辆;

⑥ 正式从业人员(签订劳动合同)不少于20人,其中专业技术人员不少于5人;

报废汽车回收拆解专业技术人员比例要逐步提高,所有从业人员要通过系统专业培训,做到持证上岗。引导企业尽快完成企业内工人考核向职业技能鉴定社会化管理过渡。

⑦ 没有出售报废汽车、报废"五大总成"、拼装车等违法经营行为记录;

⑧ 符合国家规定的环境保护标准。

根据国家对报废汽车回收(拆解)企业实行资格认定的要求和国家经贸委《关于印发〈关于报废汽车回收企业总量控制方案〉的通知》(国经贸资源[2001]773号)文件规定,在全国设立367家报废汽车回收(拆解)企业。由各省、自治区、直辖市经济贸易委员会负责本省、自治区、直辖市报废汽车回收(拆解)企业审批,并报国家经济贸易委员会备案。除此之外,各地方任何部门都无权审批报废汽车回收企业或采取其他方式直接或间接或变相开展报废汽车回收、拆解经营活动。

(2) 报废汽车回收企业资格审核:

① 从事报废汽车回收业务的,应当向省、自治区、直辖市人民政府经济贸易管理部门提出申请。

依据国家经贸委《关于印发〈报废汽车回收企业总量控制方案〉的通知》(国经贸资源[2001]773号)的规定,按照各地控制数量,由地、市级经济贸易委员会提出资格认定初审意见后,报省(区、市)经济贸易委员会审批,省级经贸委公示后一个月内无异议,报国家经贸委备案并公布,并将企业地址、联系电话公之于众,接受社会广泛监督。资格认定证书由省级经贸委发放。

② 申请人取得《资格认定书》后,应当依照废旧金属收购业治安管理办法的规定向公安机关申领《特种行业许可证》。

依据国务院批准、公安部发布施行的第16号令《废旧金属收购治安管理办法》、和公安部第 38 号令《机动车修理业、报废机动车回收业治安管理办法》的规定，由取得《资格认定书》的申请人，向省(区、市)公安机关办理登记手续，然后持《资格认定书》和登记手续到县级以上公安机关办理《特种行业许可证》。

③ 申请人持《资格认定书》和《特种行业许可证》向工商行政管理部门办理登记手续，领取营业执照。

取得《资格认定书》的申请人，持《资格认定书》、公安机关登记手续和《特种行业许可证》到县级以上工商部门办理营业执照，然后到当地税务部门办理税务登记手续，方可从事报废汽车回收业务。

3) 办理报废汽车的交售程序

(1) 报废汽车拥有单位或个人的车辆达到报废汽车标准或接到当地公安车辆管理部门的车辆报废通知后，应尽快到当地公安车辆管理部门办理报废手续。

(2) 公安车辆管理部门在受理当日出具《机动车报废证明》，并告知其将报废汽车交售给报废汽车回收企业。

(3) 报废汽车拥有单位或个人持《机动车报废证明》，本着就近、自愿的原则将报废汽车交售给有资质的认定企业。

(4) 报废汽车回收企业凭《机动车报废证明》收购报废汽车并开据《报废汽车回收证明》。

报废汽车回收企业对回收的报废汽车应当逐车登记；发现回收的报废汽车有盗窃、抢劫或者其他犯罪嫌疑的，应当及时向公安机关报告。

(5) 报废汽车拥有单位或个人持《机动车报废证明》、《报废汽车回收证明》到车籍所在地的公安机关办理注销登记。并交回《车辆购置附加税证》和《道路运输证》。

4) 报废汽车回收企业必须履行的义务

(1) 报废汽车回收企业必须拆解回收的报废汽车。由于营运客车对人民生命财产和道路交通安全影响更大，因此，如果回收的是报废营运客车，还应当在公安机关的监督下解体。

(2) 拆解的"五大总成"要通过再次解体将主要部件作为废金属交售给钢铁厂作冶炼原料。"五大总成"除禁止整体销售外，发动机总成中的缸体、曲轴、凸轮轴；前后桥中的制动鼓、制动盘、主从动锥齿轮；变速器总成中的变速器壳；方向机总成中的转向节、转向摇臂、蜗轮、蜗杆；车架总成中的大梁等关键零部件要作为废金属交售给钢铁厂作冶炼原料。

(3) 拆解的其他零配件如果能够继续使用的，可以出售，但必须在销售标签和发票上标明"报废汽车回用件"，以明示与新件的区别。

(4) 报废汽车回收企业在拆解报废汽车过程中，应当遵守国家环境保护法律、法规，采取有效措施，防治出现二次污染。

报废汽车拆解中，对原汽车上存留的汽油、柴油、发动机润滑机油、轴承黄油、刹车油、压缩机制冷剂、防撞膨胀剂、防冻液等液体必须分门别类回收，禁止渗地污染；对拆解出的废棉丝、海绵、皮革、木料、橡胶、玻璃、电路线板等废弃物必须妥善处理，禁止乱扔乱弃，污染环境，努力做到清洁文明生产。

(5) 报废汽车回收企业，对收购报废汽车的定价，需依据汽车本身钢铁含量，参照当地废钢铁市场收购价格，加上合理的拆解、托运费用计价。

友情小帖示：

拼装车是指未经国家有关部门批准，利用进口汽车车身拼(组)装生产汽车，或使用报废汽车的"五大总成"(即发动机、转向机、变速器、前后桥、车架)以及其他零配件组装的机动车。

三、思考与练习

1. 单项选择题

(1)（ D ）我国目前执行的《机动车强制报废标准规定》于_____起开始施行。

A. 1997 年 7 月 15 日   B. 2006 年 7 月 15 日

C. 2011 年 5 月 1 日   D. 2013 年 5 月 1 日

(2)（ C ）根据新版《机动车强制报废标准规定》要求，私家车的使用年限为_____。

A. 10 年   B. 15 年

C. 无年限限制   D. 20 年

(3)（ B ）根据新版《机动车强制报废标准规定》的规定，在检验有效期届满后连续_____未进行年检或年检不合格的机动车应当强制报废。

A. 2 次   B. 3 次

C. 3 次   D. 5 次

(4)（ A ）根据新版《机动车强制报废标准规定》的规定，小、微型出租车的报废年限是_____。

A. 8 年   B. 10 年

C. 15 年   D. 20 年

(5)（ B ）根据新版《机动车强制报废标准规定》的规定，小型教练车的报废年限是_____。

A. 8 年   B. 10 年

C. 15 年   D. 20 年

(6)（ D ）根据新版《机动车强制报废标准规定》的规定，私家车的报废标准是_____。

A. 使用了 15 年   B. 使用了 20 年

C. 累计行驶了 50 万公里   D. 累计行驶了 60 万公里

(7)（ C ）根据新版《机动车强制报废标准规定》的规定，中、大型旅游载客汽车的报废年限是_____。

A. 8 年   B. 10 年

C. 15 年   D. 20 年

(8)（　C　）根据新版《机动车强制报废标准规定》的规定，除微型载货汽车外，其他载货汽车的报废年限是_____。

A. 8 年　　　　　　　　　　　　　B. 10 年

C. 15 年　　　　　　　　　　　　D. 20 年

(9)（　A　）我国汽车报废标准中提及的微型载货汽车是指_____。

A. 厂定最大总质量小于 1.8 吨的载货汽车

B. 厂定最大总质量小于等于 1.8 吨的载货汽车

C. 厂定最大承载质量小于 1 吨的载货汽车

D. 厂定最大承载质量小于等于 1.8 吨的载货汽车

(10)（　D　）根据新版《机动车强制报废标准规定》的规定，"集卡"的报废年限是_____。

A. 8 年　　　　　　　　　　　　　B. 10 年

C. 15 年　　　　　　　　　　　　D. 20 年

(11)（　C　）根据新版《机动车强制报废标准规定》的规定，除危险品运输半挂车和集装箱半挂车外，其他半挂车的报废年限是_____。

A. 8 年　　　　　　　　　　　　　B. 10 年

C. 15 年　　　　　　　　　　　　D. 20 年

(12)（　B　）根据新版《机动车强制报废标准规定》的规定，全挂车的报废年限是_____。

A. 8 年　　　　　　　　　　　　　B. 10 年

C. 15 年　　　　　　　　　　　　D. 20 年

(13)（　D　）"五大总成"是指拆解的发动机、前后桥、变速器、车架和_____。

A. 起动机　　　　　　　　　　　　B. 发电机

C. 轮胎　　　　　　　　　　　　　D. 转向机

(14)（　A　）从事报废汽车回收业务的，应当向省、自治区、直辖市人民政府_____部门提出申请，取得《报废汽车回收企业资格认定书》。

A. 经济贸易管理　　　　　　　　　B. 公安交通管理

C. 工商行政管理　　　　　　　　　D. 交通运输管理

(15)（　B　）从事报废汽车回收业务的企业应当取得由县级人民政府_____部门核发《特种行业许可证》后方可领取《营业执照》。

A. 经济贸易管理　　　　　　　　　B. 公安交通管理

C. 工商行政管理　　　　　　　　　D. 交通运输管理

(16)（　D　）从事报废汽车回收业务的企业，其注册资本不得低于_____元人民币。

A. 3 万元　　　　　　　　　　　　B. 10 万

C. 30 万　　　　　　　　　　　　D. 50 万

(17)（　D　）从事报废汽车回收业务的企业，其年回收拆解能力不低于_____辆。

A. 10000　　　　　　　　　　　　B. 5000

C. 1000　　　　　　　　　　　　 D. 500

(18)（　B　）《报废汽车回收企业资格认定书》由_____发放。

A. 县级经贸委　　　　　　　　　　B. 省级经贸委

C. 公安交通管理　　　　　　　　　D. 工商行政管理

(19)（　A　）报废汽车拥有单位或个人必须到＿＿＿＿＿部门办理报废手续。

A. 县级车管所　　　　　　　　　　B. 县级经贸委

C. 县级工商局　　　　　　　　　　D. 报废汽车回收企业

(20)（　C　）达到国家报废标准的汽车，其拥有者应当到＿＿＿＿＿办理机动车报废手续。

A. 废品回收站　　　　　　　　　　B. 特约维修点

C. 公安机关　　　　　　　　　　　D. 报废汽车回收企业

2. 多项选择题

(1)（　ACD　）2013 年 5 月 1 日实施的《机动车强制报废标准规定》对下列＿＿＿＿＿首次取消了使用年限的限制。

A. 小、微型非营运载客汽车　　　　B. 小、微型营运载客汽车

C. 大型非营运轿车　　　　　　　　D. 轮式专用机械车

(2)（　BC　）根据新版《机动车强制报废标准规定》的规定，装配多缸发动机的四轮农用运输车的报废年限是＿＿＿＿＿。报废里程是＿＿＿＿＿。

A. 9 年　　　　　　　　　　　　　B. 10 年

C. 30 万公里　　　　　　　　　　D. 50 万公里

(3)（　BD　）根据新版《机动车强制报废标准规定》的规定，二轮摩托车的报废年限是＿＿＿＿＿。报废里程是＿＿＿＿＿。

A. 10 年　　　　　　　　　　　　B. 13 年

C. 10 万公里　　　　　　　　　　D. 12 万公里

(4)（　ACD　）报废汽车的"五大总成"必须通过再次解体，严禁流入社会，"五大总成"是指＿＿＿＿＿。

A. 发动机和方向机　　　　　　　　B. 车身和蓄电池

C. 前后挢和变速器　　　　　　　　D. 车架

(5)（　BCD　）从事报废汽车回收业务的企业，必须持有＿＿＿＿＿后方可营业。

A.《从业认定书》　　　　　　　　B.《资格认定书》

C.《特种行业许可证》　　　　　　D.《营业执照》

(6)（　BC　）从事报废汽车回收业务的企业，必须持＿＿＿＿＿后方可到县级以上公安机关办理《特种行业许可证》。

A.《营业执照》　　　　　　　　　B.《资格认定书》

C. 省级公安机关登记手续　　　　　D.《行业许可证》

3. 填充题

(1) 根据我国道交法实施条例的规定，小、微型非营运载客汽车 6 年以内每__2__年检验 1 次；超过 6 年的，每年检验__1__次；超过 15 年的，每__6__个月检验 1 次。

(2) 使用年限在__1__年以内的机动车，不得变更其使用性质、不得转移所有权或者转出登记地所属地市级行政区域。

(3) 报废汽车回收企业凭《__机动车报废证明__》收购报废汽车并向报废汽车拥有单位或个人开据《__报废汽车回收证明__》。

(4) 拆解的"五大总成"应当作为废金属交售给钢铁厂作__冶炼原料__；拆解的其他零配件如果能够继续使用的，可以__出售__，但必须在销售标签和发票上标明"__报废汽车回用件__"，以明示与新件的区别。

4. 是非题

(1) 2013 版的《机动车强制报废标准规定》中取消了到期机动车延期运行的规定。(　√　)

(2) 根据新版《机动车强制报废标准规定》的要求，对私家车已无使用年限限制，也就是说，只要其行驶里程没超过 60 万公里的就一定不会被报废。(　×　)

(3) 在国外，大多数国家对汽车都未规定车辆强制报废的使用年限或行驶里程。(　√　)

(4) 如果是将营运载客汽车变更为非营运载客汽车的，按照非营运载客汽车的规定报废。(　×　)

(5) 任何单位和个人都可以从事报废汽车回收活动。(　×　)

(6) 任何单位和个人不得利用报废汽车"五大总成"以及其他零配件拼装汽车。(　√　)

5. 简答题

(1) 已注册的机动车在什么情况下应当强制报废？

答：已注册机动车有下列情形之一的应当强制报废：

① 达到了规定使用的年限；

② 经修理和调整仍不符合机动车安全技术国家标准对在用车有关要求的；

③ 经修理和调整或者采用控制技术后，向大气排放污染物或者噪声仍不符合国家标准对在用车有关要求的；

④ 在检验有效期届满后连续 3 个机动车检验周期内未取得机动车检验合格标志的。

(2) 从事报废汽车回收业务的企业，对企业员工法律有什么规定？如果企业用的是租赁场地法律有什么规定？

答：① 报废汽车回收企业的员工要求：正式从业人员(签订劳动合同)不少于 20 人，其中专业技术人员不少于 5 人。

② 报废汽车回收企业对租赁场地的要求：

a. 租期的拆解场地面积不得低于 5000 平方米，而且不允许按分散场地计算；

b. 场地租赁期不能少于 15 年。

第四章 汽车产业与交易法规

第一节 汽车产业发展政策

一、汽车产业政策概述

我国最早的汽车产业政策是 1994 年版的《汽车工业产业政策》，当时的关注点还在"工业"上。其分期目标是：在"八五"期间，重点扶持国家已批准的整车和零部件项目尽快建成投产，为下一步加快发展我国汽车工业创造条件；在 20 世纪内，支持 2～3 家汽车生产企业(企业集团)迅速成长为具有相当实力的大型企业，6～7 家汽车生产企业(企业集团)成为国内的骨干企业，8～10 家摩托车生产企业成为面向国内外两个市场的重点企业；给予企业政策性贷款，减免税收和优先安排发行股票或债券等政策优惠。

2001 年 11 月，我国结束了长达 15 年的谈判过程，正式加入了世界贸易组织，这标志着我国从此将更加融入世界经济体系，将更大范围地参与全球分工合作，发展国内经济。享受利益的同时也必须承担一系列承诺的义务。在汽车领域，我国政府的承诺主要有三个方面：一是关税的减让和配额的增加直至最后取消；二是关于汽车产业发展政策的修改；三是放开服务贸易。为了适应不断完善社会主义市场经济体制的要求以及加入世贸组织后国内外汽车产业发展的新形势，推进汽车产业结构调整和升级，全面提高汽车产业国际竞争力，满足消费者对汽车产品日益增长的需求，促进汽车产业健康发展，经国务院批准，国家发展和改革委员会于 2004 年 6 月 1 日正式颁布并实施《汽车产业发展政策》，与此同时，废止 1994 年颁布实施的《汽车工业产业政策》。

我国汽车业发展分界点是加入世贸组织以后，2004 年的《汽车产业发展政策》则成为了助推器，汽车业从此由"工业"进入"产业"发展阶段，此举奠定了中国汽车产业大发展的基石。正是因为有了国内独具特色的产业开放政策，中国汽车产业从小到大、从弱到强，上演了一场激扬宏大的产业大戏，众多个人和企业成为这出大戏的主角，造就了合资企业、外资企业和自主品牌企业同台表演的机会。数据显示，从 2002 年至 2012 年，中国汽车产业规模迅速扩大，已成长为国民经济的重要支柱产业，汽车工业总产值也由 2001 年不到 5000 亿元增长到 2012 年的 6 万多亿元，十年增长了十倍多，这期间还诞生了一大批大型的汽车生产企业，生产集成度明显提升，汽车工业在国民经济中发挥着越来越重要的作用。

在 1994 年和 2004 年先后出台过两版汽车产业发展政策，2004 年版汽车产业政策的规划目标均以 2010 年为限，时至今日，当年的规划目标都已基本实现。回眸 2004 版汽车产业政策，其提出的多项政策目标均围绕"做大"来做文章，包括"在 2010 年前使我国成为世界主要汽车制造国，汽车产品满足国内市场大部分需求并批量进入国际市场；2010年汽车生产企业要形成若干驰名的汽车、摩托车和零部件产品品牌；通过市场竞争形成几家具有国际竞争力的大型汽车企业集团，力争到2010年跨入世界500强企业之列"等内容。

为适应我国改革开放的需要，工业和信息化部、国家发展和改革委员会于2009年9月1日起对《汽车产业发展政策》做如下修改：停止执行第五十二条、第五十三条、第五十五条、第五十六条、第五十七条的规定；停止执行第六十条中"对进口整车、零部件的具体管理办法由海关总署会同有关部门制定，报国务院批准后实施"的规定，并于2010年公布了2010版《汽车产业发展政策(修订稿)》(以下简称2010版《产业政策》)。2010版《产业政策》是2004年版《汽车产业发展政策》的"升级"，其依据的是2009年年初国务院下发的《汽车产业调整和振兴规划》，其政策取向是推动汽车行业结构调整和兼并重组；促进汽车生产企业实现自主创新战略，不断提升自主研发能力，加快培育自主品牌；大力培育和发展新能源汽车产业，积极推进传统能源汽车的节能减排，妥善解决因汽车产业快速发展产生的能源、交通和环境问题。可惜到目前为止，2010版《产业政策》仍未正式公布实施。

1. 2004版《汽车产业发展政策》的修订

1) 七个改动

与1994年颁布的《汽车工业产业政策》相比，2004年版《汽车产业发展政策》具有七个方面的重大修改：

(1) 取消了与世界贸易组织和我国加入世界贸易组织所做承诺不一致的内容，如取消了外汇平衡、国产化比例和出口实绩等要求。

(2) 大幅度减少行政审批，该放的放开，该管的管住，依靠法规和技术标准，引导产业健康发展。

(3) 提出品牌战略，鼓励开发具有自主知识产权的产品，为汽车工业自主发展明确政策导向。

(4) 引导现有汽车生产企业兼并、重组，促进国内汽车企业集团做大做强。

(5) 要求汽车生产企业重视建立品牌销售和服务体系，以消除消费者的后顾之忧。

(6) 引导和鼓励发展节能环保型汽车和新型燃料汽车。

(7) 对创造更好的消费环境提出了指导性意见。

2) 三个特点

(1) 体现了科学发展观。《汽车产业发展政策》在充分肯定汽车工业对国民经济发展有重要推进作用的同时，也正视到了汽车工业发展带来的负面效应，譬如环境污染、能源消耗、交通堵塞等。为此，《汽车产业发展政策》按照科学发展观的要求，在技术政策上，明确提出引导和鼓励发展节能环保型小排量汽车、支持研究开发新型车用燃料和燃料汽车，注重发展和应用新技术，提高燃料经济性，积极开展车用新材料研究等；在结构调整上，针对低水平重复投资与建设问题，要求推动汽车产业结构调整和重组，鼓励以资产重组方式发展大型汽车企业集团，扩大企业规模效益，提高产业集中度；在汽车消费上，明确提出要实现汽车工业与城市交通设施、环境保护、能源节约和相关产业协调发展。

(2) 贯穿汽车产业链的全过程。与1994年颁布的《汽车工业产业政策》相比，2004年版《汽车产业发展政策》新增了产品开发、商标品牌、营销网络、准入管理等章节，对强制认证、投资管理、进口管理等都进行了比较大的充实和修改，比较全面地阐述了汽车消费政策，要求创造良好的汽车使用环境，推动汽车私人消费。因此，《汽车产业发展政策》不仅反映了汽车的投资、生产、开发、销售等领域，而且涉及汽车产业链的全过程。

(3) 贯彻了依法执政的管理思路。《汽车产业发展政策》特别注重健全汽车产业的法制化管理体系，创造公平竞争和统一的市场环境。在有关政策的表述中，多次列举各类行政管理应该依据的法律、行政法规和技术规范，从而使管理部门的管理和调控更加规范和透明，体现了政府间接调控和市场配置资源相结合的原则。

3) 两个不足

(1) 实际可操作性不强。虽然政策中将自主研发作为今后汽车产业发展的重点，但只是鼓励自主创新而缺乏具体的思路和措施以及具体的监督和激励机制，这不利于将我国企业打造成为具有国际竞争力的品牌。另外，在合资企业中有关外资持股比例以及投资企业数目的限定上，虽然形式上是防止外资抢占国内市场，保持合资企业的独立性，但如果国内企业无法提高自身竞争力，融入全球产业链，促进产业升级，那么这种政策上的限制也达不到其设想的效果。

(2) 过多地扶持了国有汽车企业集团。《汽车产业发展政策》中仍然以加强投资审批、严格行业准入等措施提高行业集中度，扶持几大集团。但事实证明，以合资为主导的几个大型企业，基本上没有自己的品牌，也缺乏配套的产业链，单从政策上支持很难提升竞争力。这种政策干预的做法也违背了市场经济规律，使整个汽车产业畸形发展。

2. 2010版《汽车产业发展政策(修订稿)》介绍

与2004年版《汽车产业发展政策》相比，2010版《汽车产业发展政策》的整体框架没有改变，主要包括政策目标、技术支持、结构调整、准入管理，以及零部件及其相关产业等几大部分内容。在自主品牌发展、新能源汽车、节能降耗、兼并重组等方面，2010版《汽车产业发展政策》进行了适当修改。在低碳经济背景下，"新能源"无疑成为2010版《汽车产业发展政策》的重点；此外，鼓励大型企业集团兼并重组、提升汽车燃油经济性、支持汽车金融等政策也成为2010版《汽车产业发展政策》的亮点。总体来讲，2010版《汽车产业发展政策》"稳"字当先，基本延续了2009年的发展态势，政策调整的重点集中在产业结构调整与技术水平提升等方面。

1) 汽车产业的"新"定位

2010版《汽车产业发展政策》开篇明意："汽车产业是国民经济重要的支柱产业"，这是国家汽车产业政策首次将汽车产业定义为国民经济重要的支柱产业。2004版《汽车产业发展政策》(以下简称2004版《产业政策》)的提法是"努力发展成为国民经济的支柱产业"。简单的言语变化，却折射出中国汽车产业6年来的巨大成就。

对汽车产业新的定位，有利于整个行业的发展。作为国民经济重要的支柱产业，国家会出台相应的政策去扶持发展，这在2009年已有所体现。毫不夸张地讲，2009年的牛市，大半功劳归于"政策托市"。国家紧锣密鼓地陆续出台一系列措施(主要有费改税、低排量乘用车购置税减半、"汽车下乡"和汽车"以旧换新"等)确保了《汽车产业振兴与调整规划(2009—2011 年)》的执行和目标的实现。

2) 鼓励大型企业集团兼并重组

2010 版《汽车产业发展政策》一如既往地鼓励大型企业集团兼并重组，扩大规模效益，希望借此提高产业集中度，避免散、乱、低水平重复建设。与 2004 版《产业政策》相比，2010 版则更为具体，比如"逐步建成数家具有国际竞争力的企业集团"、"形成若干全球驰名的自主品牌"，而且对大型企业集团研发投入占销售额的比例提出具体要求："2010 年前，大型企业集团研发投入占销售额的比例要超过 4%，骨干企业要超过了 3%"，还确定了"2015 年前跨入世界 500 强的企业不少于 5 家"的政策目标，以及"支持骨干企业集团实施跨地区、跨行业、跨所有制的兼并重组"、"制定支持企业重组的政策措施，着力消除跨地区、跨所有制企业兼并重组的障碍"、"2011 年底前，新建汽车生产企业和异地设立分厂，必须在兼并现有汽车生产企业的基础上进行"等。

鼓励大型企业集团兼并重组是汽车产业发展政策的一贯延续，只是 2009 年以来的兼并重组力度和步伐更大了些。2009 年中国汽车界已开始较大规模的重组，如广汽集团收编长丰、长安联姻中航汽车、北汽与福汽正在进行重整等。

3) 新能源与节能环保

"哥本哈根"环保风已在全球掀起，打造低碳经济已成为世界各国社会经济发展的方向。汽车产业将成为低碳经济下的重中之重。在此背景下，"新能源"已成为本次产业政策中最眩目的亮点，全文多处提及"新能源"，如"大力发展新能源汽车，培育新的竞争优势"、"鼓励新能源汽车消费，2015 年新能源汽车产销量要占汽车总产销量的 20%"、"新建车用动力电池、驱动电机、整车控制系统及电池电机的基础材料等关键零部件合资企业需具有自主研发能力和知识产权，中方股比不得低于 51%"的具体要求等。在产能过剩背景下，对新增合资项目以及整车生产企业异地投建新工厂(即扩大产能)的准入条件也做了补充，增加了"必须上马新能源汽车"的要求。

2010 版《汽车产业发展政策》还指出："国家引导和鼓励发展节能环保的传统能源汽车。汽车产业要结合国家能源结构调整战略和排放标准的要求，提高传统能源汽车整车和发动机效率，采用轻量化技术，重点发展节能环保型小排量汽车、重型商用车、高效汽柴油发动机等关键技术。"

4) 自主品牌发展

2010 版《汽车产业发展政策》鼓励企业增强自主创新能力，形成若干全球驰名的自主品牌。不仅明确规定支持生产企业提高研发能力和技术创新能力，积极开发具有自主知识产权的产品，实施品牌经营战略，而且更为详细地规定："现有汽车生产企业(不含与境外汽车生产企业合资的中外合资企业及其再投资企业)在新开发和引进的产品车身前部显著位置应标注本企业或本企业投资股东独家拥有的汽车产品商标。"到 2015 年，中国自主品牌乘用车将占国内汽车市场 50% 的份额，其中自主品牌轿车约占国内汽车市场 40% 的份额。

5) 汽车金融

"支持国内骨干汽车生产企业建立汽车金融公司。支持发展汽车租赁业务"，对比 2004 版"在确保信贷安全的前提下，经核准，符合条件的企业可设立专业服务于汽车销售的非银行金融机构"，2010版《汽车产业发展政策》更为积极，对汽车金融的支持力度更大。

6) 汽车排放

2010 版《汽车产业发展政策》提出："国家有关部门统一制定和颁布汽车排放标准，并根据国情分为现行标准和预期标准。如选择预期标准为现行标准的，至少提前两年公布实施日期。"而 2004 版《产业政策》则规定"提前一年公布实施"。这一变化，反映出汽车产业界对目前汽车排放政策提前公布时间的不满。

二、日本与韩国的汽车产业政策

1. 日本汽车产业政策介绍

1) 恢复汽车产业发展政策

在 1950 年美国侵朝战争爆发带来的"特需景气"刺激下，日本政府为加快卡车等军需物资的生产，制定以扩大融资、降低税收、实施外汇配额制等一系列优惠措施为主要内容的产业政策，揭开了恢复战后日本汽车生产体制的序幕。1952 年日本政府将汽车、钢铁、机床和电气通讯设备等确定为重点产业，在促进研发和设备更新等方面实施更多优惠措施。

2) 保护扶持汽车国产化政策

20 世纪 40 年代末，日本开始恢复生产轿车，并将轿车产业确定为重要战略性产业。为保护日本轿车产业，日本通产省通过实施小型轿车进口高关税政策和"外汇配额制"，限制外国整车的进口。为扶持轿车发展，1951 年日本出台了重点扶持轿车产业发展的具体措施，如：为汽车生产企业购买设备提供长期贷款，帮助企业进口设备、零部件和原材料等。

3) 技术合作引进政策

为提高日本国产轿车的生产技术水平，日本政府积极支持日本企业与欧美汽车企业的技术合作与引进。在日本通产省支持下，1952 年至 1953 年，日产、五十铃等日本主要汽车生产企业分别与欧美企业签订了关于帮助日本实现轿车国产化的技术合作及合作生产装配的协议。到 1957 年，日本汽车生产企业通过与欧美企业的技术合作与引进，零部件生产全部实现了国产化。

4) 促进规模化与集约化生产政策

20 世纪 50 年代中期和 60 年代初期，日本政府分别提出"经济型轿车发展计划(大众车构想)"(1955 年)和"汽车生产企业集团化发展计划(集团化构想)"(1961 年)。前者计划通过将低价、可扩大出口的小型轿车集中在一家企业生产，政府实行集中支持，以达到规模化生产、提升国际竞争力、扩大出口的目的。后者计划通过对日本国内汽车生产企业的合并、重组，形成日本汽车集约化生产体制。在"经济型轿车发展计划"推动下，日本轿车产业建立了以小型车、轻型车的专业化、规模化为重点的生产体制。"汽车生产企业集团化发展计划"因遭到行业内外的抵制而实际收效不大，但其建立日本汽车产业规模生产体制的理念对以后的日本汽车产业政策产生了较大的积极影响。

2. 韩国汽车产业政策介绍

1) 韩国汽车产业政策概述

韩国汽车工业在 50 多年的时间里，成功地走出了一条引进技术、消化吸收、自主创新的道路。目前，韩国已经成功跻身世界五大汽车生产国行列。纵观韩国汽车工业的发展，"自主"战略是其主线。在汽车工业规模从小到大、从弱到强的发展过程中，政府的政策扶持起到了关键性的作用。

在政策扶持方面，从 1962 年到 1990 年，韩国为汽车工业的发展颁布了一系列扶持性的政策法规。1962 年颁布了《第一个经济开发五年计划》，其主要目标是继续发展替代进口的产业、减少对外国品牌的依赖，以提高工业品的自给能力、奠定自主的经济基础。该计划对重工业的发展计划、优惠条件、资金筹措方式、产品方向、技术引进等都作了规定。国家还直接进行了大规模投资。正是由于这一计划，诞生了韩国的汽车工业。韩国政府的这一经济发展计划和随后的产业政策都为汽车本土化发展提供了高度优惠的条件。韩国政府明确提出要把汽车工业建成国民经济的战略产业，要求发展具有韩国特色的轿车，规定汽车厂和零部件厂的生产规模和发展方向，并为此制定了一系列的政策予以支持。1962 年，韩国政府启动了《汽车工业五年计划》，随后颁布了《汽车工业保护法》，严格限制外国轿车及其零部件进口，这些都给各汽车公司以极大的鼓舞和信心。1964 年，韩国政府公布了《全面提升汽车工业计划》；1965 年公布了《三年实现汽车本土化计划》，其目标是在 1967 年达到 90% 的国产化水平。在政府强有力的干预和控制下，零部件的国产化率及汽车产业的经济规模有了空前的提高，汽车生产的零部件组装方式开始转向自主研发的独立生产方式。随后韩国政府于 1967 年制定了《汽车厂家执行标准》；1969 年颁布了《汽车工业育成基本规划》；1974 年制定了《汽车工业发展规划》，把汽车年生产目标定为 500 万辆；1975 年又为中小汽车厂家颁布了《系统化发展方案》，在国产化总目标下，把原有的一批中小型企业重新组合成为骨干企业的配套辅助企业，使其从事汽车配件的开发和专业化生产，同时整合汽车工业向集团化的方向发展。通过改组、联合，韩国汽车厂家形成了现代、大宇、起亚三大汽车集团，这对推动韩国汽车工业形成规模效应、提升国际竞争力发挥了不容否认的作用。1986 年，韩国政府根据《工业发展法》确定汽车工业为国民经济的战略产业。政府的支持加速了企业的研究开发，在此背景下，现代公司在1991 年制造出国产化率达 100% 的国产车 Accent，从此，韩国成为有能力独自生产汽车的国家。

2) 韩国汽车产业政策的阶段性划分

(1) 进口替代战略下的保护国内汽车产业政策。20 世纪 60 年代初期，处于起步阶段的韩国汽车产业选择了进口替代发展战略。国内汽车生产企业主要通过从日本、意大利等国引进技术、进口零部件，装配生产轿车、巴士及卡车等。为促进韩国汽车组装生产企业的有序竞争，限制外国整车进口，保护引导韩国汽车产业健康发展，韩国政府制定政策法规，将 150 余家大中型汽车组装生产企业削减到 5~6 家；并将扶持的重点逐步从组装生产企业转向零部件生产的国产化。

(2) 自主开发模式下的扶持汽车产业发展政策。进入 20 世纪 70 年代，韩国政府认识到单纯依赖外国技术的进口替代战略，难以建立本国的汽车产业，于是在 1974 年提出了建立小型轿车自主开发模式、具体方针及其出口产业化的战略目标。20 世纪 70 年代中期，现代汽车首先自主开发出了小型轿车——Pony，并在市场销售获得成功。

(3) 技术引进与利用外资政策。韩国政府重视与外国汽车生产企业的技术合作，积极引导企业引进西方发达国家的先进技术。20 世纪 60 年代后期，韩国政府先后批准了亚细亚汽车和现代集团引进外国先进汽车生产技术的协定。70 年代后期，韩国开始通过资金合作的方式引进技术，但严格限制外资投资比例不能超过 50%。进入 80 年代，韩国为增强汽车产业的国际竞争力，对从外国引进技术采取了更加积极灵活的政策，因此也促进了韩国企业与外资汽车生产企业的资金合作。

(4) 促进规模化与集约化生产政策。20 世纪 70 年代和 80 年代，韩国政府两次制定并实施"经济型轿车发展计划(大众车构想)"，都因国内市场狭小、"计划"缺乏约束力等因素影响没有取得预期效果。另外，20 世纪 60 至 80 年代，韩国政府积极实施汽车生产集约化政策，虽因国内外部分企业的抵制未能完成全部计划，但通过推进集约化政策减少了韩国国内汽车生产企业数量。

三、2004 版《汽车产业发展政策》主要内容

1. 政策目标

坚持发挥市场配置资源的基础性作用与政府宏观调控相结合的原则，创造公平竞争和统一的市场环境，健全汽车产业的法制化管理体系。政府职能部门依据行政法规和技术规范的强制性要求，对汽车、农用运输车(低速载货车及三轮汽车)、摩托车和零部件生产企业及其产品实施管理，规范各类经济主体在汽车产业领域的市场行为。

促进汽车产业与关联产业、城市交通基础设施和环境保护协调发展，创造良好的汽车使用环境，培育健康的汽车消费市场，保护消费者权益，推动汽车私人消费。在 2010 年前使我国成为世界主要汽车制造国，汽车产品满足国内市场大部分需求并批量进入国际市场。

激励汽车生产企业提高研发能力和技术创新能力，积极开发具有自主知识产权的产品，实施品牌经营战略。2010 年汽车生产企业要形成若干驰名的汽车、摩托车和零部件产品品牌。

推动汽车产业结构调整和重组，扩大企业规模效益，提高产业集中度，避免散、乱、低水平重复建设。

通过市场竞争形成几家具有国际竞争力的大型汽车企业集团，力争到 2010 年跨入世界 500 强企业之列。

鼓励汽车生产企业按照市场规律组成企业联盟，实现优势互补和资源共享，扩大经营规模。

培育一批有比较优势的零部件企业实现规模生产并进入国际汽车零部件采购体系，积极参与国际竞争。

2. 发展规划

国家依据《汽车产业发展政策》指导行业发展规划的编制。发展规划包括行业中长期发展规划和大型汽车企业集团发展规划。行业中长期发展规划由国家发展改革委会同有关

部门在广泛征求意见的基础上制定，报国务院批准施行。大型汽车企业集团应根据行业中长期发展规划编制本集团发展规划。

凡具有统一规划、自主开发产品、独立的产品商标和品牌、销售服务体系管理一体化等特征的汽车企业集团，且其核心企业及所属全资子企业、控股企业和中外合资企业所生产的汽车产品国内市场占有率在15%以上的，或汽车整车年销售收入达到全行业整车销售收入15%以上的，可作为大型汽车企业集团单独编报集团发展规划，经国家发改委组织论证核准后实施。

3. 技术政策

坚持引进技术和自主开发相结合的原则，跟踪研究国际前沿技术，积极开展国际合作，发展具有自主知识产权的先进适用技术。引进技术的产品要具有国际竞争力，并适应国际汽车技术规范的强制性要求发展的需要；自主开发的产品力争与国际技术水平接轨，参与国际竞争。国家在税收政策上对符合技术政策的研发活动给予支持。

国家引导和鼓励发展节能环保型小排量汽车。汽车产业要结合国家能源结构调整战略和排放标准的要求，积极开展电动汽车、车用动力电池等新型动力的研究和产业化，重点发展混合动力汽车技术和轿车柴油发动机技术。国家在科技研究、技术改造、新技术产业化、政策环境等方面将采取措施，促进混合动力汽车的生产和使用。

国家支持研究开发醇燃料、天然气、混合燃料、氢燃料等新型车用燃料，鼓励汽车生产企业开发生产新型燃料汽车。

汽车产业及相关产业要注重发展和应用新技术，提高汽车的燃油经济性。2010年前，乘用车新车平均油耗比2003年降低15%以上。要依据有关节能方面技术规范的强制性要求，建立汽车产品油耗公示制度。

积极开展轻型材料、可回收材料、环保材料等车用新材料的研究。国家适时制定最低再生材料利用率要求。

国家支持汽车电子产品的研发和生产，积极发展汽车电子产业，加速在汽车产品、销售物流和生产企业中运用电子信息技术，推动汽车产业发展。

4. 结构调整

国家鼓励汽车企业集团化发展，形成新的竞争格局。在市场竞争和宏观调控相结合的基础上，通过企业间的战略重组，实现汽车产业结构优化和升级。

战略重组的目标是支持汽车生产企业以资产重组方式发展大型汽车企业集团，鼓励以优势互补、资源共享合作方式结成企业联盟，形成大型汽车企业集团、企业联盟、专用汽车生产企业协调发展的产业格局。

汽车整车生产企业要在结构调整中提高专业化生产水平，将内部配套的零部件生产单位逐步调整为面向社会的、独立的专业化零部件生产企业。

企业联盟要在产品研究开发、生产配套协作和销售服务等领域广泛开展合作，体现调整产品结构，优化资源配置，降低经营成本，实现规模效益和集约化发展。参与某一企业联盟的企业不应再与其他企业结成联盟，以巩固企业联盟的稳定和市场地位。国家鼓励企业联盟尽快形成以资产为纽带的经济实体。企业联盟的合作发展方案中涉及新建汽车生产企业和跨类别生产汽车的项目，按本政策有关规定执行。

国家鼓励汽车、摩托车生产企业开展国际合作，发挥比较优势，参与国际产业分工；支持大型汽车企业集团与国外汽车集团联合兼并重组国内外汽车生产企业，扩大市场经营范围，适应汽车生产全球化趋势。

建立汽车整车和摩托车生产企业退出机制，对不能维持正常生产经营的汽车生产企业(含现有改装车生产企业)实行特别公示。该类企业不得向非汽车、摩托车生产企业及个人转让汽车、摩托车生产资格。国家鼓励该类企业转产专用汽车、汽车零部件或与其他汽车整车生产企业进行资产重组。汽车生产企业不得买卖生产资格，破产汽车生产企业同时取消公告名录。

5. 准入管理

制定《道路机动车辆管理条例》(以下简称《条例》)。政府职能部门依据《条例》对道路机动车辆的设计、制造、认证、注册、检验、缺陷管理、维修保养、报废回收等环节进行管理。管理要做到责权分明、程序公开、操作方便、易于社会监督。

制定道路机动车辆安全、环保、节能、防盗方面的技术规范的强制性要求。所有道路机动车辆执行统一制定的技术规范的强制性要求。要符合我国国情并积极与国际车辆技术规范的强制性要求衔接，以促进汽车产业的技术进步。不符合相应技术规范的强制性要求的道路机动车辆产品，不得生产和销售。农用运输车仅限于在3级以下(含3级)公路行驶，执行相应制定的技术规范的强制性要求。

建立统一的道路机动车辆生产企业和产品的准入管理制度。符合准入管理制度规定和相关法规、技术规范的强制性要求并通过强制性产品认证的道路机动车辆产品，登录《道路机动车辆生产企业及产品公告》，由国家发改委和国家质检总局联合发布。公告内产品必须标识中国强制性认证(3C)标志。不得用进口汽车和进口车身组装汽车替代自产产品进行认证，禁止非法拼装和侵犯知识产权的产品流入市场。

公安交通管理部门依据《道路机动车辆生产企业及产品公告》和中国强制性认证(3C)标志办理车辆注册登记。

政府有关职能部门要按照准入管理制度对汽车、农用运输车和摩托车等产品分类设定企业生产准入条件，对生产企业及产品实行动态管理，凡不符合规定的企业或产品，撤消其在《道路机动车辆生产企业及产品公告》中的名录。企业生产准入条件中应包括产品设计开发能力、产品生产设施能力、产品生产一致性和质量控制能力、产品销售和售后服务能力等要求。

道路机动车辆产品认证机构和检测机构由国家质检总局和国家发改委指定，并按照市场准入管理制度的具体规定开展认证和检测工作。认证机构和检测机构要具备第三方公正地位，不得与汽车生产企业存在资产、管理方面的利益关系，不得对同一产品进行重复检测和收费。国家支持具备第三方公正地位的汽车、摩托车和重点零部件检测机构规范发展。

6. 商标品牌

汽车、摩托车、发动机和零部件生产企业均要增强企业和产品品牌意识，积极开发具有自主知识产权的产品，重视知识产权保护，在生产经营活动中努力提高企业品牌知名度，维护企业品牌形象。

汽车、摩托车、发动机和零部件生产企业均应依据《商标法》注册本企业自有的商品商标和服务商标。国家鼓励企业制定品牌发展和保护规划，努力实施品牌经营战略。

2005年起，所有国产汽车和总成部件要标示生产企业的注册商品商标，在国内市场销售的整车产品要在车身外部显著位置标明生产企业商品商标和本企业名称或商品产地，如商品商标中已含有生产企业地理标志的，可不再标明商品产地。所有品牌经销商要在其销售服务场所醒目位置标示生产企业服务商标。

7. 产品开发

国家支持汽车、摩托车和零部件生产企业建立产品研发机构，形成产品创新能力和自主开发能力。自主开发可采取自行开发、联合开发、委托开发等多种形式。企业自主开发产品的科研设施建设投资凡符合国家促进企业技术进步有关税收规定的，可在所得税前列支。国家将尽快出台鼓励企业自主开发的政策。

汽车生产企业要努力掌握汽车车身开发技术，注重产品工艺技术的开发，并尽快形成底盘和发动机开发能力。国家在产业化改造上支持大型汽车企业集团、企业联盟或汽车零部件生产企业开发具有当代先进水平和自主知识产权的整车或部件总成。

汽车、摩托车和零部件生产企业要积极参加国家组织的重大科技攻关项目，加强与科研机构、高等院校之间的合作研究，注重科研成果的应用和转化。

8. 零部件及相关产业

汽车零部件企业要适应国际产业发展趋势，积极参与主机厂的产品开发工作。在关键汽车零部件领域要逐步形成系统开发能力，在一般汽车零部件领域要形成先进的产品开发和制造能力，满足国内外市场的需要，努力进入国际汽车零部件采购体系。

制定零部件专项发展规划，对汽车零部件产品进行分类指导和支持，引导社会资金投向汽车零部件生产领域，促使有比较优势的零部件企业形成专业化、大批量生产和模块化供货能力。对能为多个独立的汽车整车生产企业配套和进入国际汽车零部件采购体系的零部件生产企业，国家在技术引进、技术改造、融资以及兼并重组等方面予以优先扶持。汽车整车生产企业应逐步采用电子商务、网上采购方式面向社会采购零部件。

根据汽车行业发展规划要求，冶金、石油化工、机械、电子、轻工、纺织、建材等汽车工业相关领域的生产企业应注重在金属材料、机械设备、工装模具、汽车电子、橡胶、工程塑料、纺织品、玻璃、车用油品等方面，提高产品水平和市场竞争能力，与汽车工业同步发展。

重点支持钢铁生产企业实现轿车用板材的供应能力；支持设立专业化的模具设计制造中心，提高汽车模具设计制造能力；支持石化企业技术进步和产品升级，使成品油、润滑油等油品质量达到国际先进水平，满足汽车产业发展的需要。

9. 营销网络

国家鼓励汽车、摩托车及其零部件生产企业和金融、服务贸易企业借鉴国际上成熟的汽车营销方式、管理经验和服务贸易理念，积极发展汽车服务贸易。

为保护汽车消费者的合法权益，使其在汽车购买和使用过程中得到良好的服务，国内外汽车生产企业凡在境内市场销售自产汽车产品的，必须尽快建立起自产汽车品牌销售和服务体系。该体系可由国内外汽车生产企业以自行投资或授权汽车经销商投资方式建立。境内外投资者在得到汽车生产企业授权并按照有关规定办理必要的手续后，均可在境内从事国产汽车或进口汽车的品牌销售和售后服务活动。

2005年起，汽车生产企业自产乘用车均要实现品牌销售和服务；2006年起，所有自产汽车产品均要实现品牌销售和服务。

取消现行有关小轿车销售权核准管理办法，由商务部会同国家工商总局、国家发展改革委等有关部门制定汽车品牌销售管理实施办法。汽车销售商应在工商行政管理部门核准的经营范围内开展汽车经营活动。其中不超过九座的乘用车(含二手车)品牌经销商的经营范围，经国家工商行政管理部门依照有关规定核准、公布。品牌经销商营业执照统一核准为品牌汽车销售。

汽车、摩托车生产企业要加强营销网络的销售管理，规范维修服务；有责任向社会公告停产车型，并采取积极措施保证在合理期限内提供可靠的配件供应用于售后服务和维修；要定期向社会公布其授权和取消授权的品牌销售或维修企业名单；对未经品牌授权和不具备经营条件的经销商，不得提供产品。

汽车、摩托车和零部件销售商在经营活动中应遵守国家有关法律法规。对销售国家禁止或公告停止销售的车辆的，伪造或冒用他人厂名、厂址、合格证销售车辆的，未经汽车生产企业授权或已取消授权仍使用原品牌进行汽车、配件销售和维修服务的，以及经销假冒伪劣汽车配件并为客户提供修理服务的，有关部门要依法予以处罚。

汽车生产企业要兼顾制造和销售服务环节的整体利益，提高综合经济效益。转让销售环节的权益给其他法人机构的，应视为原投资项目可行性研究报告重大变更，除按规定报商务部批准外，需报请原项目审批单位核准。

10. 投资管理

按照有利于企业自主发展和政府实施宏观调控的原则，改革政府对汽车生产企业投资项目的审批管理制度，实行备案和核准两种方式。

(1) 实行备案的投资项目：

① 现有汽车、农用运输车和车用发动机生产企业自筹资金扩大同类别产品生产能力和增加品种，包括异地新建同类别产品的非独立法人生产单位的，由省级政府投资管理部门或计划单列企业集团报送国家发改委备案。

② 投资生产汽车、摩托车及其发动机、农用运输车和摩托车的零部件的，由企业直接报送省级政府投资管理部门备案。

(2) 实行核准的投资项目：

① 新建汽车、农用运输车、车用发动机生产企业，包括现有汽车生产企业异地建设新的独立法人生产企业。

② 现有汽车生产企业跨产品类别生产其他类别汽车整车产品。

实行核准的投资项目由省级政府投资管理部门或计划单列企业集团报国家发改委审查，其中投资生产专用汽车的项目由省级政府投资管理部门核准后报国家发改委备案，新建中外合资轿车项目由国家发改委报国务院核准。

经核准的大型汽车企业集团发展规划，其所包含的项目由企业自行实施。

2006 年 1 月 1 日前，暂停核准新建农用运输车生产企业。

(3) 新的投资项目应具备以下条件：

① 新建摩托车及其发动机生产企业要具备技术开发的能力和条件，项目总投资不得低于 2 亿元人民币。

② 专用汽车生产企业注册资本不得低于 2000 万元人民币，要具备产品开发的能力和条件。

③ 跨产品类别生产其他类汽车整车产品的投资项目，项目投资总额(含利用原有固定资产和无形资产等)不得低于 15 亿元人民币，企业资产负债率在 50% 之内，银行信用等级为 AAA。

④ 跨产品类别生产轿车类、其他乘用车类产品的汽车生产企业应具备批量生产汽车产品的业绩，近三年税后利润累计在 10 亿元以上(具有税务证明)；企业资产负债率在 50% 之内，银行信用等级为 AAA。

⑤ 新建汽车生产企业的投资项目，项目投资总额不得低于 20 亿元人民币，其中自有资金不得低于 8 亿元人民币，要建立产品研究开发机构，且投资不得低于 5 亿元人民币。新建乘用车、重型载货车生产企业投资项目应包括为整车配套的发动机生产。

⑥ 新建车用发动机生产企业的投资项目，项目投资总额不得低于 15 亿元人民币，其中自有资金不得低于 5 亿元人民币，要建立研究开发机构，产品水平要满足不断提高的国家技术规范的强制性要求。

⑦ 对新建投资项目的生产规模的限制：重型载货车：10 000 辆；乘用车：装载 4 缸发动机的 50 000 辆，装载 6 缸发动机的 30 000 辆。

(4) 其他投资管理：

汽车整车、专用汽车、农用运输车和摩托车中外合资生产企业的中方股份比例不得低于 50%。已上市的汽车整车、专用汽车、农用运输车和摩托车股份公司对外出售法人股份时，中方法人之一必须相对控股且大于外资法人股之和。同一家外商可在国内建立两家(含两家)以下生产同类(乘用车类、商用车类、摩托车类)整车产品的合资企业，如与中方合资伙伴联合兼并国内其他汽车生产企业，可不受两家的限制。境外具有法人资格的企业相对控股另一家企业，则视为同一家外商。

国内外汽车生产企业在出口加工区内投资生产出口汽车和车用发动机的项目，可不受本政策有关条款的约束，需报国务院专项审批。

中外合资汽车生产企业合营各方延长合营期限、改变合资股比或外方股东的，需按有关规定报原审批部门办理。

实行核准的项目未获得核准通知的，土地管理部门不得办理土地征用，国有银行不得发放贷款，海关不办理免税，证监会不核准发行股票与上市，工商行政管理部门不办理新建企业登记注册手续，国家汽车产品认证管理部门不受理生产企业和产品准入申请。

11. 进口管理

汽车、摩托车及零部件的进口要严格按照进口整车和零部件税率征收关税，防止关税流失。国家有关职能部门要在申领配额、进口报关、产品准入等环节进行核查。

国家指定大连新港、天津新港、上海港、黄埔港四个沿海港口和满洲里、深圳(皇岗)

两个陆地口岸，以及新疆阿拉山口岸(进口新疆自治区自用、原产地为独联体国家的汽车整车)为整车进口口岸。进口汽车整车必须通过以上口岸进口。2005年起，所有进口口岸保税区不得存放以进入国内市场为目的的汽车。

国家禁止以贸易方式和接受捐赠方式进口旧汽车和旧摩托车及其零部件，以及以废钢铁、废金属的名义进口旧汽车总成和零件进行拆解和翻新。对维修境外并复出境的上述产品可在出口加工区内进行，但不得进行旧汽车、旧摩托车的拆解和翻新业务。

对国外送检样车、进境参展等临时进口的汽车，按照海关对暂时进出口货物的管理规定实施管理。

12. 汽车消费

培育以私人消费为主体的汽车市场，改善汽车使用环境，维护汽车消费者权益。引导汽车消费者购买和使用低能耗、低污染、小排量、新能源、新动力的汽车，加强环境保护。实现汽车工业与城市交通设施、环境保护、能源节约和相关产业协调发展。

建立全国统一、开放的汽车市场和管理制度，各地政府要鼓励不同地区生产的汽车在本地区市场实现公平竞争，不得对非本地生产的汽车产品实施歧视性政策或可能导致歧视性结果的措施。凡在汽车购买、使用和产权处置方面不符合国家法规和本政策要求的各种限制和附加条件，应一律予以修订或取消。

国家统一制定和公布针对汽车的所有行政事业性收费和政府性基金的收费项目和标准，规范汽车注册登记环节和使用过程中的政府各项收费。各地在汽车购买、登记和使用环节，不得新增行政事业性收费和政府性基金项目和金额，如确实需要新增，应依据法律、法规或国务院批准的文件按程序报批。除国家规定的收费项目外，任何单位不得对汽车消费者强制收取任何非经营服务性费用。对违反规定强制收取的，汽车消费者有权举报并拒绝交纳。

加强经营服务性收费管理。汽车使用过程中所涉及的维修保养、非法定保险、机动车停放费等经营服务性收费，应以汽车消费者自愿接受服务为原则，由经营服务单位收取。维修保养等竞争性行业的收费及标准，由经营服务者按市场原则自行确定。机动车停放等使用垄断资源进行经营服务的，其收费标准和管理办法由国务院价格主管部门或授权省级价格主管部门制定、公布并监督实施。经营服务者要在收费场所设立收费情况动态告示牌，并接受公众监督。

公路收费站点的设立必须符合国家有关规定，所有收费站点均应在收费站醒目位置公布收费依据和收费标准。

积极发展汽车服务贸易，推动汽车消费。国家支持发展汽车信用消费，从事汽车消费信贷业务的金融机构要改进服务，完善汽车信贷抵押办法。在确保信贷安全的前提下，允许消费者以所购汽车作为抵押获取汽车消费贷款。经核准，符合条件的企业可设立专业服务于汽车销售的非银行金融机构，外资可开展汽车消费信贷、租赁等业务。努力拓展汽车租赁、驾驶员培训、储运、救援等各项业务，健全汽车行业信息统计体系，发展汽车网络信息服务和电子商务。支持有条件的单位建立消费者信用信息体系，并实现信息共享。

国家鼓励二手车流通。有关部门要积极创造条件，统一规范二手车交易税费征管办法，方便汽车经销企业进行二手车交易，培育和发展二手车市场。

建立二手车自愿申请评估制度。除涉及国有资产的车辆外，二手车的交易价格由买卖双方商定；当事人可以自愿委托具有资质证书的中介机构进行评估，供交易时参考；任何单位和部门不得强制或变相强制对交易车辆进行评估。

开展二手车经营的企业，应具备相应的资金、场地和专业技术人员，经工商行政管理部门核准登记后开展经营活动。汽车销售商在销售二手车时，应向购车者提供车辆真实情况，不得隐瞒和欺诈。所销售的车辆必须具有《机动车登记证书》和《机动车行驶证》，同时具备公安交通管理部门和环境保护管理部门的有效年检证明。购车者购买的二手车如不能办理机动车转出登记和转入登记时，销售商应无条件接受退车，并承担相应的责任。

完善汽车保险制度。保险制度要根据消费者和投保汽车风险程度的高低来收取保费。鼓励保险业推进汽车保险产品多元化和保险费率市场化。

各城市人民政府要综合研究本市的交通需求和交通方式与城市道路和停车设施等交通资源平衡发展的政策和方法。制定非临时性限制行驶区域交通管制方案要实行听证制度。

各城市人民政府应根据本市经济发展状况，以保障交通通畅、方便停车和促进汽车消费为原则，积极搞好停车场所及设施的规划和建设。制定停车场所用地政策和投资鼓励政策，鼓励个人、集体、外资投资建设停车设施。为规范城市停车设施的建设，建设部应制定相应标准，对居住区、商业区、公共场所及娱乐场所等建立停车设施提出明确要求。

国家有关部门统一制定和颁布汽车排放标准，并根据国情分为现行标准和预期标准。各省、自治区、直辖市人民政府根据本地实际情况，选择实行现行标准或预期标准。如选择预期标准为现行标准的，至少提前一年公布实施日期。

实行全国统一的机动车登记、检验管理制度，各地不得自行制定管理办法。在申请办理机动车注册登记和年度检验时，除按国家有关法律法规和国务院规定或授权规定应当提供的凭证(机动车所有人的身份证明、机动车来历证明、国产机动车整车出厂合格证或进口机动车进口证明、有关税收凭证、法定保险的保险费缴费凭证、年度检验合格凭证等)外，公安交通管理部门不得额外要求提交其他凭证。各级人民政府和有关部门也不得要求公安交通管理部门在注册登记和年度检验时增加查验其他凭证。汽车消费者提供的手续符合国家规定的，公安交通管理部门不得拒绝办理注册登记和年度检验。

公安交通和环境保护管理部门要根据汽车产品类别、用途和新旧状况与有关部门制定差别化管理办法。对新车、非营运用车适当延长检验间隔时间，对老旧汽车可适当增加检验频次和检验项目。

公安交通管理部门核发的《机动车登记证书》在汽车租赁、汽车消费信贷、二手车交易时可作为机动车所有人的产权凭证使用，在汽车交易时必须同时将《机动车登记证书》转户。

在道路机动车辆产品技术规范的强制性要求出台之前，暂且执行国家强制性标准。

四、思考与练习

1. 单项选择题

(1) (A) 原来的《汽车工业产业政策》是＿＿＿＿＿年颁布的。

A. 1994　　　　B. 1995　　　　C. 1996　　　　D. 1997

(2) （ B ）《汽车产业发展政策》要求在_____年汽车生产企业要形成若干驰名的汽车、摩托车和零部件产品品牌。

A. 2008　　　　　　B. 2010　　　　　　C. 2015　　　　　　D. 2020

(3) （ D ）我国是_____年，正式颁发实施了《汽车产业发展政策》(简称"新《政策》")。

A. 1994　　　　　　B. 2000　　　　　　C. 2002　　　　　　D. 2004

(4) （ C ）根据中美达成的中国加入WTO的双边协议，在2006年以前，我国整车关税将从目前的80%～100%降至_____。

A. 60%　　　　　　B. 40%　　　　　　C. 25%　　　　　　D. 10%

(5) （ D ）根据中美达成的中国加入WTO的双边协议，在2006年以前，我国零部件关税将降至平均_____的水平。

A. 60%　　　　　　B. 40%　　　　　　C. 25%　　　　　　D. 10%

(6) （ D ）2010版《汽车产业发展政策》目标之一是自主品牌汽车市场比例扩大，到2015年，中国自主品牌乘用车将占国内汽车市场50%的份额，其中自主品牌轿车约占国内汽车市场_____的份额。

A. 10%　　　　　　B. 20%　　　　　　C. 30%　　　　　　D. 40%

(7) （ B ）2010版《汽车产业发展政策》将汽车排放标准分为现行标准和预期标准。如选择预期标准为现行标准的，至少提前_____公布实施日期。

A. 一年　　　　　　B. 二年　　　　　　C. 三年　　　　　　D. 四年

(8) （ B ）汽车大型生产企业的认定标准是国内市场占有率及整车销售额占全行业销售额的_____。

A. 10%　　　　　　B. 15%　　　　　　C. 20%　　　　　　D. 25%

(9) （ B ）《汽车产业发展政策》要求在2010年前，乘用车新车平均油耗比2003年降低_____以上。

A. 10　　　　　　　B. 15　　　　　　　C. 20　　　　　　　D. 25

(10) （ A ）从_____年起，所有自主汽车产品均要实现品牌销售和服务。

A. 2006　　　　　　B. 2007　　　　　　C. 2008　　　　　　D. 2010

(11) （ B ）新建汽车、农用运输车、车用发动机生产企业，包括现有汽车生产企业异地建设新的独立法人生产企业，这些投资项目需要_____。

A. 实行备案　　　　　　　　　　B. 实行核准

C. 既不备案、也不核准　　　　　D. 其它

(12) （ D ）下列_____产品开发不属于自主开发的形式。

A. 自行开发　　　　　　　　　　B. 联合开发

C. 委托开发　　　　　　　　　　D. 技术引进开发

(13) （ C ）汽车整车、专用汽车、农用运输车和摩托车中外合资生产企业的中方股份比例不得低于_____。

A. 10%　　　　　　B. 30%　　　　　　C. 50%　　　　　　D. 60%

(14) （ B ）新建乘用车生产企业的投资项目，除了要求投资项目中应包括发动机生产外，如果装载的是6缸发动机，生产规模不得低于_____辆乘用车。

A. 10 000　　　　　　B. 30 000　　　　　　C. 50 000　　　　　　D. 100 000

(15) (A) 中国汽车产业的"四小"是指北汽、广汽、重汽和_____四大汽车集团。

A. 奇瑞　　　　　B. 吉利　　　　　C. 比亚迪　　　　　D. 上汽

2. 多项选择题

(1) (A C D) 政府职能部门依据行政法规和技术规范的强制性要求,对_____生产企业及其产品实施管理,规范各类经济主体在汽车产业领域的市场行为。

A. 汽车　　　　　　　　　　　B. 农用运输车
C. 摩托车　　　　　　　　　　D. 零部件

(2) (C D) 农用运输车仅限于在_____公路行驶,执行相应制定的技术规范的强制性要求。

A. 1 级　　　　　　　　　　　B. 2 级
C. 3 级　　　　　　　　　　　D. 3 级以下

(3) (B C D) 跨产品类别生产其他类汽车整车产品的投资项目,项目投资要求_____。

A. 注册资金 10 亿元　　　　　B. 投资总额不低于 15 亿元
C. 企业资产负债在 50% 以内　　D. 银行信用等级 AAA

(4) (B C D) 新建乘用车生产企业的投资项目,项目投资要求_____。

A. 投资总额不得低于 15 亿元人民币
B. 投资总额不得低于 20 亿元人民币
C. 投资项目应包括发动机生产
D. 装载 4 缸发动机的不得低于 50 000 辆

(5) (A B C D) 国家指定_____为进口汽车的沿海港口。

A. 黄埔港　　　　　　　　　　B. 上海港
C. 天津新港　　　　　　　　　D. 大连新港

(6) (A C D) 《汽车产业发展政策》引导汽车消费者购买和使用_____汽车。

A. 低能耗、低污染　　　　　　B. 大排量
C. 小排量　　　　　　　　　　D. 新能源、新动力

3. 填充题

(1) 汽车产业发展政策要求,2010 年前,乘用车的平均油耗要比 2003 年降低 15% 以上。

(2) 政府职能部门依据《道路机动车辆管理条例》对道路机动车辆的设计、 制造 、认证、 注册 、检验、缺陷管理、 维修保养 、报废回收等环节进行管理。

(3) 《道路机动车辆生产企业及产品公告》,由 国家发展改革委 和 国家质检总局 联合发布。公告内产品必须标识 中国强制性认证(3C) 标志。

(4) 所有品牌经销商要在其销售服务场所醒目位置标示生产企业 服务 商标。

(5) 2006 年 1 月 1 日前,暂停核准新建 农用运输车 生产企业。

(6) 公路收费站点的设立必须符合国家有关规定。所有收费站点均应在收费站醒目位置公布收费 依据 和收费 标准 。

(7) 从事汽车消费信贷业务的金融机构在确保信贷安全的前提下，允许消费者以 **所购** 汽车作为抵押获取汽车消费贷款。

(8) 中国汽车产业的"四大"是指一汽、东风、 **上汽** 和 **长安** 四大汽车集团。

4. 是非题

(1) 我国在 1994 年 7 月颁布了第一个汽车工业产业政策。(**√**)

(2) 我国在 2004 年 5 月颁布了第一个汽车工业产业政策。(**×**)

(3) 新建汽车生产企业的项目投资总额不得低于 30 亿元人民币。(**×**)

(4) 国家引导和鼓励发展节能环保型大排量汽车。(**×**)

(5) 国家鼓励汽车生产企业开发生产新型燃料汽车。(**√**)

(6) 不能维持正常生产经营的汽车生产企业可以向非汽车、摩托车生产企业及个人转让汽车、摩托车生产资格。(**×**)

(7) 所有道路机动车辆执行统一制定的技术规范的强制性要求。(**√**)

5. 简答题

(1) 《汽车产业发展政策》有哪三个鲜明的特点？

答：① 体现了科学发展观。

② 贯穿汽车产业链的全过程。

③ 贯彻了依法执政管理的思路。

(2) 跨产品类别生产其他类汽车整车产品的投资项目，项目投资要求有哪些？

答：① 投资总额不低于 15 亿元人民币。

② 企业资产负债在 50% 以内。

③ 银行信用等级 AAA。

(3) 国家指定进口汽车的沿海港口有哪些？

答：黄埔港、上海港、天津新港和大连新港。

第二节　汽车贸易政策

一、政策制定的背景

随着国民经济的发展，汽车消费需求快速增长。进入二十一世纪的中国汽车消费市场已由潜在的需求变成现实的市场，并已实现从公款购车向私人购车转变。与此不协调的是，汽车贸易法律法规不健全，不能适应新的形势要求。汽车贸易作为汽车工业的下游产业，不仅是汽车工业顺利发展的重要保障，而且对引导消费、扩大内需、形成新的经济增长点发挥着重要作用。国内汽车市场的迅速扩大是此次《汽车贸易政策》出台的最大背景。

汽车贸易发展滞后，已不能适应新形势的要求。改革开放以来，我国汽车贸易得到一定的发展，但是，由于长期以来重生产、轻流通，使我国汽车贸易体系建设滞后于生产发展。汽车贸易规模化、集约化水平低，管理方式、经营模式及理念落后，体系不完善，消费者权益难以得到保护。虽然此前，原国家计委、国家经贸委、国内贸易部等部门均出台过涉及汽车贸易管理的政策和规定。但应当看到，一是没有统一的牵头部门，难以形成合力；二是《行政许可法》正式实施后，原有的部分规章已经失效，使汽车贸易的相关法规不完整、不配套的问题更为突出。

再有，按我国加入WTO的承诺，从2004年12月11日起汽车分销领域有条件地对外开放，允许国外汽车生产企业等投资者在国内建立营销网络，销售进口汽车；自2005年起汽车进口配额取消，国外汽车也由原来通过进口商在国内销售，变成由其在国内的总经销商建立网络后销售。那么，外商投资汽车销售企业的市场准入条件是什么？如何申办？国家必须明确作出规定。

因此，为适应新形势的要求，根据汽车贸易的特点，借鉴国际成熟的经验，及时制定和实施符合我国国情及 WTO 规则的贸易政策和法规，尽快规范汽车市场秩序，是十分必要的。为此在2005年8月10日，商务部根据国务院有关会议纪要精神颁布并实施了《汽车贸易政策》。

1. 政策目标

(1) 通过本政策的实施，基本实现汽车品牌销售和服务，形成多种经营主体与经营模式并存的二手车流通发展格局，汽车及二手车销售和售后服务功能完善、体系健全；汽车配件商品来源、质量和价格公开、透明，假冒伪劣配件商品得到有效遏制，报废汽车回收拆解率显著提高，形成良好的汽车贸易市场秩序。

(2) 到2010年，建立起与国际接轨并具有竞争优势的现代汽车贸易体系，拥有一批具有竞争实力的汽车贸易企业，贸易额有较大幅度增长，贸易水平显著提高，对外贸易能力明显增强，实现了汽车贸易与汽车工业的协调发展。

2. 《汽车贸易政策》的作用

首先，汽车产业的发展依赖于市场的发展，而已经融入到世界经济之中的我国汽车市场，只有建立起统一、开放、竞争、有序的市场环境，汽车工业才有可能持续发展。《汽车贸易政策》具有承上启下的作用，一方面引导市场的发展，另一方面规范市场，推动市场机制的完善，使之更符合社会主义市场经济规律。制定《汽车贸易政策》，就是要通过完整的宏观指导政策，以科学、规范和系统的管理办法来建立现代化的汽车市场体系，做到有法可依、有章可循；促进汽车商品在全国市场的自由流通，使汽车市场充满生机和活力。

其次，我国政府在发展国民经济、完善社会主义市场经济体制的进程中一再强调，要树立以人为本、全面、协调、可持续的发展观。如何体现以人为本的原则，关键的落脚点就是要维护公共安全和公众利益。

再次，我国汽车贸易要实现与汽车工业协调发展，必须培育竞争优势，尽快增强整体实力。《汽车贸易政策》旨在通过引入竞争机制，扩大开放，优化资源配置，激励和引导贸易企业不断创新。同时，推进汽车商品参与国际竞争。

友情小帖示：

以"商务部令"的形式颁布是否影响政策的贯彻和落实？

《汽车贸易政策》是政府的行政性指导，其主要内容是体现政府在汽车贸易管理中的指导思想、未来目标和要达到的目的，它不具有国家强制性。为确保《汽车贸易政策》得以顺利贯彻和实施，国家有关部门还会制定和完善相关管理办法与配套文件，比如，《汽车品牌销售管理实施办法》、《二手车流通管理办法》以及汽车配件流通、汽车报废、报废汽车回收拆解等管理办法、实施细则及标准等。

3. 汽车贸易政策的特点

(1) 统一单项政策，五大问题首次联合提出。《汽车贸易政策》将汽车销售、二手车流通、汽车维修与配件流通、汽车报废与报废汽车回收、汽车对外贸易五个方面问题首次联合提出，统一了各个单项政策。

(2) 促进《汽车产业发展政策》的发展与完善。2004年出台的《汽车产业发展政策》对整个汽车产业链给予了关注，它在引导国内汽车产业发展上已经树立了一个框架，而《汽车贸易政策》则是这个框架内的重要组成部分，它将流通方面的所有问题一并提出，将更好地在流通方面落实《汽车产业发展政策》。

二、政策的主要内容

《汽车贸易政策》涉及的范围涵盖从汽车销售到报废回收的全过程，系统地提出了我国汽车贸易的发展方向、目标、经营规范和管理体制框架，以指导我国汽车贸易业的健康发展。主要包括汽车销售、二手车流通、汽车维修与配件流通、汽车报废与报废汽车回收、汽车对外贸易等五个方面。

1. 汽车销售方面

(1) 首次明确提出实施品牌销售和服务。

《汽车贸易政策》第十条规定："境内外汽车生产企业凡在境内销售自产汽车的，应当尽快建立完善的汽车品牌销售和服务体系，确保消费者在购买和使用过程中得到良好的服务，维护其合法权益。汽车生产企业可以按国家有关规定自行投资或授权汽车总经销商建立品牌销售和服务体系。"

《汽车贸易政策》第十一条规定："自2005年4月1日起，乘用车实行品牌销售和服务；自2006年12月1日起，除专用作业车外，所有汽车实行品牌销售和服务。从事汽车品牌销售活动应当先取得汽车生产企业或经其授权的汽车总经销商授权。汽车(包括二手车)经销商应当在工商行政管理部门核准的经营范围内开展汽车经营活动。"

(2) 首次提到汽车供应商和经销商应通过签订书面合同明确双方的权利和义务，建立长期稳定的合作关系。

《汽车贸易政策》第十四条规定："汽车供应商和经销商应当通过签订书面合同明确双方的权利和义务。汽车供应商要对经销商提供指导和技术支持，不得要求经销商接受不平等的合作条件，以及强行规定经销数量和进行搭售，不应随意解除与经销商的合作关系。"由此可知，汽车经销商与供应商之间应当是平等的关系。在美国和日本的汽车市场，掌握更多话语权的是经销商，而不是生产厂家。

(3) 明确了汽车供应商的职责。

《汽车贸易政策》第十二条规定："汽车供应商应当制定汽车品牌销售和服务网络规划。

为维护消费者的利益，汽车品牌销售和与其配套的配件供应、售后服务网点相距不得超过150公里。"

《汽车贸易政策》第十三条规定："汽车供应商应当加强品牌销售和服务网络的管理，规范销售和服务，在国务院工商行政管理部门备案并向社会公布后，要定期向社会公布其授权和取消授权的汽车品牌销售和服务企业名单，对未经品牌授权或不具备经营条件的经销商不得提供汽车资源。汽车供应商有责任及时向社会公布停产车型，并采取积极措施在合理期限内保证配件供应。"

2. 二手车流通方面

(1) 放开了二手车经营的主体，它是《汽车贸易政策》最大的特点。

《汽车贸易政策》第十六条规定："国家鼓励二手车流通。建立竞争机制，拓展流通渠道，支持有条件的汽车品牌经销商等经营主体经营二手车，以及在异地设立分支机构开展连锁经营。"

《汽车贸易政策》第十七条规定："积极创造条件，简化二手车交易、转移登记手续，提高车辆合法性与安全性的查询效率，降低交易成本，统一规范交易发票；强化二手车质量管理，推动二手车经销商提供优质售后服务。"

(2) 规范了二手车的评估制度。

《汽车贸易政策》第十九条规定："实施二手车自愿评估制度。除涉及国有资产的车辆外，二手车的交易价格由买卖双方商定，当事人可以自愿委托具有资格的二手车鉴定评估机构进行评估，供交易时参考。除法律、行政法规规定外，任何单位和部门不得强制或变相强制对交易车辆进行评估。"

《汽车贸易政策》第二十条规定："积极规范二手车鉴定评估行为。二手车鉴定评估机构应当本着'客观、真实、公正、公开'的原则，依据国家有关法律法规，开展二手车鉴定评估经营活动，出具车辆鉴定评估报告，明确车辆技术状况(包括是否属事故车辆等内容)。"

(3) 规范了二手车的经营行为。

《汽车贸易政策》第二十一条规定："二手车经营、拍卖企业在销售、拍卖二手车时，应当向买方提供真实情况，不得有隐瞒和欺诈行为。所销售和拍卖的车辆必须具有机动车号牌、《机动车登记证书》、《机动车行驶证》、有效的机动车安全技术检验合格标志、车辆保险单和交纳税费凭证等。"

《汽车贸易政策》第二十二条规定："二手车经营企业销售二手车时，应当向买方提供质量保证及售后服务承诺。在产品质量责任担保期内的，汽车供应商应当按国家有关法律法规以及向消费者的承诺，承担汽车质量保证和售后服务。"

3. 汽车维修与配件流通方面

针对我国汽车配件和维修市场存在的假冒伪劣商品、欺诈等问题，《汽车贸易政策》对汽车维修与配件流通方面作出了具体的规定。

《汽车贸易政策》第二十四条规定："国家鼓励汽车配件流通采取特许、连锁经营的方式向规模化、品牌化、网络化方向发展，支持配件流通企业进行整合，实现结构升级，提高规模效应及服务水平。"

《汽车贸易政策》第二十六条规定："汽车及配件供应商应当定期向社会公布认可和取消认可的特许汽车配件经销商名单。汽车配件经销商应当明示所销售的汽车配件及其他汽车用品的名称、生产厂家、价格等信息，并分别对原厂配件、经汽车生产企业认可的配件、报废汽车回用件及翻新件予以注明。汽车配件产品标识应当符合《产品质量法》的要求。"

《汽车贸易政策》第二十五条规定："汽车及配件供应商和经销商不得供应和销售不符合国家法律、行政法规、强制性标准及强制性产品认证要求的汽车配件。"

《汽车贸易政策》第二十七条规定："加快规范报废汽车回用件流通，报废汽车回收拆解企业对按有关规定拆解的可出售配件，必须在配件的醒目位置标明'报废汽车回用件'。"

4. 汽车报废与报废汽车回收方面

《汽车贸易政策》进一步完善了老旧汽车报废更新补贴制度和报废汽车回收监控。

《汽车贸易政策》第二十九条规定："报废汽车所有人应当将报废汽车及时交售给具有合法资格的报废汽车回收拆解企业。"

《汽车贸易政策》第三十一条规定："报废汽车回收拆解企业必须严格按国家有关法律、法规开展业务，及时拆解回收的报废汽车。拆解的发动机、前后桥、变速器、方向机、车架'五大总成'应当作为废钢铁，交售给钢铁企业作为冶炼原料。"

《汽车贸易政策》第三十四条规定："完善老旧汽车报废更新补贴资金管理办法，鼓励老旧汽车报废更新。"

5. 汽车对外贸易方面

《汽车贸易政策》鼓励发展汽车及相关商品的对外贸易。支持培育和发展国家汽车及零部件出口基地，引导有条件的汽车供应商和经销商采取多种方式在国外建立合资、合作、独资销售及服务网络，优化出口商品结构，加大开拓国际市场的力度。

《汽车贸易政策》第九条规定："到2010年，建立起与国际接轨并具有竞争优势的现代汽车贸易体系，拥有一批具有竞争实力的汽车贸易企业，贸易额有较大幅度增长，贸易水平显著提高，对外贸易能力明显增强，实现汽车贸易与汽车工业的协调发展。"

《汽车贸易政策》第三十七条规定："国家禁止以任何贸易方式进口旧汽车及其总成、配件和右置方向盘汽车(用于开发出口产品的右置方向盘样车除外)。"

三、思考与练习

1. 单项选择题

(1) (　B　)《汽车贸易政策》于_____由商务部颁布并实施。

A. 2004 年　　　　　　　　　　　　B. 2005 年

C. 2006 年　　　　　　　　　　　　D. 2007 年

(2) (　A　) 下列_____是有关汽车流通方面的纲领性框架。

A. 《汽车贸易政策》　　　　　　　　B. 《汽车产业发展政策》

C. 《汽车品牌销售管理实施办法》　　D. 《二手车流通管理办法》

(3) (　B　) 汽车品牌销售和与其配套的配件供应、售后服务网点相距不得超过

_____。

A. 100 公里   B. 150 公里

C. 200 公里   D. 250 公里

(4) (C)《汽车贸易政策》最大的亮点之一是_____。

A. 汽车实施品牌销售   B. 汽车实施报废制度

C. 放开了二手车经营的主体   D. 报废汽车实施拆解回收

2. 多项选择题

(1) (ABD)《汽车贸易政策》内容涉及的范围涵盖了当前我国汽车流通领域中的几乎所有大的问题，包括_____几个方面。

A. 汽车销售和二手车流通   B. 汽车对外贸易

C. 汽车租赁   D. 汽车消费信贷

(2) (ABC)《汽车贸易政策》禁止以任何贸易方式进口_____。

A. 旧汽车   B. 旧车总成或配件

C. 右置方向盘汽车   D. 左置方向盘汽车

3. 是非题

(1) 《汽车贸易政策》具有国家强制力。(×)

(2) 只有二手车交易市场才允许经营二手车。(×)

(3) 二手车实施自愿评估制度。(√)

(4) 汽车配件允许采取特许、连锁经营的方式。(√)

第三节　汽车贷款管理办法

　　我国的汽车消费信贷起步较晚，至今也不是很成熟。1993 年，中国北方兵工汽车贸易公司第一次提出汽车分期付款概念，首开我国汽车消费信贷先河。1995 年，当美国福特汽车财务公司派专人来到中国进行汽车信贷市场研究的时候，中国才进一步开展了汽车消费信贷理论上的探讨和业务上的实践。同年，上汽集团首次与国内金融机构联合推出了汽车消费信贷。随后，一些汽车制造商联合部分国有商业银行，在一定范围、规模内尝试性地开展了汽车消费信贷业务，但由于缺少相应经验和有效的风险控制手段，出现了一系列问题，以至于中国人民银行曾于 1996 年 9 月下令停办了汽车消费信贷业务。

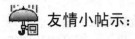 友情小帖示：

最先开展个人汽车贷款业务的银行

　　银行业的汽车贷款业务萌芽于 1996 年，当时中国建设银行与一汽集团建立了长期战略合作伙伴关系。作为合作的一项内容，中国建设银行在部分地区试点办理一汽大众轿车的汽车贷款业务，开始了国内商业银行个人汽车贷款业务的尝试。

随着我国改革开放的不断深入和人民收入水平的不断提高，居民消费结构升级加快，我国汽车消费发展前景广阔，为了培育和支持国内汽车消费市场的发展，1998 年，中国人民银行和中国银监会联合起草并发布了《汽车消费贷款管理办法》，允许国有独资商业银行试点开办汽车消费贷款业务。1999 年，中国人民银行发布《关于开展个人消费信贷的指导意见》，允许所有中资商业银行全面开展消费贷款业务。

汽车消费信贷业务快速发展，对于推动我国汽车产业发展，活跃和扩大汽车消费，改善金融机构资产负债结构发挥了重要作用。但与此同时，受我国征信体系不完善、贷款市场竞争不规范、风险管理薄弱以及车价不断降低，消费者违约还贷的事件不断增加，汽车消费信贷出现了大量的坏账，银行开始控制汽车消费贷款的发放。《汽车消费贷款管理办法》中的许多条款明显不能适应新的市场变化，难以有效发挥促进汽车贷款业务健康发展，为了防范汽车贷款风险，规范汽车贷款业务管理，促进汽车贷款业务的健康发展，2004 年 8 月 17 日，中国人民银行、银监会联合颁布了新的《汽车贷款管理办法》，并于 2004 年 10 月 1 日起正式实施。

 友情小帖示：

在经济发达国家，居民购买汽车 60%～70% 的资金来自贷款；消费贷款在全部贷款中的比例平均为 30%～50%，其中，美国高达 70%，德国为 60%。而我国这两个比例目前都比较低，汽车贷款业务发展潜力巨大。

一、新版《汽车贷款管理办法》的特点

1. 五大变化

与 1998 年发布的《汽车消费贷款管理办法》相比，不论是章节构架，还是内容的涵盖面，都有很大变化：

(1) 国有银行不再垄断车贷。从 1998 年人民银行允许国有独资商业银行试点开办汽车消费贷款业务以来，车贷业务一直被国有商业银行所"垄断"。随着新办法的实施，贷款人由国有独资商业银行扩大为包括各商业银行、城乡信用社以及获准经营汽车贷款业务的非银行金融机构。该条款明确规定已获得银监会审批的通用和大众汽车金融公司可以开展这项业务。

(2) 外国人也能申请车贷。对个人借款人，新办法首次明确除中国公民以外，还包括在中国境内连续居住一年以上(含一年)的港、澳、台居民以及外国人。

(3) 二手车首付上升为 50%。与 1998 年车贷管理办法相比，车贷新办法的最大改变是对二手车的贷款规定最为严格，首付金额必须为所购汽车价格的 50% 以上，而且贷款期限不得超过 3 年；其次是商用车贷款，首付比例为 30%，贷款期限不超过 5 年；对与个人关系最为密切的自用车贷款，则仍保持原先"首付 20%，期限最高 5 年"的原则。

(4) 强化了车贷风险管理。新《汽车贷款管理办法》专门设立"风险管理"一章，要求贷款人建立借款人资信评级系统和汽车贷款预警监测体系，完善审贷分离制度，对汽车贷款实行分类监控以及建立汽车贷款信息交流制度等。这个新变化，集中体现了《汽车贷

款管理办法》适应汽车市场发展新情况，强调贷款风险和贷款管理相匹配的原则，既有利于促进汽车贷款业务扩大发展，又有利于有效防范汽车贷款风险。

(5) 二手车残值估算体系。中国"二手车"市场正处在发展之中，市场信息披露不完善，车价估价标准不统一，管理水平参差不齐，新《汽车贷款管理办法》对"二手车"贷款的规定，为不同贷款人制定"二手车"贷款管理细则预留了足够的政策空间。

新《汽车贷款管理办法》把"二手车"定义为"从办理完机动车注册登记手续到规定报废年限一年之前进行所有权变更并依法办理过户手续的汽车"。同时，对"二手车"贷款管理作了三方面规定：一是明确"二手车"贷款的贷款期限(含展期)不得超过三年；二是明确贷款人发放"二手车"贷款的金额不得超过借款人所购汽车价格的50%；三是要求贷款人应建立"二手车"市场信息数据库和"二手车"残值估算体系。

2. 三大缺陷

(1) 利率制度不明确。《汽车贷款管理办法》中对贷款利率这一敏感问题只作了笼统的规定，汽车贷款利率按照中国人民银行公布的贷款利率规定执行，计、结息办法由借款人和贷款人协商确定。而对汽车贷款的真正操作者来说，似乎究竟是否可以在商贷利率基础上浮动以及可以在多大的范围内浮动，并没有一个明确的说法。

国外在操作车贷业务过程中，放贷者通常会以利率下浮来招揽生意，而利率下浮所带来的损失则由车商出让一部分利润来弥补。而国内此前也有类似的做法，但在本次出台的政策中并没有给予一个明确的说法确定这种行为是否合法。利率作为汽车信贷业务中的关键因素，央行的说法过于模糊，这对市场是很不利的。

(2) 贷款期限过于细化。《汽车贷款管理办法》第六条规定，汽车贷款的贷款期限(含展期)不得超过5年，其中，二手车贷款的贷款期限(含展期)不得超过3年，经销商汽车贷款的贷款期限不得超过1年。这种细化的规定，在客观上并不能起到风险控制的作用。

因为汽车作为一种消耗产品，其消耗程度很难在时间上有一个统一的标准。因此，对于车贷业务简单的限定贷款期限是不科学的。这种规定看似很周全，但实际上有很多风险很难控制。对于经销商而言，央行的控制标准应该以长期贷款和短期贷款的比重、信贷资产和自有资产的比重等多项指标进行综合评定，而非靠贷款期限来约束。

(3) 风险管理难规范。在该《办法》新增的"风险管理"一章中，规定放贷人应"建立独立的车贷审批评估系统"，并应"建立审贷分离制度"。而独立的车贷系统肯定会对车贷业务的长足发展带来不可磨灭的好处。央行并没有明确相应的奖惩措施，也没有明确要强制建立起这种制度。因此，对于政策的执行者，商业银行和车贷公司来说，真正建立专业化的汽车信贷系统，规范的运作汽车信贷业务还需要一个长期的过程，即使建立了独立的运营机构，如果没有相关的政策法规作为支持也将很难持续稳定的发展下去。

二、新版《汽车贷款管理办法》内容解读

汽车贷款是指贷款人向借款人发放的用于购买汽车(含二手车)的贷款，也叫汽车按揭，它包括个人汽车贷款、经销商汽车贷款和机构汽车贷款。

贷款人是指在中华人民共和国境内依法设立的、经中国银行业监督管理委员会及其派出机构批准经营人民币贷款业务的商业银行、城乡信用社及获准经营汽车贷款业务的非银

行金融机构。

汽车贷款利率按照中国人民银行公布的贷款利率规定执行，计、结息办法由借款人和贷款人协商确定。

汽车贷款的贷款期限(含展期)不得超过 5 年，其中，二手车贷款的贷款期限(含展期)不得超过 3 年，经销商汽车贷款的贷款期限不得超过 1 年。

1. 个人汽车贷款

1) 个人汽车贷款应具备的条件

借款人申请个人汽车贷款，应当同时符合以下条件：

(1) 是中华人民共和国公民，或在中华人民共和国境内连续居住一年以上(含一年)的港、澳、台居民及外国人；

(2) 具有有效身份证明、固定和详细住址且具有完全民事行为能力；

(3) 具有稳定的合法收入或足够偿还贷款本息的个人合法资产；

(4) 个人信用良好；

(5) 能够支付本办法规定的首期付款；

(6) 贷款人要求的其他条件。

对个人借款人，除要求具有完全民事行为能力和首期付款支付能力外，针对目前我国个人征信体系不完善的情况，强调要求具有稳定的合法收入或足够偿还贷款本息的个人合法资产，具有有效身份证明以及固定和详细的住址。

2) 借款人信贷档案

贷款人应当建立借款人信贷档案。借款人信贷档案应载明以下内容：

(1) 借款人姓名、住址、有效身份证明及有效联系方式；

(2) 借款人的收入水平及资信状况证明；

(3) 所购汽车的购车协议、汽车型号、发动机号、车架号、价格与购车用途；

(4) 贷款的金额、期限、利率、还款方式和担保情况；

(5) 贷款催收记录；

(6) 防范贷款风险所需的其他资料。

贷款人发放个人商用车贷款，除满足上述规定的内容外，应在借款人信贷档案中增加商用车运营资格证年检情况、商用车折旧、保险情况等内容。

2. 经销商汽车贷款

经销商汽车贷款，是指贷款人向汽车经销商发放的用于采购车辆或零配件的贷款。

1) 经销商汽车贷款应具备的条件

借款人申请经销商汽车贷款，应当同时符合以下条件：

(1) 具有工商行政主管部门核发的企业法人营业执照及年检证明；

(2) 具有汽车生产商出具的代理销售汽车证明；

(3) 资产负债率不超过 80%；

(4) 具有稳定的合法收入或足够偿还贷款本息的合法资产；

(5) 经销商、经销商高级管理人员及经销商代为受理贷款申请的客户无重大违约行为或信用不良记录；

(6) 贷款人要求的其他条件。

对汽车经销商借款人，不仅要求其具有稳定的合法收入或足够偿还贷款本息的合法资产，而且要求经销商、经销商高级管理人员以及经销商代为受理贷款申请的客户无不良信用记录。同时，还要求经销商的资产负债率不能超过80%。这主要考虑，汽车经销商是汽车销售过程中的重要一环，经销商的信用和经销商高级管理人员的个人信用对经销商业务经营具有重要影响，经销商代为受理贷款申请的客户信用直接反映了经销商的业务能力和管理水平，经销商资产负债率的高低很大程度上关系着金融机构信贷资产的安全。有效控制汽车经销商的贷款风险，对于间接控制个人借款人和机构借款人的贷款风险，保全金融机构信贷资产安全十分关键。

2) 信贷档案

贷款人应为每个经销商借款人建立独立的信贷档案，并及时更新。经销商信贷档案应载明以下内容：

(1) 经销商的名称、法定代表人及营业地址；

(2) 各类营业证照复印件；

(3) 经销商购买保险、商业信用及财务状况；

(4) 中国人民银行核发的贷款卡(号)；

(5) 所购汽车及零部件的型号、价格及用途；

(6) 贷款担保状况；

(7) 防范贷款风险所需的其他资料。

贷款人对经销商采购车辆或零配件贷款的贷款金额应以经销商一段期间的平均存货为依据，具体期间应视经销商存货周转情况而定。

贷款人应通过定期清点经销商汽车和零配件存货、分析经销商财务报表等方式，定期对经销商进行信用审查，并视审查结果调整经销商资信级别和清点存货的频率。

3. 机构汽车贷款

机构汽车贷款，是指贷款人对除经销商以外的法人、其他经济组织(以下简称机构借款人)发放的用于购买汽车的贷款。

1) 机构汽车贷款应具备的条件

借款人申请机构汽车贷款，必须同时符合以下条件：

(1) 具有企业或事业单位登记管理机关核发的企业法人营业执照或事业单位法人证书等证明借款人具有法人资格的法定文件；

(2) 具有合法、稳定的收入或足够偿还贷款本息的合法资产；

(3) 能够支付本办法规定的首期付款；

(4) 无重大违约行为或信用不良记录；

(5) 贷款人要求的其他条件。

对机构借款人，强调其必须具有法人资格，具有合法、稳定的收入或足够偿还贷款本息的合法资产以及无重大违约行为或信用不良记录。而且，要求贷款人对从事汽车租赁业务的机构借款人发放商用车贷款，应监测借款人对残值的估算方式，防范残值估计过高给贷款人带来的风险。

2) 信贷档案

贷款人应参照经销商汽车贷款之规定为每个机构借款人建立独立的信贷档案，加强信贷风险跟踪监测。

贷款人对从事汽车租赁业务的机构发放机构商用车贷款，应监测借款人对残值的估算方式，防范残值估计过高给贷款人带来的风险。

4. 风险管理

《汽车贷款管理办法》中规定了汽车首付款比例，而不是留给借贷双方自行商定，而且这个首付款比例是最低限值。在实际操作中，贷款人根据借款人的信用状况自主确定具体的首付款比例。为了有效防范贷款风险，不仅可以提高首付款比例，还可以要求借款人投保"车贷险"，即汽车贷款保证保险。但首付款比例不能低于规定的最低限，否则，汽车贷款风险过大，汽车贷款业务很难持续健康发展。

首付款比例中所称汽车价格，对新车是指汽车实际成交价格(不含各类附加税、费及保费等)与汽车生产商公布的价格的较低者，对二手车是指汽车实际成交价格(不含各类附加税、费及保费等)与贷款人评估价格的较低者。

贷款人应建立借款人资信评级系统，审慎确定借款人的资信级别。对个人借款人，应根据其职业、收入状况、还款能力、信用记录等因素确定资信级别；对经销商及机构借款人，应根据其信贷档案所反映的情况、高级管理人员的资信情况、财务状况、信用记录等因素确定资信级别。

贷款人发放汽车贷款，应要求借款人提供所购汽车抵押或其他有效担保。贷款人应直接或委托指定经销商受理汽车贷款申请，完善审贷分离制度，加强贷前审查和贷后跟踪催收工作。

 特别提示：

汽车抵押贷款中的合同生效。

"车贷"分押车与不押车两种贷款形式。押车：把车辆移交到公司、代为保管、有专门存放汽车的停车场，24小时有专人看管，定期给车辆打火热车。不押车：客户可以选择只是把手续押在公司，车辆还是自己使用，需要办理抵押登记，贷款业务灵活、快捷，额度一般可达到评估的7~8成，一般手续齐全可以当天放款。

根据《物权法》的规定，不动产及其相关权利进行抵押时，实行登记生效制，而以生产设备、交通运输工具等动产抵押的，实行登记对抗制。依照该规定，汽车抵押实行登记对抗制，不登记不影响合同效力。尽管《担保法》中规定，以车辆抵押属于登记生效，即抵押合同自登记之日起才生效。但是，根据新法优于旧法适用的原则，《物权法》第178条规定："担保法与本法的规定不一致的，适用本法。"因此，汽车抵押只要签订合同即发生法律效力。

贷款人应建立二手车市场信息数据库和二手车残值估算体系。

贷款人应根据贷款金额、贷款地区分布、借款人财务状况、汽车品牌、抵押担保等因素建立汽车贷款分类监控系统，对不同类别的汽车贷款风险进行定期检查、评估。根据检查评估结果，及时调整各类汽车贷款的风险级别。

贷款人应建立汽车贷款预警监测分析系统，制定预警标准；超过预警标准后应采取重新评价贷款审批制度等措施。贷款人应建立不良贷款分类处理制度和审慎的贷款损失准备制度，计提相应的风险准备。

贷款人发放抵押贷款，应审慎评估抵押物价值，充分考虑抵押物减值风险，设定抵押率上限。

贷款人应将汽车贷款的有关信息及时录入信贷登记咨询系统，并建立与其他贷款人的信息交流制度。这意味着如果借款人出现任何晚还或不还贷款的"蛛丝马迹"，其信息将很快在"黑名单"中出现。

三、思考与练习

1. 单项选择题

(1) (A) 中国最早汽车贷款最早出现于_____年。

A. 1993　　　　　B. 1996　　　　　　C. 1998　　　　　　　D. 2004

(2) (C) 最先开展个人汽车贷款业务的银行是_____。

A. 中国银行　　　B. 中国农业银行　　C. 中国建设银行　　　D. 中国工商银行

(3) (C) 《汽车消费贷款管理办法(试点办法)》于_____颁布。

A. 1993 年　　　　B. 1997 年　　　　　C. 1998 年　　　　　　D. 2004 年

(4) (D) 目前执行的《汽车贷款管理办法》于_____颁布并实施。

A. 1993 年　　　　B. 1997 年　　　　　C. 1998 年　　　　　　D. 2004 年

(5) (B) 二手车贷款的贷款期限不得超过_____。

A. 1 年　　　　　B. 3 年　　　　　　C. 5 年　　　　　　　D. 7 年

(6) (C) 《汽车贷款管理办法》中规定的二手车是指从办理完机动车注册登记手续到规定报废年限_____进行所有权变更并依法办理过户手续的汽车。

A. 之前　　　　　B. 半年之前　　　　C. 一年之前　　　　　D. 两年之前

(7) (B) 使用个人汽车贷款所购汽车为商用车时，贷款额度不得超过所购汽车价格的_____。

A. 80%　　　　　B. 70%　　　　　　C. 60%　　　　　　　D. 50%

(8) (D) 使用个人汽车贷款所购汽车为二手车时，贷款额度不得超过所购汽车价格的_____。

A. 80%　　　　　B. 70%　　　　　　C. 60%　　　　　　　D. 50%

(9) (B) 借款人申请经销商汽车贷款，其资产负债率不超过_____。

A. 70%　　　　　B. 80%　　　　　　C. 60%　　　　　　　D. 50%

(10) (B) 以所购车辆或其他财产抵押担保的，贷款最高额可达到购车款的_____。

A. 70%　　　　　B. 80%　　　　　　C. 60%　　　　　　　D. 50%

(11) (B) "汽车消费贷款保证保险"的投保人是_____。

A. 银行　　　　　B. 借款人　　　　　C. 汽车销售商　　　　D. 保险人

(12) (　　A　　) 贷款购车人是个体商户的，必须提供除个人有效身份证件外的个人的_____。

A. 个人的营业执照　　　　　　　　B. 房产证

C. 合法运营证明　　　　　　　　　D. 担保文件

(13) (　　A　　) 在中国，分期付款购车者在没有完全付清分期付款款项以前，客户拥有汽车的_____。

A. 使用权和占有权　　　　　　　　B. 使用权

C. 占有权　　　　　　　　　　　　D. 所有权

(14) (　　C　　) 汽车贷款是指贷款人向_____发放的贷款，也叫汽车按揭。

A. 借款人　　　　　　　　　　　　B. 驾车人

C. 申请购买汽车的借款人　　　　　D. 车主

(15) (　　A　　) 汽车贷款利率由_____统一规定。

A. 中国人民银行　　　　　　　　　B. 中国银行

C. 中国工商银行　　　　　　　　　D. 中国建设银行

(16) (　　C　　) 汽车消费信贷是银行与汽车销售商向购车者一次性支付车款所需的资金提供_____贷款。

A. 抵押　　　　　B. 质押　　　　　C. 担保　　　　　D. 质留

2. 多项选择题

(1) (　　A B C　　) 2004 年颁布的《汽车贷款管理办法》与 1998 年颁布的《汽车消费贷款管理办法(试点办法)》的不同点包括_____。

A. 调整了贷款人主体范围　　　　　B. 细化了借款人类型

C. 提高了二手车货款的门槛　　　　D. 减少了贷款购车的品种

(2) (　A B D　) 根据《汽车贷款管理办法》规定，下列_____可以经营汽车贷款业务。

A. 商业银行　　　B. 城乡信用社　　　C. 汽车经销商　　　D. 汽车金融公司

(3) (　　A D　　) 根据《汽车贷款管理办法》规定，私家车办汽车按揭时，其首付金额必须为所购汽车价格的_____以上，而且贷款期限不得超过_____年。

A. 20%　　　　　B. 30%　　　　　C. 3 年　　　　　D. 5 年

(4) (　　A B D　　) 首付款比例中所称汽车(包括二手车)价格，是指下列_____中的较低价。

A. 汽车生产商公布的价格　　　　　B. 汽车实际成交价格

C. 含汽车购置税的成交价　　　　　D. 二手车评估价格

(5) (　　B C D　　) 贷款人发放汽车贷款，应要求借款人提供_____方可受理汽车贷款申请。

A. 房产抵押　　　　　　　　　　　B. 所购汽车抵押

C. 有效担保　　　　　　　　　　　D. 汽车贷款保证保险

3. 是非题

(1) 《汽车消费贷款管理办法》是 2004 年 10 月 1 日起正式实施的。(　×　)

(2) 到目前为止，中国仍然不允许外国人办理汽车按揭业务。(×　)

(3)《汽车贷款管理办法》规定，只要在中国境内连续居住一年(含一年)以上的港、澳、台居民就可以办理汽车按揭业务。(√　)

(4) 经销商汽车贷款，是指贷款人向汽车经销商的客户发放的用于采购车辆和(或)零配件的贷款。(×　)

(5) 汽车消费信贷即对申请购买车的借款人发放的人民币担保贷款。(√　)

(6) 贷款购车需要提供的申请材料中的个人有效身份证件包括居民身份证、户口簿、军官证、护照、港澳台湾同胞往来通行证等。(√　)

(7) 贷款金额最高一般不超过所购汽车售价的 70%。(×　)

(8) 汽车消费贷款期限一般为 1-3 年，最长不超过 5 年。(√　)

(9) 按揭就是"花明天的钱，办今天的事"。(√　)

(10) 我国目前汽车消费贷款占新车销售总额的比例不足 20%，与国外 70% 的水平相距甚远。(√　)

(11) 经销商还要在《汽车消费贷款通知书》所规定的时限内将购买发票、各种费用凭证原件及行驶证复印件直接交予经办银行。(√　)

(12) 贷款流程：选择车型、签订协议、申请贷款、银行批准、取车手续、按月付款。(√　)

第四节　汽车金融公司管理办法

我国汽车消费信贷市场起步晚，以前从事汽车消费信贷业务的主要是商业银行和汽车企业集团财务公司，而非银行金融机构如信托公司、金融租赁公司及其他财务公司均不具备专业办理汽车消费信贷的要求。进入二十一世纪后，虽然我国个人汽车消费贷款出现迅猛增长，如 2002 年比 1998 年增长了 286 倍，但是相对于汽车消费市场的发展速度，现有贷款规模远不能满足需要，通过贷款销售出去的汽车占新车销售总额的比例不足 20%，这与国外的 70% 相距甚远。

我国加入世贸组织时承诺，允许设立非银行金融机构开展汽车消费信贷业务。这表明，我国已完全开放汽车消费信贷市场，并允许开展汽车消费信贷业务的主体可以是内资、中外合资或外资非银行金融机构。设立汽车金融公司既是我国履行加入世贸组织承诺的需要，也是培育和促进汽车消费信贷市场公平竞争、健康发展的要求。为此，2002 年 10 月 8 日，中国人民银行对外公布《汽车金融公司管理办法(征求意见稿)》，2003 年 10 月 3 日，中国银监会颁布并实施了《汽车金融公司管理办法》(中国银监会令 2003 年第 4 号)及《汽车金融公司管理办法实施细则》(银监发〔2003〕23 号)，这意味着汽车金融业真正开始进入了实质性操作阶段。同年底，三家汽车金融公司获得批准筹建，即上海通用汽车金融有限责任公司、大众汽车金融(中国)有限公司、丰田汽车金融(中国)有限公司。2004 年 8 月，福特汽车信贷公司宣布也获得中国银监会批准在中国筹建专业汽车金融公司。之后的三年中，银监会陆续批准设立 9 家汽车金融公司(通用汽车、大众汽车、福特汽车、丰田汽车、戴姆勒—克赖斯勒、标致雪铁龙、沃尔沃、日产汽车、菲亚特汽车)，业务发展已初具规模。截至 2007 年底，已开业的 8 家汽车金融公司资产总额 284.98 亿元，贷款余额 255.15 亿元，负债总额 228.22 亿元，所有者权益 56.76 亿元，去年累计实现盈利 1647 万元，不良贷款率为 0.26%。可以预见，随着我国汽车产业和汽车消费信贷市场的快速发展，汽车金融公司作为汽车金融服务的专业化机构将大有作为，业务发展前景广阔。按照国际惯例，在激烈的市场竞争导致整车企业生产利润降低到 3% 至 5% 时，汽车金融业务的利润率仍可保持在 30% 左右。而据中国汽车工业协会预测，到 2025 年，中国汽车金融业将有 5250 亿元的市场容量。如此庞大的市场空间，自然吸引了国际汽车巨头将目光锁定在这块"蛋糕"上。

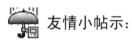 友情小帖示：

国外最早的汽车金融公司

历史上第一家汽车金融公司是 1919 年美国通用汽车公司设立的通用汽车票据承兑总公司。1930 年，德国大众汽车公司推出了针对本公司生产的"甲壳虫"汽车的购车储蓄计划，向"甲壳虫"的未来消费者募集资金。此举首开了汽车金融服务向社会融资的先例，为汽车金融公司的融资开辟了新的道路。

国家基于对汽车金融行业长远发展趋势及其功能作用的基本判断，2007 年 12 月 27 日，中国银行业监督管理委员会通过了新版《汽车金融公司管理办法》，并于 2008 年 1 月 24 日起实行。

一、概述

1. 我国设立汽车金融公司的战略意义

汽车金融公司是指从事汽车消费信贷业务并提供相关汽车金融服务的专业机构，是为中国境内的汽车购买者及销售者提供贷款的非银行金融企业法人。包含三层含义：第一，汽车金融公司是一种非银行金融机构，并不是一般的汽车类企业；第二，汽车金融公司专门从事汽车的贷款业务，不同于银行和其他类非银行金融机构的业务；第三，其服务对象确定为中国大陆境内的汽车销售者和购买者。汽车购买者包括自然人、法人和其他组织。所谓汽车销售者是指专门从事汽车销售的经销商，而不包括汽车制造商和其他形式的销售者。

建立健全市场准入制度，培育专业的汽车金融机构，促进中国汽车金融市场健康、有序的发展和提高风险管理水平，是中国汽车产业发展的必然选择。市场需要有专业的汽车金融服务机构，汽车信贷只是汽车金融服务的一部分，目前大家只是关注汽车消费信贷，却没有注意到汽车金融事业对发展汽车制造、流通、消费等的重要意义。在我国现有的金融体制下，企业的金融业务完全依赖于银行，而银行的目标同企业的战略又很难合拍。因此，中国汽车工业发展长期制约于资金限制，但又很难通过自己拥有的金融机构来筹集资金。因此设立汽车金融公司是大势所趋，是发展汽车金融的必要条件。

(1) 有利于防范和化解金融风险。汽车消费信贷，因其专业性强、风险构成复杂，其风险和成本一般高于普通的财险项目。因此在国外，汽车消费信贷主要由专业化的汽车金融公司提供。而在我国，商业银行在汽车信贷市场上一度具有绝对的垄断地位，几乎包办了全部贷款量的 95%。但银行直接面向消费者，工作量极其庞杂，为了规避风险，银行通常要求顾客向保险公司投保车贷履约险，将风险转嫁给保险公司。但在当前的制度和市场条件下，保险公司也无成熟经验与手段控制汽车信贷中的风险。因此，发展汽车金融公司，通过协调厂商与金融服务机构的经营目标，提高服务的专业化水准和系统性，将从整体上降低我国金融服务业的经营成本和风险。

(2) 有利于提高国有商业银行的竞争力，达到信贷资源在金融机构的有效配置。我国由于金融体制的不完善，商业银行在汽车信贷市场上具有绝对的垄断地位，几乎包办了全部贷款量的 95%。垄断是一种低效率的市场，往往导致资源配置的不合理和缺乏技术创新与改革动力。商业银行办事效率低、手续复杂、门槛高、贷款期限短，只有加入竞争因素才能从根本上改变这种状况。汽车金融公司的加入将会结束国有商业银行对汽车信贷独家垄断的局面，可促使商业银行加快对现有车贷模式改革的进程，以提高其竞争力。

(3) 有利于降低汽车贷款利率，推动汽车消费信贷。利率不是由投资和储蓄决定的，而是在资本市场上由货币的供给和需求共同决定的。货币供给和货币需求共同决定了均衡的贷款利率。在货币需求水平不变的情况下，汽车金融公司的加入就会增加可贷资金总额，也即增加了货币供给，从而降低了均衡利率，利率下降必然会刺激信贷需求。

(4) 有利于扭转"错位的价值链"，让利消费者。汽车产品从厂家到消费者中间要经过经销商、担保商、保险公司、银行等一系列价值环节，其实经过的环节越多，最终用户所承担的费用可能就越多，这就造成了价值链的错位。汽车金融公司是"一手托数家"，融合了经销商、担保商、保险公司及银行的功能，而且背后依托厂商，其利润是整条价值链的总和，因此他们可以从中拿出一部分返还给消费者，最可能的办法是贴息贷款，即零贷款利率方案。

2. 专业汽车金融公司的优势

在零售方面，虽然汽车金融公司利率略高于银行(比银行高出 20% 左右)，但是由于汽车金融公司不需要第三方担保，为消费者减免了一笔"担保费"，因此总体而言其利率并不高。另外，相对而言，通过汽车金融公司办理车贷业务，手续更方便，时间也更短，这是吸引客户的主要原因。在批发领域，汽车金融公司可以凭借雄厚资金实力为经销商提供资金服务，减缓了经销商资金压力。

汽车金融公司在个人车贷具体业务方面，也有较大的发挥余地，如 2006 年开办汽车金融业务的一汽大众推出弹性贷款，期限可放至 5 年，汽车金融公司还贷方式也更为灵活。有些公司甚至可以"旧车置换抵消首付"。这些灵活、优惠的贷款方式无疑使汽车金融公司在车贷市场赢得较大竞争优势。

同时，汽车消费信贷并不是汽车金融公司利润的主要来源，汽车金融公司的业务涉及汽车消费过程的方方面面，如贷款担保、代理保险、理赔、零部件供应、维修保养、旧车处理、经销商的中短期融资等。

二、新版《汽车金融公司管理办法》的特点

2008 年 1 月 24 日颁布实施的《汽车金融公司管理办法》，其主要目的是对原《办法》不适应发展需要的条款进行修改，从有利于促进汽车金融行业发展和提高监管有效性的角

度，从机构准入、业务界定及风险管理等方面对汽车金融公司做出一般性的原则规定，着重体现银监会新的监管理念和规制监管与原则性监管相结合的监管要求。新《办法》的颁布与实施，将有力地促进汽车金融公司依法稳健经营，更好地发挥依托大型汽车企业和专业化汽车金融服务的优势，促进汽车消费信贷市场发展，为推动汽车产业乃至国民经济持续健康发展发挥积极作用。

1. 三大变化

1) 将原《办法》及原《细则》合二为一

将原《办法》及原《细则》合二为一后，使得新版《汽车金融公司管理办法》在总体构架设置上更加合理，并注重与近几年出台的有关行政许可事项管理办法和规定相衔接。

2) 在业务范围方面作了重大调整

(1) 新增 6 项新业务。即接受汽车经销商采购车辆贷款保证金和承租人汽车租赁保证金、发行金融债券(须经批准)、从事同业拆借、提供汽车融资租赁业务(售后回租业务除外)、办理租赁汽车残值变卖及处理业务、从事与汽车金融业务相关的金融机构股权投资业务(须经批准)。

(2) 将吸收存款的范围由原来的"接受境内股东单位 3 个月以上期限的存款"调整为"接受境外股东及其所在集团在华全资子公司和境内股东 3 个月(含)以上定期存款"；取消原《办法》中的"为贷款购车提供担保"业务。

(3) 将非金融机构出资人的资产规模要求从原来的 40 亿元提高至 80 亿元，营业收入从 20 亿元提高至 50 亿元。

(4) 根据汽车产业格局和实际发展需要，取消原《办法》"同一企业法人不得投资一个以上的汽车金融公司"的规定。在准入资格条件和业务内容规定上，更加突出汽车金融公司专业化发展和核心主业的要求。强调设立汽车金融公司的出资人应具有丰富的汽车金融管理经验或专业管理团队；强调以"促进汽车销售与购买"为核心的金融服务，即在原有汽车零售贷款业务、批发贷款(特指对经销商的采购车辆贷款，有别于一般意义上的公司贷款业务)基础上，新增加了汽车融资租赁业务，从而形成汽车金融公司的三大核心业务：零售贷款、批发贷款(特指对经销商的采购车辆贷款，有别于一般公司贷款)、融资租赁。

3) 风险管控更健全

(1) 风险监管指标设置更为科学，更加注重体现汽车金融业务及风险管理特性的要求。根据汽车业务和监管需要对监管指标进行适当调整，将原《办法》及原《细则》规定的 7 个监管指标调整为 5 个监控指标，保留 3 个指标即单一客户授信比例、单一股东及其关联方授信比例、自用固定资产比例，增加 1 个指标即单一集团客户授信比例，修改 1 个指标即资本充足率由 10% 下调至 8%，删除 3 个指标即最大 10 家客户授信比例、流动性比例、对外担保比例要求。

根据汽车金融业务特性需要，取消了原有对最大 10 家客户授信的限制性规定，同时为防止和分散关联交易风险，增加了对单一集团客户授信的比例限制。

(2) 遵循规制监管与原则导向监管相结合的监管思路。新《办法》对汽车金融公司股东和高级管理人员提出新的审慎性监管要求，要求拟设汽车金融公司的出资人，应具有 5 年以上汽车金融业务的业务管理和风险控制经验或引进合格的专业管理团队。

(3) 增加了对外包业务的监管要求。新《办法》规定"汽车金融公司如有业务外包需要，应制定与业务外包相关的政策和管理制度，包括业务外包的决策程序、对外包方的评价和管理、控制业务信息保密性和安全性的措施和应急计划等。汽车金融公司签署业务外包协议前应当向注册地中国银监会派出机构报告业务外包协议的主要风险及相应的风险规避措施等"。

2. 我国汽车金融公司发展所面临的问题

新版《汽车金融公司管理办法》的颁布与实施，为汽车金融公司在有效控制风险的前提下实现又好又快发展提供重要的法律保障，汽车金融公司面对的是一个发展迅速、潜力巨大的汽车消费信贷市场。但在发展过程中仍然面临如下三大问题：

(1) 法律法规不健全和不完善。汽车消费信贷业务在我国起步较晚，还未形成比较完善的法律制度。尽管《贷款通则》、《担保法》针对消费信贷有一些介绍，但还没有形成汽车消费信贷的相关立法、司法、执法成套的法规。此外，虽然在新的《汽车金融公司管理办法》中增加了提供汽车融资租赁业务，但是受部分法规和政策制约，汽车融资租赁业务难以开展。

(2) 融资渠道单一，资金来源较少。目前国内汽车金融公司还是主要通过两个途径来融资：一是接受境外股东及其所在集团在华全资子公司和境内股东 3 个月以上定期存款；二是向金融机构借款。融资渠道单一，融资成本高，依靠银行贷款的汽车金融公司，面对高企的资金成本，只能将车贷利率维持在较高水平，而且商业银行和汽车金融公司存在竞争关系，融资能否畅通也存在不确定性。

(3) 缺乏完善的信用征信体系。目前我国个人信用等级评定办法标准和体系尚在探索阶段，汽车金融公司防范风险的能力比较弱。汽车金融公司无法及时了解贷款客户的基本经济变化情况，对客户、担保人等在贷款期间经营状况、经济情况的变化基本处于失控状态，对出现的贷款风险不能及时采取保全措施。

三、新版《汽车金融公司管理办法》内容解读

1. 汽车金融公司的设立、变更和终止

1) 设立汽车金融公司应具备下列条件

(1) 具有符合本办法规定的出资人；汽车金融公司的出资人为中国境内外依法设立的企业法人，其中主要出资人(指出资数额最多并且出资额不低于拟设汽车金融公司全部股本30% 的出资人)须为生产或销售汽车整车的企业或非银行金融机构。汽车金融公司出资人中至少应有 1 名出资人具备 5 年以上丰富的汽车金融业务管理和风险控制经验。汽车金融公司出资人如不具备前款规定的条件，至少应为汽车金融公司引进合格的专业管理团队。

非金融机构作为汽车金融公司出资人，应当具备以下条件：

① 最近 1 年的总资产不低于 80 亿元人民币或等值的可自由兑换货币，年营业收入不低于 50 亿元人民币或等值的可自由兑换货币(合并会计报表口径)；

② 最近 1 年年末净资产不低于资产总额的 30%(合并会计报表口径)；

③ 经营业绩良好，且最近 2 个会计年度连续盈利；

④ 入股资金来源真实合法，不得以借贷资金入股，不得以他人委托资金入股；

⑤ 遵守注册所在地法律，近 2 年无重大违法违规行为；

⑥ 承诺 3 年内不转让所持有的汽车金融公司股权(中国银监会依法责令转让的除外)，并在拟设公司章程中载明；

⑦ 注册资本不低于 3 亿元人民币或等值的可自由兑换货币的条件。

⑧ 中国银监会规定的其他审慎性条件。

(2) 具有符合本办法规定的最低限额注册资本；汽车金融公司注册资本的最低限额为 5 亿元人民币或等值的可自由兑换货币。注册资本为一次性实缴货币资本。中国银监会根据汽车金融业务发展情况及审慎监管的需要，可以调高注册资本的最低限额。

(3) 具有符合《中华人民共和国公司法》和中国银监会规定的公司章程；

(4) 具有符合任职资格条件的董事、高级管理人员和熟悉汽车金融业务的合格从业人员；

(5) 具有健全的公司治理、内部控制、业务操作、风险管理等制度；

(6) 具有与业务经营相适应的营业场所、安全防范措施和其他设施；

(7) 中国银监会规定的其他审慎性条件。

汽车金融公司的设立须经过筹建和开业两个阶段。申请设立汽车金融公司，应由主要出资人作为申请人，按照《中国银监会非银行金融机构行政许可事项申请材料目录和格式要求》的具体规定，提交筹建、开业申请材料。申请材料以中文文本为准。未经中国银监会批准，汽车金融公司不得设立分支机构。

汽车金融公司名称中应标明"汽车金融"字样。未经中国银监会批准，任何单位和个人不得从事汽车金融业务，不得在机构名称中使用"汽车金融"、"汽车信贷"等字样。

2) 汽车金融公司的变更

汽车金融公司有下列变更事项之一的，应报经中国银监会批准：

(1) 变更公司名称；

(2) 变更注册资本；

(3) 变更住所或营业场所；

(4) 调整业务范围；

(5) 改变组织形式；

(6) 变更股权或调整股权结构；

(7) 修改章程；

(8) 变更董事及高级管理人员；

(9) 合并或分立；

(10) 中国银监会规定的其他变更事项。

3) 汽车金融公司的终止

汽车金融公司有以下情况之一的，经中国银监会批准后可以解散：

(1) 公司章程规定的营业期限届满或公司章程规定的其他解散事由出现；

(2) 公司章程规定的权力机构决议解散；

(3) 因公司合并或分立需要解散；

(4) 其他法定事由。

汽车金融公司有以下情形之一的，经中国银监会批准，可向法院申请破产：

(1) 不能清偿到期债务，并且资产不足以清偿全部债务或明显缺乏清偿能力，自愿或应其债权人要求申请破产；

(2) 因解散或被撤销而清算，清算组发现汽车金融公司财产不足以清偿债务，应当申请破产。

汽车金融公司因解散、依法被撤销或被宣告破产而终止的，其清算事宜，按照国家有关法律法规办理。

汽车金融公司设立、变更、终止和董事及高级管理人员任职资格核准的行政许可程序，按照《中国银监会非银行金融机构行政许可事项实施办法》执行。

2. 汽车金融公司的业务范围

经中国银监会批准，汽车金融公司可从事下列部分或全部人民币业务：

(1) 接受境外股东及其所在集团在华全资子公司和境内股东3个月(含)以上定期存款；

(2) 接受汽车经销商采购车辆贷款保证金和承租人汽车租赁保证金；

(3) 经批准，发行金融债券；

(4) 从事同业拆借；

(5) 向金融机构借款；

(6) 提供购车贷款业务；

(7) 提供汽车经销商采购车辆贷款和营运设备贷款，包括展示厅建设贷款和零配件贷款以及维修设备贷款等；

(8) 提供汽车融资租赁业务(售后回租业务除外)；

汽车融资租赁业务，是指汽车金融公司以汽车为租赁标的物，根据承租人对汽车和供货人的选择或认可，将其从供货人处取得的汽车按合同约定出租给承租人占有、使用，向承租人收取租金的交易活动。

售后回租业务，是指承租人和供货人为同一人的融资租赁方式。即承租人将自有汽车出卖给出租人，同时与出租人签订融资租赁合同，再将该汽车从出租人处租回的融资租赁形式。

(9) 向金融机构出售或回购汽车贷款应收款和汽车融资租赁应收款业务；

(10) 办理租赁汽车残值变卖及处理业务；

(11) 从事与购车融资活动相关的咨询、代理业务；

(12) 经批准，从事与汽车金融业务相关的金融机构股权投资业务；

(13) 经中国银监会批准的其他业务。

汽车金融公司发放汽车贷款应遵守《汽车贷款管理办法》等有关规定。汽车金融公司经营业务中涉及外汇管理事项的，应遵守国家外汇管理有关规定。

3. 汽车金融公司的监控

汽车金融公司应按照中国银监会有关银行业金融机构内控指引和风险管理指引的要求，建立健全公司治理和内部控制制度，建立全面有效的风险管理体系。

1) 监管指标

(1) 资本充足率不低于8%，核心资本充足率不低于4%；

(2) 对单一借款人的授信余额不得超过资本净额的 15%；

(3) 对单一集团客户的授信余额不得超过资本净额的 50%；

(4) 对单一股东及其关联方的授信余额不得超过该股东在汽车金融公司的出资额；

(5) 自用固定资产比例不得超过资本净额的 40%。

中国银监会可根据监管需要对上述指标做出适当调整。

2) 监管制度

(1) 汽车金融公司应按照有关规定实行信用风险资产五级分类制度，并应建立审慎的资产减值损失准备制度，及时足额计提资产减值损失准备。未提足准备的，不得进行利润分配。

(2) 汽车金融公司应按规定编制并向中国银监会报送资产负债表、损益表及中国银监会要求的其他报表。

(3) 汽车金融公司应建立定期外部审计制度，并在每个会计年度结束后的 4 个月内，将经法定代表人签名确认的年度审计报告报送公司注册地的中国银监会派出机构。

(4) 中国银监会及其派出机构必要时可指定会计师事务所对汽车金融公司的经营状况、财务状况、风险状况、内部控制制度及执行情况等进行审计。中国银监会及其派出机构可要求汽车金融公司更换专业技能和独立性达不到监管要求的会计师事务所。

(5) 汽车金融公司如有业务外包需要，应制定与业务外包相关的政策和管理制度，包括业务外包的决策程序、对外包方的评价和管理、控制业务信息保密性和安全性的措施和应急计划等。汽车金融公司签署业务外包协议前应向注册地中国银监会派出机构报告业务外包协议的主要风险及相应的风险规避措施等。

四、思考与练习

1. 单项选择题

(1) （ A ）从事汽车消费信贷业务并提供相关金融服务的专业机构是＿＿＿＿。

A. 汽车金融公司　　　　　　　　B. 汽车集团公司

C. 汽车股份公司　　　　　　　　D. 金融投资公司

(2) （ A ）汽车金融公司的监管机构是＿＿＿＿。

A. 银监会　　　　B. 证监会　　　　C. 中国人民银行　　　　D. 银行行业协会

(3) （ D ）汽车金融公司可以接受境内股东单位或接受境外股东及其所在集团在华全资子公司＿＿＿＿以上定期存款。

A. 半个月　　　　B. 一个月　　　　C. 二个月　　　　D. 三个月

(4) （ C ）我国目前执行的《汽车金融公司管理办法》是＿＿＿＿开始实施的。

A. 2003 年 10 月 3 日　　　　　　B. 2007 年 12 月 27 日

C. 2008 年 1 月 24 日　　　　　　D. 2009 年 10 月 1 日

(5) （ A ）目前在我国提供汽车消费信贷的主要机构是＿＿＿＿。

A. 商业银行　　　　B. 汽车金融公司　　　　C. 中国人民银行　　　　D. 汽车集团公司

(6) （ B ）目前在国外提供汽车消费信贷的主要机构是＿＿＿＿。

A. 商业银行　　　　B. 汽车金融公司　　　　C. 中国人民银行　　　　D. 汽车集团公司

(7) (　C　) 在我国，汽车金融公司的利率一般_____商业银行的利率。

A. 等于　　　　　　B. 低于　　　　　　C. 高出 20%　　　　　D. 低于 20%

(8) (　B　) 我国汽车金融公司的贷款利率远远高于国外汽车金融公司的主要原因为_____。

A. 我国汽车金融公司运作成本高

B. 发放汽车贷款的利率被锁定在中国人民银行公布的法定贷款利率基础上，且上下浮动只能在 10%～30% 之间

C. 汽车消费信贷是汽车金融公司利润的主要来源

D. 我国汽车金融公司刚刚起步，公司仍处于亏损状态

(9) (　D　) 汽车金融公司出资人中至少应有 1 名出资人具备_____年以上丰富的汽车金融业务管理和风险控制经验。

A. 2 年　　　　　　B. 3 年　　　　　　C. 4 年　　　　　　　D. 5 年

(10) (　D　) 非金融机构作为汽车金融公司出资人，在最近 1 年的总资产不低于_____亿元人民币或等值的可自由兑换货币。

A. 50　　　　　　　B. 60　　　　　　　C. 70　　　　　　　　D. 80

(11) (　B　) 汽车金融公司注册资本的最低限额为_____人民币或等值的可自由兑换货币。

A. 2 亿元　　　　　B. 5 亿元　　　　　C. 10 亿元　　　　　　D. 20 亿元

(12) (　C　) 汽车金融公司注册资本的出资方式为_____。

A. 知识产权　　　　B. 实物　　　　　　C. 实缴货币　　　　　D. 土地使用权

2. 多项选择题

(1) (　ABC　) 目前，已在华成立汽车金融服务公司的外资品牌有_____。

A. 通用　　　　　　B. 大众　　　　　　C. 丰田　　　　　　　D. 本田

(2) (　BC　)《汽车金融公司管理办法》规定，经银监会批准，汽车金融公司可以从事_____业务。

A. 接受境内公众存款　　　　　　　B. 提供购车贷款

C. 发行金融债券　　　　　　　　　D. 代理政策性银行业务

(3) (　ABD　) 汽车金融公司的业务范围包括_____。

A. 接受境内股东单位 3 个月以上定期存款

B. 提供购车贷款业务

C. 为贷款购车提供担保

D. 向金融机构借款

(4) (　AB　) 汽车金融公司是为中国境内的_____提供贷款的非银行金融企业法人。

A. 汽车购买者　　　　　　　　　　B. 专门从事汽车销售的经销商

C. 汽车制造商　　　　　　　　　　D. 所有汽车销售的经销商

(5) (　BCD　) 汽车金融公司的三大核心业务为_____。

A. 从事与汽车金融业务相关的金融机构股权投资业务

B. 零售贷款

C. 批发贷款

D. 融资租赁

(6)（　ＡＢＣ　）目前国内汽车金融公司主要通过_____途径来融资。

A. 接受境外股东及其所在集团在华全资子公司 3 个月以上定期存款

B. 接受境内股东 3 个月以上定期存款

C. 向金融机构借款

D. 接受境内公众存款

3. 是非题

(1) 大众是中国首批开设汽车金融公司的外资品牌之一。（　√　）

(2) 目前，外资非银行金融机构不可以在中国境内开展汽车消费信贷业务。（　×　）

(3) 汽车金融公司可以为贷款购车提供担保。（　×　）

(4) 汽车金融公司只能为中国境内的汽车购买者及销售者提供贷款业务。（　√　）

(5) 汽车金融公司属于银行金融机构中的一种。（　×　）

(6) 在国外，汽车金融公司的利率一般低于银行利率。（　√　）

(7) 向汽车金融公司贷款购车需要提供第三方担保。（　×　）

(8) 根据新版《汽车金融公司管理办法》规定，同一企业法人可以投资一个以上的汽车金融公司。（　√　）

(9) 非金融机构作为汽车金融公司出资人，在 3 年内不转让所持有的汽车金融公司股权。（　√　）

(10) 汽车金融公司的设立不需要经过筹建阶段。（　×　）

4. 简答题

(1) 简述我国设立汽车金融公司的意义？

答：① 有利于防范和化解金融风险；

② 有利于提高国有商业银行的竞争力，达到信贷资源在金融机构的有效配置；

③ 有利于降低汽车贷款利率，推动汽车消费信贷；

④ 有利于扭转"错位的价值链"，让利消费者。

(2) 在我国通过汽车金融公司贷款购车的主要优势有哪些？

答：① 不需要提供第三方担保，省去了"担保费"；

② 办理车贷业务的手续简单，时间也短；

③ 贷款方式和还贷方式较灵活；

④ 在批发领域，汽车金融公司可以凭借雄厚资金实力为经销商提供资金服务，减缓了经销商资金压力。

第五节　汽车品牌销售管理办法

为了规范汽车品牌销售行为，促进汽车市场健康发展，保护消费者合法权益，《汽车品牌销售管理实施办法》(下简称《办法》)于2003年汽车市场火爆时开始酝酿，2004年中国汽车市场硝烟弥漫的时候，又被讨论了整整一年，直到2005年，汽车市场已经进入谷底时该《办法》才露出真容。

2004年12月18日，商务部第17次部务会议审议通过了《汽车品牌销售管理实施办法》，并于2005年2月21日由商务部、国家发展和改革委员会、国家工商总局联合颁布2005年第10号令，决定《汽车品牌销售管理实施办法》自2005年4月1日起施行。

在《办法》未出台前，汽车产品销售和售后的问题始终是消费申诉和投诉领域的热点，投诉内容涉及汽车质量不稳定或存在缺陷、合理的退换货要求被无理拒绝、汽车配件价格良莠不齐、汽车维修价格不透明和乱收费等等。《办法》出台后，汽车市场整体价格相对透明和稳定了，但显而易见的是消费者买车成本却增大了，4S店甚至出现"店大欺客"现象，有关汽车投诉案例并没有因此减少，反而年年有所增加。据国家质检总局公布，2012年我国缺陷汽车产品召回信息管理系统共收到汽车产品投诉信息9640起，比2011年增加了9%。

原本初衷是为解决汽车产品销售和售后过程中存在的，诸如汽车质量不稳定或存在缺陷等问题而才出台的2005年版《汽车品牌销售管理实施办法》，自出台之日起就争议不断，经销商认为《办法》加剧了厂家和商家之间极不平等的地位，消费者也认为《办法》并没有很好的维护自身的利益。正是由于经销商与消费者的不满，促使实施仅两年的《办法》，在2007年就传出商务部要对其进行重大的调整，此后几乎每年都曾传出《办法》重新修订并实施的消息。在2009年，商务部、发改委、工商总局曾与中国汽车流通协会等拟定出一份修改意见，对实施中的《办法》进行诸多修改，包括禁止搭售、压库，延长与授权4S店的合同期，建立监督体系，建全监督机制等。据悉，2013年下半年，商务部将对实施8年之久的《汽车品牌销售管理实施办法》作出适当的修改，这次可能采用4年前曾提出的修改方案。《办法》的修改不仅有助于进一步规范车企的经营行为，加价售车、进口车牟取暴利等现象有望得到遏制。

一、旧版《汽车品牌销售管理实施办法》对汽车销售行业的影响

1.《办法》对汽车行业的积极作用

1) 实施汽车品牌销售规范了汽车销售市场

在我国，最早实施汽车品牌销售的厂家是神龙汽车有限公司，它就其下的品牌东风雪铁龙在武汉建立了全国最早的样板销售店，集中体现其形象与产品。后来广州本田汽车公司大力推广4S模式，4S店也在全国逐渐蔓延开来。在《办法》实施前，我国从事汽车销售的经销商有3万多家，其中只有2千多家得到了厂家的授权，实行4S店销售模式与其他各种经营模式并存。

从汽车销售发展趋势来讲，品牌代理的模式是一个大的趋势。在国外，包括美国、日本、欧洲等地的汽车市场，目前基本都属于这种品牌销售的模式。《办法》实施后，经营者要经营该品牌汽车，必须得到汽车供应商的品牌销售授权，并符合《办法》规定，取得工商部门的营业执照后才行。授权销售是汽车品牌销售的核心内容，原则为谁生产、谁授权。如果得到不同供应商多种品牌销售授权，则可申请经营多种品牌的汽车。过去那些没有任何资质，寻个小门面、搭个展厅、放辆汽车、摆上一张办公桌坐等揽客的现象已经成为

过去。

在进口车销售领域同样也将发生很大的改观。《办法》实施前，小型进口车经销商和拼车商横行进口车销售市场，有些拼车商从中东、欧洲、美国等渠道进口二手翻新车等来路不明的车辆报关进口，由于当时国家实施落地免税政策，这些进口翻新车上岸入库也不落税，再通过某种方式偷报瞒报，往往一辆车转手后车商就可以轻松牟取暴利，日后，一旦车主与车商打官司时，车商甚至突然消失，使官司不了了之。随着《办法》的实施和海关落地完税政策的推出，那些没有获得进口汽车代理商授权资格的小型进口车经销商和拼车商将退出历史舞台。

2）实施汽车品牌销售同时强调了两个品牌

《办法》同时强调了厂家和经销商两个品牌，有利于消费者从最直接的渠道买到车，同时能够树立经销商的品牌认知度，使汽车销售走向品牌化。

《汽车品牌销售管理实施办法》的第26、27条明确规定，经销商必须在经营场所的突出位置设置汽车供应商授权的店铺名称、标识、商标等，并不得以任何形式从事非授权品牌汽车的经营。

3）实施汽车品牌销售使市场走向有序并引导消费者成熟

《办法》的实行将会使汽车流通行业从无序走向有序，经销商授权销售的体制会使汽车销售从单一的价格竞争逐步过渡到多元化竞争。消费者的意识也会从单纯的追求价格向追求服务、品牌转变，因此，《汽车品牌销售管理实施办法》将会引导消费者向成熟理性转变。

4）实施汽车品牌销售有利于保护消费者的合法权益

让消费者的权益得到有效保护是汽车品牌销售的根本目的。首先，汽车经销商得到了市场的净化，消费者购车将更便利。实行品牌销售后，消费者只要到自己想要买车的品牌经销店，就能放心地买到自己满意的车；其次，增强了汽车经销商的服务意识。《办法》明确了各方的责任，便于实施责任追溯，这将导致汽车经销商由价格战为主过渡到以提升服务为主的服务理念；再次，规范了汽车售后服务市场。如汽车质量不稳定或存在缺陷、合理退换货要求被无理拒绝、汽车配件价格良莠不齐、汽车维修价格不透明和乱收费等问题将更加规范。又如《办法》规定汽车销售、售后服务网点不超过150公里，以前有一些消费者住在偏远地区，在本地区购买了汽车，维修站却在千里以外，这一规定是为了使消费者能够在购车点附近得到相应的售后服务。

2. 《办法》存在的主要问题

1）品牌授权问题

《汽车品牌销售管理实施办法》要求汽车品牌经销商必须获得汽车供应商品牌汽车销售授权。强化了品牌的垄断地位，使已经处于弱势地位的汽车销售企业和消费者更加被弱化。

在企业向经销商授权问题上，由于中小企业较难得到供应商的授权，没有得到授权的经销商为了解决无车可卖的情况，会选择与得到授权的企业进行合作，从得到授权的经销商那里得到产品进行销售，导致了得到授权的经销商成为这些无授权经销商的批发商，汽车销售最终算到授权经销商那里。

同时，供应商为了实现多销车的目的，对这一市场现象也不加以约束。企业关心的是销量，在授权一级经销商后，一级经销商与其他经销商进行合作销售本应报到企业，得到企业许可后才可以销售。但多数一级经销商不会将这些报给供应商。在一级经销商与其他经销商合作的过程中，未取得品牌授权经销商向用户销售车辆后，部分会以一级经销商的名义向用户提供购车发票等内容，销量计算在一级经销商身上。虽然供应商了解一级经销商的行为，但出于多卖车的目的，一般不会过多干涉。授权制度虽然使企业得到了更多的渠道管理权，但企业一般不会过多约束一级经销商与未授权经销商的合作销售行为。这既提高了汽车销售价格，又不便于汽车供应商的管理，最终受害的仍然是消费者。

在进口汽车的代理问题上，由于现行的《汽车品牌销售管理实施办法》中同意进口汽车品牌通过总代理商制度建立销售渠道，从而使得经销商丧失话语权，导致国内进口品牌汽车价格普遍畸高。除了税收较高因素外，部分国外厂商通过限定国内经销商售价、控制销售渠道等方式垄断销售价格，形成暴利。

2) 经营模式问题

《办法》虽然只规定国内销售汽车都要实行品牌销售模式，但间接强化了4S店经营模式，大部分合资汽车企业都要求经销商投资建立4S店，抑制了其他经营业态。实际上，汽车品牌销售模式与我国目前推行的4S店并不是一个概念。国外汽车销售店建设并不像国内4S店，其经营面积比较小且销售和维修基本上也是分开的，没有要求这种前店后厂的4S店模式。很明显，国外这种销售模式有利于经销商削减成本。

3) 品牌经销投入问题

《汽车品牌销售管理实施办法》第四章对汽车品牌经销商的行为规范做出了明确规定，并对经销商提出了较高的软、硬件要求。如建立用户档案信息管理系统及信息反馈，需要配备电脑网络及专业的机房工作人员；汽车品牌经销商在经营场所使用供应商授权的店铺名称、标识、商标等需要投入专项资金。

以上投入对于城市地区销售量大的经销商来说是可以承受的，但对于在县级城市及县级以下城市，商用车销量只占总销量的很少一部分，多数销售网点单一品牌车辆销售数量并不多，所得利润难以支持品牌销售所需投入的成本。即使在地级城市，也有大量销售商难以承受品牌销售所必须的成本支出。因此，部分中小经销商、县级城市及县级以下城市的经销商将面临淘汰，或被迫成为获得供应商授权的经销商"下级"，从品牌经销商处获得二级授权，使品牌经销商从事批发业务，而这种二级授权的发展，企业很难进行约束或不想约束。

减少县级城市及县级以下地区经销商数量，使更多县级城市及县级以下地区的用户购车行为被迫转向离家更远的地级城市。售后服务、配件供应等业务与销售点配套。用户在车辆使用过程中的售后服务等内容也将被迫转移到县级以上城市中进行。

《办法》没有详细说明与销售配套的售后服务网点应该达到什么标准，如果对售后服务网点的要求只是简单的维护功能，进口车企业尚能建立，但要是使售后服务网点具有一定的维修功能，企业将面临巨额资金投入。因此对于进口卡车企业实施《汽车品牌销售管理实施办法》，维修服务网的建设很难达到现有政策要求。企业要完成达到《汽车品牌销售管理实施办法》要求，只能对一些销量少、保有量低的地区撤消销售网，否则只能亏损经营。

汽车生产厂商总是盲目扩大经销商队伍，抬高经销商成本。建那么多的店，它必然导致汽车经销商盲目竞争,而盲目竞争的结果肯定是降价,频繁的降价使经销商的利润必然得不到保证。因此想达到规范市场的目的,必须要使商家有更多的话语权,才能相互制约,维护双方利益,才能进而维护消费者利益,达到规范之目的。

4) 服务距离问题

《汽车品牌销售管理实施办法》规定:汽车供应商应当合理布局汽车品牌销售和服务网点。汽车品牌销售和与其配套的配件供应、售后服务网点相距不得超过 150 公里。

乘用车生产企业一般都可以满足这项要求,但部分商用车生产企业很难达到这项规定。部分重、中型车生产企业每年销量只有几千辆,销售区域却是全国范围,如果在每一个销售车辆地区 150 公里内都建立完善的配件供应、售后服务功能,必然使这些售后服务网点处于闲置状态,企业难以承受如此高昂的网络成本。在商用车中,大型客车、中型客车及部分中重型卡车企业受制于产品低及存在大量直销,目前要符合汽车品牌销售和与其配套的配件供应、售后服务网点相距不得超过 150 公里的要求,必须重新规划服务网点并投入大量软硬件及人员。经销商投入这些之后,因企业的销售量无法保证这些服务网点有足够的工作量与之相匹配,且企业的利润也无法支持这些网点的正常运转。因此,这部分企业一般不会按《汽车品牌销售管理实施办法》规定建立服务网点。即使建立服务网点也是采用应付的方法,其服务网点不会进行规范的软硬件投入和使用。

虽然《汽车品牌销售管理实施办法》规定:"除授权合同另有约定,汽车供应商在对汽车品牌经销商授权销售区域内不得向用户直接销售汽车。"但商用车企业的直销普遍存在,企业与经销商很难通过合同解决全部问题。

二、新版《汽车品牌销售管理实施办法》的特点

旧版《汽车品牌销售管理实施办法》是 2005 年由商务部、发改委、工商总局联合发布的,提出国际通行的汽车品牌授权经营模式,当时这个办法的实施对加快汽车品牌建设,提高汽车营销和服务水平,适应我国汽车分销领域对外开放,扩大汽车消费,发挥了积极作用,迄今已有 8 年。但是,随着销售网络和 4S 店的增多,该方法的弊端也凸显无疑。

早在 2009 年,商务部、发改委、工商总局曾与中国汽车流通协会等拟定出一份修改意见,对实施中的《办法》进行了诸多修改,包括禁止搭售、压库,延长与授权 4S 店的合同期,建立监督体系,建全监督机制等。据悉,新《办法》将会微调,总体原则不会变,品牌销售制度、总代理制度也将保留,只是调整了厂商权利,将更加注重平衡厂商、经销商、消费者三者之间的关系。新的《办法》可能采用 4 年前曾提出的修改方案。

1. 当前汽车经销商主要面临的经营困局

(1) 汽车经销商主要依靠支付现金或银行汇票的方式从整车厂提车,整车厂一般不接受赊欠,因而造成经销商较大的现金流压力和财务负担;

(2) 汽车经销商需要配合厂商的销售目标,在需求不景气的情况下也需要接受整车厂的压库,导致经销商的存货压力加大,同时经销商为了获取厂家的返点和缓解库存压力而加大优惠幅度,进而降低新车销售的毛利率;

(3) 受整车厂的限制,目前经销商集团各 4S 店在制定销售计划或向整车厂拿车时一般都是单独行动,经销商集团各 4S 店之间难以形成协同效应;

(4) 经销商普遍面临盈利能力较差的困局，新车销售业务主要依靠整车厂的返利，毛利率较低，同时由于近两年 4S 店的数量增长较快，经销商单店销量呈下降趋势。

2. 四大亮点

(1) 通过增加限制性条款来平衡供应商、经销商之间的关系。汽车经销商的合法利益将得到更多保障，其弱势地位也有望扭转。主要体现在如下几个方面：

① 汽车厂家不得强迫经销商建 4S 店。近年来汽车厂家纷纷要求经销商建 4S 店，否则不给代理权。一座 4S 店占地少则数百平方米，多则数千平方米，在北京、上海这样的大城市，建店投入以千万元计，给经销商带来了很大压力。部分汽车厂家出于私利，往往在同一地区超前规划经销商数量，人为加剧了经销商的生存压力。据了解，4S 店虽然表面光鲜，但生存状况并不乐观，只有三分之一盈利，另有三分之一亏损，三分之一在勉强维持。

4S 店作为一种汽车销售模式确有优点，但我国汽车市场区域差异很大，在二三级城市或农村市场，要求经销商也建 4S 店是不现实的。《汽车品牌销售管理实施办法》修订后，汽车厂家将不得强制规定经销商的经销模式，这意味着经销商可以根据市场需要，自己来决定如何做生意，他们可以建 4S 店，为追求服务质量的消费者提供"一条龙"服务；也可以到汽车交易市场租块场地来经营，薄利多销；还能光明正大地开分店、发展二级经销商，开拓市场。

② 汽车厂家不得向经销商收保证金。一些汽车企业利用自己的强势地位，向经销商收取各种不合理的费用，"保证金"就是其中之一。据业内人士介绍，除违约保证金、进货保证金之外，甚至经销商建店用哪种建筑材料、设备、办公设施等也要干预，以收取保证金的形式强令经销商使用其指定产品，否则没收保证金。

《汽车品牌销售管理实施办法》修订后，汽车厂家将不能向经销商收取不合理的保证金。而且将建立行业监督机制，汽车企业和汽车经销商的行为都将有人监督。避免汽车厂商有令不执行。

③ 经销合同从一年一签变五年一签。为加强对汽车经销商的控制，目前汽车企业给经销商的授权都是一年一签，经销商唯恐得罪了汽车厂家，来年拿不到授权砸了自己的饭碗，即便受到汽车企业的不公平对待，也会忍气吞声，逆来顺受。

修订后的《汽车品牌销售管理实施办法》规定，汽车车企对经销商的首次授权没有特殊理由不得低于五年。这就很好地保护了经销商的基本利益。

④ 明确禁止压库搭售。新《办法》出台后针对经销商的压库、搭售等不合理行为进行了明确禁止。上述行为一经被发现，商务主管部门将会同工商行政管理等部门对供应商给予相应的制裁。

(2) 增加了行业监督的内容。新《办法》确定由行业组织对市场运行情况及《办法》的执行情况进行监督，并通过制定和执行汽车供应商、经销商经营管理规范实行行业自律。

(3) 建立了退出机制。在过去，汽车生产企业要炒经销商很容易，并因此爆发过新宝鼎和长安福特的纠纷、亚飞汽车销售公司状告上海通用等事件。新《办法》规定了汽车供应商、经销商退出应承担的责任。如汽车生产企业无故取消经销商的授权时要回购库存汽车、回购为经销该品牌所投入的维修设施设备；而对于经销商来说，要向汽车企业移交所有的客户资料，由就近的其他经销商继续提供服务，确保消费者利益。

(4) 确立由工商、商务主管部门制定品牌授权合同示范文本。

三、新版《汽车品牌销售管理实施办法》内容解读

1. 汽车品牌销售和服务

(1) 汽车品牌销售的定义。汽车品牌销售，是指汽车供应商或经其授权的汽车品牌经销商，使用统一的店铺名称、标识、商标等从事汽车经营活动的行为。

(2) 汽车供应商的概念。汽车供应商是指为汽车品牌经销商提供汽车资源的企业，包括汽车生产企业、汽车总经销商。

汽车总经销商是指经境内外汽车生产企业授权、在境内建立汽车品牌销售和服务网络，从事汽车分销活动的企业。

(3) 汽车品牌经销商的概念。汽车品牌经销商是指经汽车供应商授权、按汽车品牌销售方式从事汽车销售和服务活动的企业。

(4) 汽车品牌销售和服务的时间。境内外汽车生产企业在境内销售自产汽车的，应当建立完善的汽车品牌销售和服务体系，提高营销和服务水平。

汽车供应商应当制定汽车品牌销售和服务的网络规划。网络规划包括：经营预测、网点布局方案、网络建设进度及建店、软件和硬件、售后服务标准等。同一汽车品牌的网络规划一般由一家境内企业制定和实施。境内汽车生产企业可直接制定和实施网络规划，也可授权境内汽车总经销商制定和实施网络规划；境外汽车生产企业在境内销售汽车，须授权境内企业或按国家有关规定在境内设立企业作为其汽车总经销商，制定和实施网络规划。

实施汽车品牌销售和服务的时间为，自 2005 年 4 月 1 日起，乘用车实行品牌销售和服务；自 2006 年 12 月 1 日起，除专用作业车外，所有汽车均实施品牌销售和服务。

2. 汽车总经销商、品牌经销商的设立

1) 设立条件

(1) 汽车总经销商设立条件：

① 具备企业法人资格；

② 获得汽车生产企业的书面授权，独自拥有对特定品牌汽车进行分销的权利；

③ 具备专业化汽车营销能力。主要包括市场调研、营销策划、广告促销、网络建设及其指导，产品服务和技术培训与咨询、配件供应及物流管理。

外商投资设立汽车总经销商除符合上述条件外，还应当符合外商投资管理的有关规定。

(2) 汽车品牌经销商设立条件：

① 具备企业法人资格；

② 获得汽车供应商品牌汽车销售授权；

③ 使用的店铺名称、标识及商标与汽车供应商授权的相一致；

④ 具有与经营范围和规模相适应的场地、设施和专业技术人员；

⑤ 新开设店铺符合所在地城市发展及城市商业发展的有关规定。

外商投资设立汽车品牌经销商除符合上述条件外，还应当符合外商投资管理的有关规定。

2) 获取授权的流程

《国家工商行政管理总局关于进一步贯彻实施〈汽车品牌销售管理实施办法〉、〈二手车流通管理办法〉的意见》中规定，经营商获得授权应该遵循以下几个流程：

(1) 拟从事品牌汽车销售的企业，在取得汽车供应商授权后，应先到国家工商行政管理总局备案。

(2) 经过国家工商行政管理总局备案审核后，由国家工商行政管理总局公布品牌汽车经销商名单，再到所在地工商行政管理部门办理登记手续，各地方工商行政管理机关根据公布的品牌汽车经销商名单，对其营业执照的经营范围进行变更，统一核定为取得授权的"某某品牌汽车销售"。

(3) 品牌汽车经销商，包括二级经销商或非法人分支机构，以及汽车连锁经营企业，须经国家工商行政管理总局核准备案后，方可从事品牌汽车经营活动。

汽车总经销商、品牌经销商设立从事汽车品牌销售活动的非法人分支机构，应当持汽车供应商对其授权和同意设立的书面材料，到当地工商行政管理部门办理登记。

原已取得国家工商总局和国家发改委核准的小轿车经营权的企业，应在 2006 年 12 月 31 日前取得汽车供应商的授权，过渡到品牌汽车经销商。逾期不申请办理品牌汽车销售相关手续的，取消其汽车经营资格。

国务院商务主管部门、工商行政管理部门可以委托汽车行业协会，组织专家委员会对申请设立汽车总经销商、品牌经销商的资质条件进行评估，评估意见作为审批、备案的参考。

2006 年 12 月 11 日以前，同一境外投资者在境内从事汽车品牌销售活动且累计开设店铺超过 30 家以上的，出资比例不得超过 49%。

3. 行为规范

《办法》在设计品牌销售模式时，对汽车品牌供应商和经销商的行为提出了规范要求，使之成为约束汽车供应商和经销商行为的准则，同时也起到维护双方合法权益的作用。

1) 汽车供应商的行为规范

(1) 汽车供应商应当为授权的汽车品牌经销商提供汽车资源及汽车生产企业自有的服务商标，实施网络规划。

(2) 汽车供应商应当加强品牌销售和服务网络的管理，规范销售和售后服务，并及时向社会公布其授权和取消授权的汽车品牌销售和服务企业名单。对未经汽车品牌销售授权或不具备经营条件的企业，不得提供汽车资源。

(3) 汽车供应商应当向消费者提供汽车质量保证和服务承诺，及时向社会公布停产车型，并采取积极措施在合理期限内保证配件供应。

汽车供应商不得供应和销售不符合机动车国家安全技术标准、未列入《道路机动车辆生产企业及产品公告》的汽车。

(4) 汽车供应商应当合理布局汽车品牌销售和服务网点。汽车品牌销售和与其配套的配件供应、售后服务网点相距不得超过 150 公里。

(5) 汽车供应商应当与汽车品牌经销商签订授权经营合同。授权经营合同应当公平、公正，不得有对汽车品牌经销商的歧视性条款。

(6) 除授权合同另有约定，汽车供应商在对汽车品牌经销商授权销售区域内不得向用户直接销售汽车。

(7) 汽车供应商应当根据汽车品牌经销商的服务功能向其提供相应的营销、宣传、售后服务、技术服务等业务培训及必要的技术支持。

(8) 汽车供应商不得干预汽车品牌经销商在授权经营合同之外的施工、设备购置及经营活动，不得强行规定经销数量及进行品牌搭售。

2) 汽车经销商的行为规范

(1) 汽车品牌经销商应当在汽车供应商授权范围内从事汽车品牌销售、售后服务、配件供应等活动。

(2) 汽车品牌经销商应当严格遵守与汽车供应商的授权经营合同，使用汽车供应商提供的汽车生产企业自有的服务商标，维护汽车供应商的企业形象和品牌形象，提高所经营品牌汽车的销售和服务水平。

(3) 汽车品牌经销商必须在经营场所的突出位置设置汽车供应商授权使用的店铺名称、标识、商标等，并不得以任何形式从事非授权品牌汽车的经营。

(4) 除非经授权汽车供应商许可，汽车品牌经销商只能将授权品牌汽车直接销售给最终用户。

(5) 汽车品牌经销商应当在经营场所向消费者明示汽车质量保证及售后服务内容，按汽车供应商授权经营合同的约定和服务规范要求，提供相应的售后服务，并接受消费者监督。

(6) 汽车品牌经销商应当在经营场所明示所经营品牌汽车的价格和各项收费标准，遵守价格法律法规，实行明码标价。

(7) 汽车品牌经销商不得销售不符合机动车国家安全技术标准、未列入《道路机动车辆生产企业及产品公告》的汽车。

(8) 汽车品牌经销商应当建立销售业务、用户档案等信息管理系统，准确、及时地反映本区域销售动态、用户要求和其他相关信息。

4. 监督管理

(1) 建立汽车总经销商、品牌经销商备案制度。品牌汽车经营企业备案审核工作坚持书面审查和实地核查相结合的原则。书面审查主要是审查企业申请材料是否符合备案内容的条件和要求；实地核查是指国家工商行政管理总局委托相关的省级工商行政管理局，对申请材料的有关内容的真实性以及企业经营活动的情况进行调查核实。

(2) 汽车行业协会要制定行业规范，加强引导和监督，做好行业自律工作。汽车行业协会组织的专家委员会组成及汽车总经销商、品牌经销商资质条件评估实施细则由汽车行业协会制定，报国务院商务主管部门批准后实施。

国务院商务主管部门要加强对汽车行业协会组织的专家委员会有关评估工作的监督管理，对专家委员会评估工作中的违规行为要严厉查处。

(3) 商务主管部门、工商行政管理部门要在各自的职责范围内采取有效措施，加强对汽车交易行为、汽车交易市场的监督管理，依法查处违法经营行为，维护市场秩序，保护消费者和汽车供应商、品牌经销商的合法权益。国务院工商行政管理部门会同商务主管部门建立汽车供应商、品牌经销商信用档案，及时公布违规企业名单。

四、思考与练习

1. 单项选择题

(1) （　B　）在我国，最早实施汽车品牌销售的厂家是＿＿＿＿＿汽车公司。

A. 广州本田　　　　B. 神龙　　　　　　　C. 一汽大众　　　　D. 上海通用

(2) （　A　）在我国，最早实施 4S 店销售模式的厂家是_____汽车公司。

A. 广州本田　　　　B. 神龙　　　　　　　C. 一汽大众　　　　D. 上海通用

(3) （　B　）品牌销售的核心是_____。

A. 专卖　　　　　　B. 授权　　　　　　　C. 销售　　　　　　D. 服务

(4) （　A　）从_____年起，所有自主汽车产品均要实现品牌销售和服务。

A. 2006 年　　　　B. 2007 年　　　　　　C. 2008 年　　　　D. 2010 年

(5) （　C　）汽车品牌销售和与其配套的配件供应、售后服务网点相距不得超过_____。

A. 250 公里　　　　B. 200 公理　　　　　C. 150 公里　　　　D. 100 公里

(6) （　A　）国务院商务主管部门、工商行政管理部门可以委托_____，组织专家委员会对申请设立汽车总经销商、品牌经销商的资质条件进行评估。

A. 汽车行业协会　B. 税务局　　　　　　C. 公安局　　　　　D. 审计局

(7) （　B　）_____前，同一境外投资者在境内从事汽车品牌销售活动且累计开设店铺超过 30 家以上的，出资比例不得超过 49%。

A. 2006 年　　　　B. 2007 年　　　　　　C. 2008 年　　　　D. 2009 年

(8) （　A　）汽车生产企业不通过任何中间环节，直接将汽车销售给消费者，这种销售模式是_____。

A. 零层渠道模式　　　　　　　　　　　　B. 一层渠道模式

C. 二层渠道模式　　　　　　　　　　　　D. 三层渠道模式

(9) （　B　）4S 店是一种以_____为核心的品牌经营模式。

A. 三位一体　　　　B. 四位一体　　　　　C. 销售与维修　　　D. 批发和零售

(10) （　D　）承担汽车质量保证义务，提供售后服务，应当由_____负责。

A. 授权代理商　　B. 非授权代理商　　　C. 总代理商　　　　D. 供应商

(11) （　A　）汽车品牌经销商在经营过程中，可以_____。

A. 设置汽车供应商授权使用的店铺名称、标识、商标

B. 从事非授权品牌汽车的经营

C. 不将授权品牌汽车直接销售给最终用户

D. 在任意地方开设授权品牌汽车的经营

(12) （　D　）授权代理商将车卖给非授权代理商，要受到处罚的是_____。

A. 授权代理商　　B. 非授权代理商　　　C. 总代理商　　　　D. 生产企业

2. 多项选择题

(1) （　A B　）汽车供应商是指为汽车品牌经销商提供汽车资源的企业，包括_____。

A. 汽车生产企业　　　　　　　　　　　　B. 汽车总经销商

C. 汽车经销商　　　　　　　　　　　　　D. 汽车代理商

(2) （　A B C　）汽车供应商应当根据汽车品牌经销商的服务功能向其提供相应的_____业务培训及必要的技术支持。

A. 营销、宣传　　B. 售后服务　　　　　C. 技术服务　　　　D. 贷款融资

3. 是非题

(1) 汽车品牌销售实质就是实行 4S 店销售模式。(×)

(2) 品牌专卖的核心是专卖。(×)

(3) 汽车供应商应及时向社会公布停产车型，并采取积极措施在合理期限内保证配件供应。(√)

(4) 汽车供应商在汽车品牌经销商授权销售区域内可以向用户直接销售汽车。(×)

(5) 汽车供应商可以对汽车品牌经销商规定经销数量，可以要求汽车品牌经销商进行品牌搭售。(×)

(6) 除非经授权汽车供应商许可，否则汽车品牌经销商只能将授权品牌汽车直接销售给最终用户。(√)

(7) 从事汽车品牌销售应当先取得汽车生产企业或经其授权的汽车总经销商授权。(√)

4. 填充题

(1) 汽车供应商是指为汽车品牌经销商提供汽车资源的企业，包括汽车 生产企业 、汽车 总经销商 。

(2) 汽车品牌经销商是指经汽车 供应商 授权、按汽车 品牌 销售方式从事汽车销售和服务活动的企业。

(3) 汽车供应商应当为授权的汽车品牌经销商提供 汽车 资源及汽车生产企业自有的 服务 商标，实施网络规划。

(4) 汽车供应商应当向消费者提供汽 车质量保证 和 服务承诺 。

(5) 汽车品牌经销商应当在汽车供应商 授权范围 内从事汽车品牌销售、售后服务、配件供应等活动。

(6) 汽车品牌经销商必须在经营场所的突出位置设置汽车供应商授权使用的 店铺 名称、标识、 商标 等，并不得以任何形式从事非授权品牌汽车的经营。

(7) 汽车品牌经销商应当在经营场所向消费者明示汽车 质量保证 及 售后服务 内容，按汽车供应商授权经营合同的约定和服务规范要求，提供相应的售后服务，并接受 消费者 监督。

(8) 汽车品牌经销商应当在经营场所明示所经营品牌汽车的 价格 和各项 收费 标准，遵守价格法律法规，实行明码标价。

5. 简答题

(1) 什么叫汽车品牌销售？

答：汽车品牌销售，是指汽车供应商或经其授权的汽车品牌经销商，使用统一的店铺名称、标识、商标等从事汽车经营活动的行为。

(2) 汽车品牌经销商应符合哪些条件？

答：汽车品牌经销商设立应当符合下列条件：

① 具备企业法人资格；

② 获得汽车供应商品牌汽车销售授权；

③ 使用的店铺名称、标识及商标与汽车供应商授权的相一致；

④ 具有与经营范围和规模相适应的场地、设施和专业技术人员；

⑤ 新开设店铺符合所在地城市发展及城市商业发展的有关规定。

第六节　二手车流通管理办法

我国汽车进入城市家庭是从 2001 年左右开始的，而随着 2008 年中国的人均 GDP 首次超过 3000 美元，整个中国私家车开始普及。按照国际惯例，在汽车进入家庭 6 至 7 年之后，会给二手车市场带来一个快速增长的行情，由此可知，中国二手车市场将在 2007 年迎来第一轮行情，在 2008 年会出现第一次井喷；而在 2014 年将迎来第二轮更大的行情，在 2015 年会出现第二次井喷。据统计，2000 年至 2012 年，我国二手车交易量由 25 万辆增长到 480 万辆，13 年增长了 19.2 倍，但二手车交易量仅为美国的 1/10，但随着国内汽车保有量的快速增长，二手车交易市场的规模也将越来越大，最终将象美国、日本等发达国家一样，二手车市场交易量达到新车市场的 2 倍左右。

为加强二手车流通管理，规范二手车经营行为，保障二手车交易双方的合法权益，促进二手车流通健康发展，依据国家有关法律、行政法规，商务部、公安部、工商总局、税务总局联合发布了《二手车流通管理办法》(以下简称《办法》)，《办法》将于 2005 年 10 月 1 日正式实施。原《商务部办公厅关于规范旧机动车鉴定评估管理工作的通知》(商建字[2004]第 70 号)、《关于加强旧机动车市场管理工作的通知》(国经贸贸易[2001]1281 号)、《旧机动车交易管理办法》(内贸机字[1998]第 33 号)及据此发布的各类文件同时废止。

【小阅读】

国外的二手车交易情况

目前美国、德国、瑞士、日本二手车的销售分别是新车销售的 3.5 倍、2 倍、2 倍、1.4 倍，其中美国旧车利润占利润总额的 45%。旧车销售促进新车销售，旧车的客户是新车潜在的客户。大交易量和高利润使得经营二手车的主体多元化、交易方式多样化、交易手续简便化。从发达国家和发展中国家的情况看，随着各国经济的发展，旧车作为一般商品进入市场，其销售多渠道，形成了品牌专卖、大型超市、连锁经营、旧车专营、旧车拍卖等并存的多元化经营体制，其交易方式有直接销售、代销、租赁、拍卖、置换等多样化，尽可能减少交易环节，交易手续灵活简便。同时，在国外，旧机动车实行规范化的售后服务标准。各国通过制定法规和行业协会管理以及品牌汽车企业来确定经营者的资质资格，规范其交易行为。从发达国家看，通过技术质量认证，保证售出二手车的质量。同时通过统一的服务标准，使购买旧车的消费者在一定时期内，享受与新车销售相同的售后待遇。

一、新版《二手车流通管理办法》的特点

1.《办法》出台背景

二手车流通市场在我国极具发展潜力，培育和发展好这一市场既可方便二手车交易，拉动消费，又能增加税源，是一项利国利民的大事。国际汽车产业发展经验表明，兴旺的

新车市场，必须建立在坚实的二手车流通市场基础之上，渠道畅通、运作高效的车辆新陈代谢机制是汽车市场整体健康发展的前提和保证。

近年来我国二手车流通市场形成了一定的规模，但与活跃的新车市场相比，发展较为滞后，与汽车工业发达国家相比差距十分明显。主要表现在：二手车经营主体单一，交易方式落后；交易行为不规范，鉴定评估随意性大；缺乏完善的市场信息网络系统等。二手车流通发展滞后已成为制约汽车市场发展的瓶颈之一。

产生上述问题的一个重要原因是二手车相关规定与二手车流通发展不相适应。从 1998 年起国家有关部门相继出台了《旧机动车交易管理办法》(内贸机制[1998]第 33 号)、《关于加强旧机动车市场管理工作的通知》(国经贸贸易〔2001〕1281 号)等相关文件和规定，这些规定对培育二手汽车市场和规范市场交易秩序起到了积极的作用。但随着二手车市场的不断发展，原有管理办法已不能满足实际的需要，也不能适应入世后汽车贸易领域对外开放步伐加快的形势。

2. 《办法》的六大特点

1) 经营主体多元化

与原有规定相比，《办法》最重大的变化在于打破垄断格局，引入竞争机制，实现经营主体多样化，开放二手车市场。

原有规定要求二手车交易必须在二手车交易市场进行，这样就人为地造成了新车市场与二手车市场的隔离。从我国二手车流通现状和发展来看，这一规定使汽车品牌经销商等经营主体经营二手车受到阻碍，已严重地影响和制约了二手车及汽车市场的发展。取消二手车交易场所的限制，及时引入汽车品牌经销商等经营主体，实现经营主体多元化，一是有助于打破垄断，建立竞争机制，提高交易规模及服务水平，改善消费环境，实现资源的优化配置；二是有助于充分利用现有营销网络和较成熟的运营管理体系，发挥规模优势，加强质量管理，确保所售二手车的质量符合国家有关规定；三是有助于为消费者提供售后服务，保障消费者的利益；四是有助于为二手车市场提供丰富的经营资源并促进新车销售，进一步增强汽车市场活力。为此，《办法》明确规定，符合相关条件的汽车品牌经销商等经营主体均可依法申请从事二手车经营。

(1) 二手车交易市场将面临新的挑战。二手车交易市场是目前我国二手车流通的主要渠道，经过几年的培育和发展，已形成一定规模，不少交易市场运作已开始走向规范，对方便交易、降低交易成本及二手车流通发展起到了一定的推动作用。原有办法规定二手车交易市场具有二手车收购、销售、鉴定评估等功能。二手车交易市场作为流通的载体，应当是为二手车买卖双方提供交易和相关服务的场所。为规范二手车交易市场的运作，创造公平竞争的交易环境，继续发挥交易市场在二手车流通中应有的作用，《办法》对二手车交易市场的功能作了相应的调整，并明确规定二手车直接交易和通过二手车经纪机构进行二手车交易，应当由二手车交易市场经营者按规定向买方开具税务机关监制的统一发票，作为其转移登记的凭据。

(2) 品牌经销商将成交易主体。《二手车流通管理办法》明确规定，国家鼓励二手车流通，支持有条件的汽车品牌经销商等经营主体经营二手车，以及在异地设立分支机构开展连锁经营。在汽车工业发达的国家，二手车交易有一半以上是在 4S 店内完成的，在新的《二手车流通管理办法》中，规定"符合相关条件的汽车品牌经销商等经营主体均可依法申请从事二手车经营"。这就意味着，原先二手车交易必须在二手车交易市场进行的规定已经打破，以 4S 店为主导的二手车交易模式将逐步建立起来。同时，由于新的《二手车流通管理办法》对资本限制减弱，不少民营资本和外资也都已经准备进入二手车领域。

2) 简化了二手车交易程序

由于一些地方行政部门自行出台各种政策，导致政出多门，交易手续烦琐，一辆车要完成交易和转移登记手续需要 10 多道程序，给消费者带来诸多不便。为方便交易，加快二手车流通，《办法》取消了不必要的二手车交易环节。

3) 规范交易行为

由于设立二手车交易市场不再需要行政审批，各地二手车交易市场数目激增。为了规避交易市场重复建设、规范交易行为和保障消费者的合法权益，《办法》主要在三个方面作了相应规定。一是增加二手车交易的透明度，经销企业不得隐瞒车辆的有关真实情况，保证车辆来源的合法性和车辆的性能质量达到国家有关规定；二是提高服务质量和水平，承诺相应的质量保证和售后服务；三是规范经纪机构的经营行为，通过二手车经纪机构进行二手车交易的，应当由二手车交易市场经营者按规定向买方开具税务机关监制的统一发票，作为二手车转移登记的凭据。为配合其实施，税务总局已下发了《关于统一二手车销售发票式样问题的通知》，规定自 2005 年 10 月 1 日起正式启用二手车统一发票。

4) 规范了二手车鉴定评估机构

从评估机构来看，发达国家二手车市场规范和完善的一个重要因素就是具有实力雄厚、被社会认可的中介机构和素质高的评估师队伍。我国二手车鉴定评估机构的建立才刚刚起步，评估人员的数量和整体素质均与发达国家有较大差距。为促进二手车市场的快速健康发展，一方面要积极培育和建立二手车鉴定评估、信息咨询等中介服务机构，加快培养鉴定评估专业人才；另一方面要建立和完善二手车鉴定评估机构准入制度，严格准入，以利于提高二手车鉴定评估机构的整体水平。《办法》规定，设立二手车鉴定评估机构必须具有相应的资质，并按规定的程序申办。

从评估规范来看，当前我国二手车鉴定评估缺乏科学合理和统一的规范，鉴定评估随意性大，评估结果可信度低，难以确保评估结果的客观、真实、公平、公正，失去了评估自身的意义。《办法》规定要依据国家法律法规开展二手车鉴定评估业务，并对鉴定评估报告中车辆技术状况负法律责任。为配合其实施，提高二手车鉴定评估的质量和水平，规范二手车鉴定评估机构的评估行为，商务部正着手研究制定易于操作、能真实反映评定结果的二手车鉴定评估机构鉴定评估标准，使鉴定评估机构工作有章可循，评估结果对客户具有参考价值。

原有办法虽未对二手车评估作硬性规定，但大多数二手车交易市场以评估价格为依据收取交易费用，实际上二手车鉴定评估已成为强制要求，难以保证评估价格的公平公正，无形中增加交易成本，消费者对此反应强烈。为此，《办法》规定，除属国有资产的二手车外，二手车鉴定评估应按照买卖双方自愿的原则，不得强行评估。原先买二手车须进行强制评估并且要缴纳 2.5% 的定额过户税，现在取消了强制评估既简化了手续又节省了购车成本。实施二手车自愿评估制度是新政策的一大特色。同时，建立具有权威性的二手车评估机构将代替目前二手车市场的强制评估。商务部将严格审查二手车评估机构的资质，评估师的培训也将纳入劳动部的职业体系。

5) 强化了二手车信息管理

当前，缺乏信息支撑和沟通是阻碍二手车流通发展的突出问题之一。我国二手车交易日趋活跃，但大多数二手车市场交易信息封闭，没有形成全国统一的交易信息网络，影响了二手车的流通。《办法》对建立和完善二手车档案制度和信息报送、公布制度作了规定，并力图在此基础上充分利用现代信息技术，建立全国性的二手车信息网络，提高二手车合法性、安全性信息查询效率，促使各地二手车信息资源有效流动。

6) 变更了旧机动车名称

《办法》中以二手车取代原规定的旧机动车的理由：一是《办法》所称二手车是指从办理完注册登记手续到达到国家强制报废标准之前进行交易并转移所有权的汽车(包括原农用运输车)、挂车、摩托车，有的车辆可能尚未使用就进行转移登记，称其为二手车比旧机动车更通俗、准确，符合实际，并能为公众所接受；二是《汽车产业发展政策》中将需交易并进行所有权转移的车辆称为二手车，《办法》的有关名称应与其统一。

二、新版《二手车流通管理办法》内容解读

1. 概述

(1) 二手车的定义。二手车(以前又称"旧机动车")是指从办理完注册登记手续到达到国家强制报废标准之前进行交易并转移所有权的汽车(包括三轮汽车、低速载货汽车，即原农用运输车)、挂车和摩托车。

(2) 二手车交易市场的定义。二手车交易市场是指依法设立、为买卖双方提供二手车集中交易和相关服务的场所。

《办法》规定：二手车交易市场经营者应当为二手车经营主体提供固定场所和设施，并为客户提供办理二手车鉴定评估、转移登记、保险、纳税等手续的条件。

(3) 二手车经营主体的定义。二手车经营主体是指经工商行政管理部门依法登记，从事二手车经销、拍卖、经纪、鉴定评估的企业。

(4) 二手车经营。

① 经营行为：

a. 二手车经销。二手车经销是指二手车经销企业收购、销售二手车的经营活动。

b. 二手车拍卖。二手车拍卖是指二手车拍卖企业以公开竞价的形式将二手车转让给最高应价者的经营活动。

c. 二手车经纪。二手车经纪是指二手车经纪机构以收取佣金为目的，为促成他人交易二手车而从事居间、行纪或者代理等经营活动。

d. 二手车鉴定评估。二手车鉴定评估是指二手车鉴定评估机构对二手车技术状况及其价值进行鉴定评估的经营活动。

② 二手车交易模式：

a. 私人直接交易。私人直接交易是指二手车所有人不通过经销企业、拍卖企业和经纪机构将车辆直接出售给买方的交易行为。据统计，2012年北京通过私人直接交易的二手车

占销售份额的 40% 左右(美国为 45%)。

《办法》规定：二手车直接交易应当在二手车交易市场进行。但二手车交易市场经营者应按规定向买方开具税务机关监制的统一发票，作为其转移登记的凭证。

b. 中介交易。

中介交易是指通过二手车经销企业(独立经销商)或二手车经纪公司或二手车拍卖企业将车辆出售给买方的交易行为。据统计，2012 年北京通过间接交易的二手车占销售份额的 50% 左右(美国为 17%)。

《办法》规定：二手车经销企业销售、拍卖企业拍卖二手车时，应当按规定向买方开具税务机关监制的统一发票，而通过二手车经纪机构进行二手车交易的，应当由二手车交易市场经营者按规定向买方开具税务机关监制的统一发票。二手车经销企业、经纪机构应当根据客户要求，代办二手车鉴定评估、转移登记、保险、纳税等手续。

c. 品牌认证交易。

品牌认证交易是指汽车生产厂家为了提高汽车的保值率、巩固用户的忠诚度和提高用户量，进一步完善汽车售后服务领域，通过其指定的经销商所开展的收购、评估认证、销售、售后等一系列二手车业务。据统计，2012 年北京通过品牌认证交易的二手车占销售份额的 10% 左右(美国为 38%)。

《办法》规定：汽车生产厂家授权经营二手车业的特许经销商应当按规定向买方开具税务机关监制的统一发票。

2. 二手车流通

1) 卖方的共同责任

(1) 二手车卖方应当拥有车辆的所有权或者处置权。二手车交易市场经营者和二手车经营主体应当确认卖方的身份证明，车辆的号牌、机动车登记证书、机动车行驶证，有效的机动车安全技术检验合格标志、车辆保险单、交纳税费凭证等。

国家机关、国有企事业单位在出售、委托拍卖车辆时，应持有本单位或者上级单位出具的资产处理证明。

出售、拍卖无所有权或者处置权车辆的，二手车卖方应承担相应的法律责任。

(2) 二手车卖方应当提供车辆真实情况。二手车卖方应当向买方提供车辆的使用、修理、事故、检验以及是否办理抵押登记、交纳税费、报废期等真实情况和信息。

买方购买的车辆如因卖方隐瞒和欺诈不能办理转移登记，卖方应当无条件接受退车，并退还购车款等费用。

(3) 二手车卖方应当签订合同。进行二手车交易应当签订合同。合同示范文本由国务院工商行政管理部门制定。

2) **二手车经销主体的责任**

二手车经销主体在销售二手车时，除了上述三个二手车卖方的共同责任外，还必须遵守以下几点：

(1) 提供质量保证及售后服务承诺。二手车经销企业销售二手车时应当向买方提供质量保证及售后服务承诺，并在经营场所予以明示。

(2) 应当签订委托书。二手车所有人委托他人办理车辆出售的，应当与受托人签订委托书。

(3) 委托二手车经纪机构购买二手车对双方的要求：

① 委托人向二手车经纪机构提供合法身份证明；

② 二手车经纪机构依据委托人要求选择车辆，并及时向其通报市场信息；

③ 二手车经纪机构接受委托购买时，双方签订合同；

④ 二手车经纪机构根据委托人要求代为办理车辆鉴定评估，鉴定评估所发生的费用由委托人承担。

(4) 禁止经销、买卖、拍卖和经纪下列车辆：

① 已报废或者达到国家强制报废标准的车辆；

② 在抵押期间或者未经海关批准交易的海关监管车辆；

③ 在人民法院、人民检察院、行政执法部门依法查封、扣押期间的车辆；

④ 通过盗窃、抢劫、诈骗等违法犯罪手段获得的车辆；

⑤ 发动机号码、车辆识别代号或者车架号码与登记号码不相符，或者有凿改迹象的车辆；

⑥ 走私、非法拼(组)装的车辆；

⑦ 不具有必需的证明、凭证的车辆。(机动车登记证书、机动车行驶证、有效的机动车安全技术检验合格标志、车辆购置税完税证明、车辆保险单)；

⑧ 在本行政辖区以外的公安机关交通管理部门注册登记的车辆；

⑨ 国家法律、行政法规禁止经营的车辆。

(5) 应当开具税务机关监制的统一发票。

(6) 应当建立完整的二手车档案。二手车交易市场经营者和二手车经营主体应当建立完整的二手车交易购销、买卖、拍卖、经纪以及鉴定评估档案。

(7) 二手车流通信息报送。二手车交易市场经营者和二手车经营主体应当定期将二手车交易量、交易额等信息通过所在地商务主管部门报送省级商务主管部门。

省级商务主管部门将上述信息汇总后报送国务院商务主管部门。国务院商务主管部门定期向社会公布全国二手车流通信息。

3) 交付内容

二手车交易完成后，卖方应当及时向买方交付车辆、号牌及车辆法定证明、凭证。车辆法定证明、凭证主要包括：

(1)《机动车登记证书》；

(2)《机动车行驶证》；

(3) 有效的机动车安全技术检验合格标志；

(4) 车辆购置税完税证明；

(5) 车船使用税缴付凭证；

(6) 车辆保险单。

3. 鉴定评价

1) 自愿评估制度

除了涉及国有资产的车辆外，二手车鉴定评估应当本着买卖双方自愿的原则，不得强制进行。

二手车鉴定评估机构应当遵循客观、真实、公正和公开原则，依据国家法律法规开展二手车鉴定评估业务，出具车辆鉴定评估报告；并对鉴定评估报告中车辆技术状况，包括是否属事故车辆等评估内容负法律责任。

二手车经销企业、经纪机构应当根据客户要求，代办二手车鉴定评估手续。二手车鉴定评估机构和人员可以按国家有关规定从事涉案、事故车辆鉴定等评估业务。

2) 二手车鉴定评估机构

(1) 设立条件：

二手车鉴定评估机构应当具备下列条件：

① 是独立的中介机构；

② 有固定的经营场所和从事经营活动的必要设施；

③ 有 3 名以上从事二手车鉴定评估业务的专业人(包括本办法实施之前取得国家职业资格证书的旧机动车鉴定估价师)；

④ 有规范的规章制度。

(2) 设立程序：

① 申请人向拟设立二手车鉴定评估机构所在地省级商务主管部门提出书面申请，并提交符合本办法第九条规定的相关材料；

② 省级商务主管部门自收到全部申请材料之日起20个工作日内作出是否予以核准的决定，对予以核准的，颁发《二手车鉴定评估机构核准证书》；不予核准的，应当说明理由；

③ 申请人持《二手车鉴定评估机构核准证书》到工商行政管理部门办理登记手续。

三、《二手车交易规范》内容解读

根据《二手车流通管理办法》，商务部制定了《二手车交易规范》(以下简称《规范》)，以规范二手车交易行为，指导交易各方进行二手车交易及相关活动。

1. 二手车的收购与销售

1) 二手车的收购

二手车经销企业在收购车辆时，应按下列要求进行：

(1) 核实卖方的身份及车辆的合法性。二手车交易市场经营者和二手车经营主体应按下列项目确认卖方的身份及车辆的合法性：

① 卖方身份证明或者机构代码证书原件合法有效；

② 车辆号牌、机动车登记证书、机动车行驶证、机动车安全技术检验合格标志真实、合法、有效；

③ 交易车辆不属于《二手车流通管理办法》中规定禁止交易的车辆。

(2) 核实卖方的所有权或处置权证明。车辆所有权或处置权证明应符合下列条件：

① 机动车登记证书、行驶证与卖方身份证明名称一致；国家机关、国有企事业单位出售的车辆，应附有资产处理证明；

② 委托出售的车辆，卖方应提供车主授权委托书和身份证明；

③ 二手车经销企业销售的车辆，应具有车辆收购合同等能够证明经销企业拥有该车所

有权或处置权的相关材料，以及原车主身份证明复印件。原车主名称应与机动车登记证、行驶证名称一致。

(3) 与卖方商定收购价格。如对车辆技术状况及价格存有异议，经双方商定可委托二手车鉴定评估机构对车辆技术状况及价值进行鉴定评估。

(4) 签订收购合同，明确相应的责任和义务。达成车辆收购意向的，签订收购合同，收购合同中应明确收购方享有车辆的处置权。

(5) 按收购合同向卖方支付车款。

2) 二手车的销售

(1) 出售前应对车辆进行检测和整备。二手车经销企业应对进入销售展示区的车辆按《车辆信息表》的要求填写有关信息，在显要位置予以明示，并可根据需要增加《车辆信息表》的有关内容。

(2) 签订销售合同。达成车辆销售意向的，二手车经销企业应与买方签订销售合同，并将《车辆信息表》作为合同附件。

(3) 按销售合同向买方收取车款。按合同约定收取车款时，应向买方开具税务机关监制的统一发票，并如实填写成交价格。

(4) 办理车辆转移登记手续。买方持下列规定的法定证明、凭证到公安机关交通管理部门办理转移登记手续：

① 买方及其代理人的身份证明；

② 机动车登记证书；

③ 机动车行驶证；

④ 二手车销售统一发票；

⑤ 属于解除海关监管的车辆，应提供《中华人民共和国海关监管车辆解除监管证明书》。

车辆转移登记手续应在国家有关政策法规所规定的时间内办理完毕，并在交易合同中予以明示。

二手车应在车辆注册登记所在地交易。二手车转移登记手续应按照公安部门有关规定在原车辆注册登记所在地公安机关交通管理部门办理。需要进行异地转移登记的，由车辆原属地公安机关交通管理部门办理车辆转出手续，在接收地公安机关交通管理部门办理车辆转入手续。

(5) 提供质量保证及售后服务清单。二手车经销企业向最终用户销售使用年限在 3 年以内或行驶里程在 6 万公里以内的车辆(以先到者为准，营运车除外)，应向用户提供不少于 3 个月或 5000 公里(以先到者为准)的质量保证。质量保证范围为发动机系统、转向系统、传动系统、制动系统、悬挂系统等。

二手车经销企业向最终用户提供售后服务时，应向其提供售后服务清单。二手车经销企业在提供售后服务的过程中，不得擅自增加未经客户同意的服务项目。

(6) 建立售后服务技术档案。售后服务技术档案包括以下内容：

① 车辆基本资料。主要包括车辆品牌型号、车牌号码、发动机号、车架号、出厂日期、使用性质、最近一次转移登记日期、销售时间、地点等；

② 客户基本资料。主要包括客户名称(姓名)、地址、职业、联系方式等;

③ 维修保养记录。主要包括维修保养的时间、里程、项目等。

售后服务技术档案保存时间不少于 3 年。

(7) 建立交易档案。交易档案主要包括以下内容:

① 车辆号牌、机动车登记证书、机动车行驶证、机动车安全技术检验合格标志复印件;

② 购车原始发票或者最近一次交易发票复印件;

③ 卖方身份证明或者机构代码证书复印件;

④ 委托人及授权代理人身份证或者机构代码证书以及授权委托书复印件;

⑤ 交易合同原件;

⑥ 二手车经销企业的《车辆信息表》;

⑦ 其他需要存档的有关资料。

交易档案保留期限不少于 3 年。

2. 经纪

购买或出售二手车可以委托二手车经纪机构办理。

1) 委托购买二手车

委托二手车经纪机构购买二手车时,双方应当按以下要求进行:

(1) 委托人向二手车经纪机构提供合法身份证明;

(2) 二手车经纪机构依据委托人要求选择车辆,并及时向其通报市场信息;

(3) 二手车经纪机构接受委托购买时,双方签订委托购买合同;

(4) 二手车经纪机构根据委托人要求代为办理车辆鉴定评估,鉴定评估所发生的费用由委托人承担。

二手车经纪机构应严格按照委托购买合同向买方交付车辆、随车文件及规定的法定证明、凭证(车辆号牌、机动车登记证书、机动车行驶证、机动车安全技术检验合格标志)。

2) 委托出售二手车

经纪机构接受委托出售二手车,应按以下要求进行:

(1) 及时向委托人通报市场信息;

(2) 与委托人签订委托出售合同;

(3) 按合同约定展示委托车辆,并妥善保管,不得挪作它用;

(4) 不得擅自降价或加价出售委托车辆。

签订委托出售合同后,委托出售方应当按照合同约定向二手车经纪机构交付车辆、随车文件及规定的法定证明、凭证(车辆号牌、机动车登记证书、机动车行驶证、机动车安全技术检验合格标志)。

车款、佣金给付按委托出售合同约定办理。

通过二手车经纪机构买卖的二手车,应由二手车交易市场经营者开具国家税务机关监制的统一发票。

进驻二手车交易市场的二手车经纪机构应与交易市场管理者签订相应的管理协议,服从二手车交易市场经营者的统一管理。

二手车经纪人不得以个人名义从事二手车经纪活动;二手车经纪机构不得以任何方式

从事二手车的收购、销售活动；二手车经纪机构不得采取非法手段促成交易，以及向委托人索取合同约定佣金以外的费用。

3. 拍卖

从事二手车拍卖及相关中介服务活动，应按照《拍卖法》及《拍卖管理办法》的有关规定进行。

1) 委托拍卖

(1) 委托人应提供身份证明、车辆所有权或处置权证明及其它相关材料。

(2) 委托人应提供车辆真实的技术状况，拍卖人应如实填写《拍卖车辆信息》。如对车辆的技术状况存有异议，拍卖委托双方经商定可委托二手车鉴定评估机构对车辆进行鉴定评估。

(3) 拍卖人应与委托人签订委托拍卖合同。

(4) 拍卖人应于拍卖日 7 日前发布公告。拍卖公告应通过报纸或者其他新闻媒体发布，并载明下列事项：

① 拍卖的时间、地点；

② 拍卖的车型及数量；

③ 车辆的展示时间、地点；

④ 参加拍卖会办理竞买的手续；

⑤ 需要公告的其他事项。

拍卖人应在拍卖前展示拍卖车辆，并在车辆显著位置张贴《拍卖车辆信息》。车辆的展示时间不得少于两天。

2) 网上拍卖

网上拍卖是指二手车拍卖公司利用互联网发布拍卖信息，公布拍卖车辆技术参数和直观图片，通过网上竞价，网下交接，将二手车转让给超过保留价的最高应价者的经营活动。

(1) 网上拍卖组织者应根据《拍卖法》及《拍卖管理办法》有关条款制定网上拍卖规则。任何个人及未取得二手车拍卖人资质的企业不得开展二手车网上拍卖活动。

(2) 在网上公布车辆的彩色照片和《拍卖车辆信息》，公布时间不得少于 7 天。

(3) 竞买人则需要办理网上拍卖竞买手续。网上拍卖过程及手续应与现场拍卖相同。

3) 拍卖成交

(1) 拍卖成交后，买受人和拍卖人应签署《二手车拍卖成交确认书》。

(2) 拍卖人应在拍卖成交且买受人支付车辆全款后，将车辆、随车文件及本规范第五条第二款规定的法定证明、凭证交付给买受人，并向买受人开具二手车销售统一发票，如实填写拍卖成交价格。

委托人、买受人可与拍卖人约定佣金比例。委托人、买受人与拍卖人对拍卖佣金比例未作约定的，依据《拍卖法》及《拍卖管理办法》有关规定收取佣金。

拍卖未成交的，拍卖人可按委托拍卖合同的约定向委托人收取服务费用。

4. 直接交易

二手车直接交易方为自然人的，应具有完全民事行为能力。无民事行为能力的，应由其法定代理人代为办理，法定代理人应提供相关证明。

二手车直接交易委托代理人办理的，应签订具有法律效力的授权委托书。

二手车直接交易双方或其代理人均应向二手车交易市场经营者提供其合法身份证明，并将车辆及本规范第五条第二款规定的法定证明、凭证送交二手车交易市场经营者进行合法性验证。

二手车直接交易双方应签订买卖合同，如实填写有关内容，并承担相应的法律责任。

二手车直接交易的买方按照合同支付车款后，卖方应按合同约定及时将车辆及本规范第五条第二款规定的法定证明、凭证交付买方。

车辆法定证明、凭证齐全合法，并完成交易的，二手车交易市场经营者应当按照国家有关规定开具二手车销售统一发票，并如实填写成交价格。

5. 交易市场

二手车交易市场经营者应具有必要的配套服务设施和场地，设立车辆展示交易区、交易手续办理区及客户休息区，做到标识明显，环境整洁卫生。交易手续办理区应设立接待窗口，明示各窗口业务受理范围。

二手车交易市场经营者在交易市场内应设立醒目的公告牌，明示交易服务程序、收费项目及标准、客户查询和监督电话号码等内容。

二手车交易市场经营者应制定市场管理规则，对场内的交易活动负有监督、规范和管理责任，保证良好的市场环境和交易秩序。由于管理不当给消费者造成损失的，应承担相应的责任。

二手车交易市场经营者应及时受理并妥善处理客户投诉，协助客户挽回经济损失，保护消费者权益。

二手车交易市场经营者在履行其服务、管理职能的同时，可依法收取交易服务和物业等费用。

二手车交易市场经营者应建立严格的内部管理制度，牢固树立为客户服务、为驻场企业服务的意识，加强对所属人员的管理，提高人员素质。二手车交易市场服务、管理人员须经培训合格后上岗。

四、思考与练习

1. 单项选择题

（1）（　B　）按照国际惯例，在汽车进入家庭＿＿＿＿＿＿年之后，就会迎来二手车市场的繁盛期。

A. 4～5　　　　　　B. 6～7　　　　　　C. 8～9　　　　　　D. 9～10

（2）（　A　）我国汽车进入城市家庭是从 2001 年左右开始的，按照国际惯例，中国二手车市场将在＿＿＿＿＿＿年迎来第一轮行情。

A. 2007　　　　　　B. 2009　　　　　　C. 2012　　　　　　D. 2014

（3）（　B　）象美国、日本等发达国，二手车市场交易量一般是新车市场的＿＿＿＿＿＿倍左右。

A. 0.5　　　　　　B. 1　　　　　　C. 2　　　　　　D. 5

(4) （　C　）我国目前执行的法规《二手车流通管理办法》是＿＿＿＿年10月1日正式实施的。

A. 1998　　　　　B. 2001　　　　　C. 2005　　　　　D. 2009

(5) （　D　）通过二手车经纪机构进行二手车交易的，应当由＿＿＿＿按规定向买方开具税务机关监制的统一发票，作为二手车转移登记的凭据。

A. 二手车经纪机构　　　　　　　　B. 工商局

C. 税务局　　　　　　　　　　　　D. 二手车交易市场

(6) （　A　）二手车经销企业收购、销售二手车的经营活动称为＿＿＿＿。

A. 经销　　　　　B. 拍卖　　　　　C. 经纪　　　　　D. 鉴定评估

(7) （　B　）以公开竞价的形式将二手车转让给最高应价者的经营活动称为＿＿＿＿。

A. 经销　　　　　B. 拍卖　　　　　C. 经纪　　　　　D. 鉴定评估

(8) （　C　）以收取佣金为目的，为促成他人交易二手车而从事居间、行纪或者代理等经营活动称为＿＿＿＿。

A. 经销　　　　　B. 拍卖　　　　　C. 经纪　　　　　D. 鉴定评估

(9) （　D　）对二手车技术状况及其价值进行鉴定评估的经营活动称为＿＿＿＿。

A. 经销　　　　　B. 拍卖　　　　　C. 经纪　　　　　D. 鉴定评估

(10) （　A　）二手车的品牌认证交易模式是指由＿＿＿＿经销商开展收购、评估认证、销售、售后等一系列二手车业务的方式。

A. 汽车生产厂家指定的　　　　　　B. 鉴定评估机构指定的

C. 经纪机构指定的　　　　　　　　D. 二手车交易市场指定的

(11) （　B　）二手车经销企业、拍卖企业拍卖、直接交易和经纪机构经纪二手车时，应当按规定向＿＿＿＿开具税务机关监制的二手车销售统一发票。

A. 卖方　　　　　B. 买方　　　　　C. 经销商　　　　　D. 经纪方

(12) （　C　）设立二手车鉴定评估机构应当有＿＿＿＿名以上从事二手车鉴定评估业务的专业人。

A. 1　　　　　　B. 2　　　　　　C. 3　　　　　　D. 4

(13) （　B　）设立二手车鉴定评估机构由所在地＿＿＿＿商务主管部门审批。

A. 国家　　　　　B. 省级　　　　　C. 市级　　　　　D. 县(市)级

(14) （　C　）二手车交易市场经营者、经销企业、拍卖公司应建立交易档案，交易档案保留期限不少于＿＿＿＿年。

A. 1　　　　　　B. 2　　　　　　C. 3　　　　　　D. 4

(15) （　A　）只有二手车＿＿＿＿可以直接从事二手车的收购、销售活动。

A. 经销企业　　　B. 经纪机构　　　C. 拍卖机构　　　D. 鉴定评估机构

2. 多项选择题

(1) （　ABCD　）新版《二手车流通管理办法》的特点有＿＿＿＿。

A. 出台适逢其时　　　　　　　　　B. 二手车经营主体多元化

C. 建立了二手车自愿评估制度　　　D. 汽车交易信息公开化

(2) （　AB　）新版《二手车流通管理办法》规定，下列＿＿＿＿二手车交易方式应当在二手车交易市场进行。

 A. 直接交易   B. 经纪公司

 C. 拍卖公司   D. 鉴定评估

 3. 是非题

(1) 困扰我国二手车交易现状的原因之一是行业诚信度。(√)

(2) 按照《二手车流通管理办法》规定，所有二手车交易必须在二手车交易市场进行。(×)

(3) 在汽车工业发达的国家，二手车交易有一半以上是在二手车交易市场内完成的。(×)

(4) 按照《二手车流通管理办法》规定，设立二手车鉴定评估机构仍需要行政审批。(√)

(5) 按照《二手车流通管理办法》规定，一旦办理完注册登记手续的汽车进行交易并转移所有权的均属于二手车。(√)

(6) 按照《二手车流通管理办法》规定，办理完注册登记手续的摩托车不属于二手车。(×)

(7) 二手车所有人可以不通过经销企业、拍卖企业和经纪机构将车辆直接出售给买方。(√)

(8) 买方购买的车辆如因卖方隐瞒和欺诈不能办理转移登记，卖方应当无条件接受退车，并退还购车款等费用。(√)

(9) 二手车只能在公安机关交通管理部门注册登记的行政辖区内交易。(√)

(10) 二手车实施强制评估制度。(×)

(11) 二手车经纪人可以以个人名义从事二手车经纪活动。(×)

(12) 二手车经纪机构不得以任何方式从事二手车的收购、销售活动。(√)

(13) 二手车技术状况的鉴定是二手车鉴定评估的基础与关键。其鉴定方法主要用动态检查和仪器检查两种。(×)

(14) 二手车直接交易双方可不签订买卖合同。(×)

(15) 买二手车前应收集二手车信息，了解二手车市场情况，学习一些挑选二手车的知识。(√)

 4. 填充题

(1) 二手车经营行为是指二手车的经销、__拍卖__、__经纪__、鉴定评估等。

(2) 二手车交易市场经营者和二手车经营主体应当确认卖方的__身份证明__，车辆的号牌、__《机动车登记证书》__、《机动车行驶证》，有效的机动车安全技术检验合格标志、车辆保险单、交纳税费凭证等。

(3) 二手车转移登记手续应按照公安部门有关规定在原车辆注册登记所在地公安机关交通管理部门办理。需要进行异地转移登记的，由车辆__原属地__公安机关交通管理部门办理车辆转出手续，在__接收地__公安机关交通管理部门办理车辆转入手续。

(4) 二手车经销企业向最终用户销售使用年限在 3 年以内或行驶里程在 6 万公里以内的车辆(以先到者为准，营运车除外)，应向用户提供不少于__3__个月或__5000__公里(以先到者为准)的质量保证。

(5) 二手车交易市场经营者在交易市场内应设立醒目的公告牌，明示 <u>交易服务程序</u> 、收费项目及 <u>标准</u> 、客户查询和监督 <u>电话号码</u> 等内容。

(6) 二手车交易完成后，现车辆所有人应当凭 <u>税务机关监制的统一发票</u> ，按法律、法规有关规定办理转移登记手续。

5. 简答题

(1) 什么叫二手车？

答：从办理完注册登记手续到达到国家强制报废标准之前进行交易并转移所有权的汽车、挂车和摩托车。

(2) 禁止交易的二手车包括哪些？

答：禁止经销、买卖、拍卖和经纪下列车辆：

① 已报废或者达到国家强制报废标准的车辆；

② 在抵押期间或者未经海关批准交易的海关监管车辆；

③ 在人民法院、人民检察院、行政执法部门依法查封、扣押期间的车辆；

④ 通过盗窃、抢劫、诈骗等违法犯罪手段获得的车辆；

⑤ 发动机号码、车辆识别代号或者车架号码与登记号码不相符，或者有凿改迹象的车辆；

⑥ 走私、非法拼(组)装的车辆；

⑦ 不具有必需的证明、凭证的车辆。(机动车登记证书、机动车行驶证、有效的机动车安全技术检验合格标志、车辆购置税完税证明、车辆保险单)；

⑧ 在本行政辖区以外的公安机关交通管理部门注册登记的车辆；

⑨ 国家法律、行政法规禁止经营的车辆。

第七节　汽车的三包政策与缺陷汽车产品召回管理条例

一、汽车三包制度

早在 1986 年，中国就开始对部分商品实行"三包"规定，1995 年通过的《产品质量法》，进一步明确了企业修理、更换、退货的责任，而《消费者权益保护法》中的"三包"要求，成了维权的重要法律依据之一。

但汽车产品从来都被排挤在了"三包"之外。因为一辆汽车有几万个零配件，每个配件的易受损程度也不同。作为高精密度的消费品，汽车产品出现问题的几率较其他商品高得多。而且汽车问题也涉及到道路、设施和驾驶习惯，如何区分责任也是需要反复斟酌。

为保护家用汽车产品消费者的合法权益，明确汽车产品销售商、制造商、修理商的修理、更换、退货责任(三包责任)，根据《中华人民共和国产品质量法》及有关法律法规的规定，国家质检总局会同国务院有关部门和机构历经近 3 年的时间，曾于 2004 年首次组织起草了《家用汽车产品修理更换退货责任规定(草案)》，并向社会征集意见。直到 2013年 1 月正式出台，前后四次征集意见，近 400 次易稿。并于 2013 年 10 月 1 日《家用汽车产品修理、更换、退货责任规定》正式生效。中国的"汽车三包"实际上就是中国的"柠檬法"。

1. 国外的汽车三包制度介绍

1) 美国的柠檬法

美国人把买来的毛病百出、一修再修的不良汽车称为"柠檬车"，而由此出台保障消费者权益的法规称为"柠檬法"。"柠檬法"是美国各州保护汽车消费者权益的法律规定的总称。1982 年在美国各州陆续制定的"柠檬法"也是世界各国维护汽车消费者权益的法律范本。

美国各州制定的"柠檬法"具体规定不尽相同。以加州为例，在新车购买之后的 180天或行驶里程达到 1.8 万英里之前，车辆存在不足以致命的质量问题，消费者在原厂或经销商处经过 4 次以上维修仍无法解决问题时，汽车消费者可以要求汽车企业无条件退款或更换新品，汽车企业不得拒绝。

2) 欧盟的两年质量担保期

欧盟虽然没有象美国一样的"柠檬法"法案，但有《关于消费者商品销售及其担保的某些方面的指令》。根据这一《指令》，产品销售者必须向消费者提供符合销售合同的商品，强制的最短质量担保期为两年。若产品与销售商的允诺不相符，或销售商没有完全履行合同，销售商需要承担更换、修理、降价处理或补偿消费者损失的责任。但消费者必须在发现问题之日起的两个月内通知产品销售商。

3) 日本的汽车三包制度

日本虽然也没有政府层面上的汽车三包规定，只有 1994 年颁布的《产品质量法》中对缺陷产品作了法律限制，其中规定了由于产品的缺陷而引起的对人身安全损失，要追究法律责任，并明确规定用户无需举证缺陷的原因，无需举证实际上就是对消费者的最大保护。

日本的汽车质量纠纷主要靠日本自动车工业会(JAMA) 中设置的纠纷处理机构"汽车产品责任咨询中心"来调解，大多数情况下经调解均能解决最终的纠纷，只有少数案例需法院判决。JAMA 是由各大汽车生产商组成的民间组织。

"汽车产品责任咨询中心"的主要作用是有效地利用汽车行业拥有的技术，保持中立性、公证性，迅速、简单地解决纠纷，增强当事人之间的信任，保护消费者的权益，为提高汽车产品的安全作贡献。它的职能主要有：汽车产品责任方面的咨询、帮助和调解、审查纠纷、与内外相关机构之间的交流和协作。

日本将汽车的检查与维修制度写入了法律。《公路运输车辆法》第 47 条规定：使用汽车者必须对汽车进行检查，并进行必要的维修，维持汽车符合安全标准。这既提高了用户的安全使用汽车法律意识，也减少了纠纷的数量和提高了调解成功率。

日本对汽车售后的修换虽然是由企业根据市场竞争决定的，但由于上述的"汽车产品责任咨询中心"和《公路运输车辆法》第 47 条的规定，现在各大汽车集团都不约而同地制定了大致相同的修换规定。汽车质量保证期为 3 年或 6 万公里；重要部件为 5 年或 10 万公里。

2. 新版《家用汽车产品修理、更换、退货责任规定》解读

1）概述

(1) 适用范围。本《规定》适用于在中华人民共和国境内生产、销售的家用汽车产品。家用汽车产品是指消费者为生活消费需要而购买和使用的乘用车。因此，家用汽车用于营运目的将不享受"三包"；有些单位为汽车营运、生产经营活动而购买使用的汽车产品，也不在"三包"范围之内。

(2) 三包责任的主体。三包责任由销售者依法承担。销售者依照规定承担三包责任后，属于生产者的责任或者属于其他经营者的责任的，销售者有权向生产者、其他经营者追偿。但对于如何追偿，本《规定》中却没有明确，这使得经销商的处境最为尴尬，因为，经销商本身的权限很有限，很多事情做不了厂商的主，但是它又是交易直接的实施者。如果涉及到整车退换问题，一旦厂家对本《规定》实施不积极，而消费者态度又比较强硬或故意找麻烦的话，经销商就成了"夹板气"的角色，显然，"三包"规定将给厂家和经销商的相处模式带来新的挑战。

家用汽车产品经营者之间可以订立合同约定三包责任的承担，但不得侵害消费者的合法权益，不得免除本规定所规定的三包责任和质量义务。如比亚迪汽车对全系车型均实行了"4年或10万公里"的超长质保承诺，这个质保期比国家的三包标准还要高。

家用汽车产品经营者不得故意拖延或者无正当理由拒绝消费者提出的符合本规定的三包责任要求。

(3) 三包的内容。一般的"三包"是企业对所售商品实行"包修、包换、包退"的简称。而对于汽车"三包"，则包括修理、更换、退货的责任。

(4) 监督机构。国家质量监督检验检疫总局(以下简称国家质检总局)负责本规定实施的协调指导和监督管理；组织建立家用汽车产品三包信息公开制度，并可以依法委托相关机构建立家用汽车产品三包信息系统，承担有关信息管理等工作。

地方各级质量技术监督部门负责本行政区域内本规定实施的协调指导和监督管理。

2）销售者义务

(1) 销售者应当建立并执行进货检查验收制度，验明家用汽车产品合格证等相关证明和其他标识。

(2) 销售者销售家用汽车产品，应当符合下列要求：

① 向消费者交付合格的家用汽车产品以及发票；

② 按照随车物品清单等随车文件向消费者交付随车工具、备件等物品；

③ 当面查验家用汽车产品的外观、内饰等现场可查验的质量状况；

④ 明示并交付产品使用说明书、三包凭证、维修保养手册等随车文件；

⑤ 明示家用汽车产品三包条款、包修期和三包有效期；

⑥ 明示由生产者约定的修理者名称、地址和联系电话等修理网点资料，但不得限制消费者在上述修理网点中自主选择修理者；

⑦ 在三包凭证上填写有关销售信息；

⑧ 提醒消费者阅读安全注意事项、按产品使用说明书的要求进行使用和维护保养。

对于进口家用汽车产品，销售者还应当明示并交付海关出具的货物进口证明和出入境检验检疫机构出具的进口机动车辆检验证明等资料。

3) 修理者义务

(1) 修理者应当建立并执行修理记录存档制度。书面修理记录应当一式两份，一份存档，一份提供给消费者。

修理记录内容应当包括送修时间、行驶里程、送修问题、检查结果、修理项目、更换的零部件名称和编号、材料费、工时和工时费、拖运费、提供备用车的信息或者交通费用补偿金额、交车时间、修理者和消费者签名或盖章等。

修理记录应当便于消费者查阅或复制。

(2) 修理者应当保持修理所需要的零部件的合理储备，确保修理工作的正常进行，避免因缺少零部件而延误修理时间。

(3) 用于家用汽车产品修理的零部件应当是生产者提供或者认可的合格零部件，且其质量不低于家用汽车产品生产装配线上的产品。

(4) 在家用汽车产品包修期和三包有效期内，家用汽车产品出现产品质量问题或严重安全性能故障而不能安全行驶或者无法行驶的，应当提供电话咨询修理服务；电话咨询服务无法解决的，应当开展现场修理服务，并承担合理的车辆拖运费。

4) 三包责任

(1) "包修期"和"三包有效期"。包修期限不低于3年或者行驶里程6万公里，以先到者为准；三包有效期限不低于2年或者行驶里程5万公里，以先到者为准。家用汽车产品包修期和三包有效期自销售者开具购车发票之日起计算。

在包修期内，家用汽车产品出现产品质量问题，消费者凭三包凭证由修理者免费修理(包括工时费和材料费)。在家用汽车产品包修期内，因产品质量问题每次修理时间(包括等待修理备用件时间)超过5日的，应当为消费者提供备用车，或者给予合理的交通费用补偿。修理时间自消费者与修理者确定修理之时起，至完成修理之时止。一次修理占用时间不足24小时的，以1日计。

在三包有效期内，符合本规定更换、退货条件的，消费者凭三包凭证、购车发票等由销售者更换、退货。按照本规定更换、退货的家用汽车产品再次销售的，应当经检验合格并明示该车是"三包换退车"以及更换、退货的原因。

(2) 以下7种情形消费者可以选择换货或退货：

① 自销售者开具购车发票之日起60日内或者行驶里程3000公里之内(以先到者为准)，发动机、变速器的主要零件出现产品质量问题的，消费者可以选择免费更换发动机、变速器。

发动机、变速器的主要零件的种类范围由生产者明示在三包凭证上，其种类范围应当符合国家相关标准或规定，具体要求由国家质检总局另行规定。

② 家用汽车产品的易损耗零部件在其质量保证期内出现产品质量问题的，消费者可以选择免费更换易损耗零部件。

易损耗零部件的种类范围及其质量保证期由生产者明示在三包凭证上。生产者明示的易损耗零部件的种类范围应当符合国家相关标准或规定，具体要求由国家质检总局另行规定。

③ 自销售者开具购车发票之日起60日内或者行驶里程3000公里之内(以先到者为

准),家用汽车产品出现转向系统失效、制动系统失效、车身开裂或燃油泄漏,消费者选择更换家用汽车产品或退货的,销售者应当负责免费更换或退货。

④ 在家用汽车产品三包有效期内,因严重安全性能故障累计进行了 2 次修理,严重安全性能故障仍未排除或者又出现新的严重安全性能故障的,消费者选择更换或退货的,销售者应当负责更换或退货。

严重安全性能故障,是指家用汽车产品存在危及人身、财产安全的产品质量问题,致使消费者无法安全使用家用汽车产品,包括出现安全装置不能起到应有的保护作用或者存在起火等危险情况。

⑤ 在家用汽车产品三包有效期内,发动机、变速器累计更换 2 次后,或者发动机、变速器的同一主要零件因其质量问题,累计更换 2 次后,仍不能正常使用的(发动机、变速器与其主要零件更换次数不重复计算),消费者选择更换或退货的,销售者应当负责更换或退货。

⑥ 在家用汽车产品三包有效期内,转向系统、制动系统、悬架系统、前/后桥、车身的同一主要零件因其质量问题,累计更换 2 次后,仍不能正常使用的,消费者选择更换或退货的,销售者应当负责更换或退货。

转向系统、制动系统、悬架系统、前/后桥、车身的主要零件由生产者明示在三包凭证上,其种类范围应当符合国家相关标准或规定,具体要求由国家质检总局另行规定。

⑦ 在家用汽车产品三包有效期内,因产品质量问题修理时间累计超过 35 日的,或者因同一产品质量问题累计修理超过 5 次的,消费者可以凭三包凭证、购车发票,由销售者负责更换。

下列情形所占用的时间不计入前款规定的修理时间:

a. 需要根据车辆识别代号(VIN)等定制的防盗系统、全车线束等特殊零部件的运输时间;特殊零部件的种类范围由生产者明示在三包凭证上;

b. 外出救援路途所占用的时间。

在家用汽车产品三包有效期内,符合更换条件的,销售者应当及时向消费者更换新的合格的同品牌同型号家用汽车产品;无同品牌同型号家用汽车产品更换的,销售者应当及时向消费者更换不低于原车配置的家用汽车产品。

在家用汽车产品三包有效期内,符合更换条件,销售者无同品牌同型号家用汽车产品,也无不低于原车配置的家用汽车产品向消费者更换的,消费者可以选择退货,销售者应当负责为消费者退货。

(3) 更换或者退货程序:

① 在家用汽车产品三包有效期内,消费者书面要求更换、退货的,销售者应当自收到消费者书面要求更换、退货之日起 10 个工作日内,作出书面答复。逾期未答复或者未按本规定负责更换、退货的,视为故意拖延或者无正当理由拒绝。

消费者遗失家用汽车产品三包凭证的,销售者、生产者应当在接到消费者申请后 10 个工作日内予以补办。消费者向销售者、生产者申请补办三包凭证后,可以依照本规定继续享有相应权利。

② 在家用汽车产品三包有效期内,符合更换条件的,销售者应当自消费者要求换货之日起 15 个工作日内向消费者出具更换家用汽车产品证明。

在家用汽车产品三包有效期内，符合退货条件的，销售者应当自消费者要求退货之日起 15 个工作日内向消费者出具退车证明，并负责为消费者按发票价格一次性退清货款。

③ 家用汽车产品更换或退货的，应当按照有关法律法规规定办理车辆登记等相关手续。

④ 按照本规定更换或者退货的，消费者应当支付因使用家用汽车产品所产生的合理使用补偿，销售者依照本规定应当免费更换、退货的除外。

合理使用补偿费用的计算公式为：

$$\frac{车价款(元)\times 行驶里程(km)}{1000}\times n$$

其中，n 为使用补偿系数，由生产者根据家用汽车产品使用时间、使用状况等因素在 0.5% 至 0.8% 之间确定，并在三包凭证中明示。更换或者退货所发生的国家规定的有关税费由销售商承担。

⑤ 按照本规定更换家用汽车产品后，销售者、生产者应当向消费者提供新的三包凭证，家用汽车产品包修期和三包有效期自更换之日起重新计算。

在家用汽车产品包修期和三包有效期内发生家用汽车产品所有权转移的，三包凭证应当随车转移，三包责任不因汽车所有权转移而改变。

5) 三包责任免除

(1) 易损耗零部件超出生产者明示的质量保证期出现产品质量问题的，经营者可以不承担本规定所规定的家用汽车产品三包责任。

(2) 在家用汽车产品包修期和三包有效期内，存在下列情形之一的，经营者对所涉及产品质量问题，可以不承担本规定所规定的三包责任：

① 消费者所购家用汽车产品已被书面告知存在瑕疵的；

② 家用汽车产品用于出租或者其他营运目的的；

③ 使用说明书中明示不得改装、调整、拆卸，但消费者自行改装、调整、拆卸而造成损坏的；

④ 发生产品质量问题，消费者自行处置不当而造成损坏的；

⑤ 因消费者未按照使用说明书要求正确使用、维护、修理产品，而造成损坏的；

⑥ 因不可抗力造成损坏的。

(3) 在家用汽车产品包修期和三包有效期内，无有效发票和三包凭证的，经营者可以不承担本规定所规定的三包责任。

6) 争议的处理

(1) 家用汽车产品三包责任发生争议的，消费者可以与经营者协商解决。

(2) 家用汽车产品三包责任发生争议的，可以依法向各级消费者权益保护组织等第三方社会中介机构请求调解解决。

(3) 家用汽车产品三包责任发生争议的，可以依法向质量技术监督部门等有关行政部门申诉进行处理。

(4) 家用汽车产品三包责任争议双方不愿通过协商、调解解决或者协商、调解无法达成一致的，可以根据协议申请仲裁，也可以依法向人民法院起诉。

经营者应当妥善处理消费者对家用汽车产品三包问题的咨询、查询和投诉。

经营者和消费者应积极配合质量技术监督部门等有关行政部门、有关机构等对家用汽车产品三包责任争议的处理。

省级以上质量技术监督部门可以组织建立家用汽车产品三包责任争议处理技术咨询人员库，为争议处理提供技术咨询；经争议双方同意，可以选择技术咨询人员参与争议处理，技术咨询人员咨询费用由双方协商解决。

经营者和消费者应当配合质量技术监督部门家用汽车产品三包责任争议处理技术咨询人员库建设，推荐技术咨询人员，提供必要的技术咨询。

处理家用汽车产品三包责任争议，需要对相关产品进行检验和鉴定的，按照产品质量仲裁检验和产品质量鉴定有关规定执行。

7) 罚则

(1) 生产者没有向国家质检总局备案三包凭证、维修保养手册、三包责任争议处理和退换车信息等家用汽车产品三包有关信息，并在信息发生变化时未及时更新备案的，予以警告，责令限期改正，处 1 万元以上 3 万元以下罚款。

(2) 家用汽车产品如果没有中文三包凭证的，构成有关法律法规规定的违法行为的，依法予以处罚；未构成有关法律法规规定的违法行为的，予以警告，责令限期改正；情节严重的，处 1 万元以上 3 万元以下罚款。

(3) 销售者销售家用汽车产品时，如果没有明示并交付三包凭证，没有明示家用汽车产品三包条款、包修期和三包有效期等，构成有关法律法规规定的违法行为的，依法予以处罚；未构成有关法律法规规定的违法行为的，予以警告，责令限期改正；情节严重的，处 3 万元以下罚款。

(4) 修理者没有建立并执行修理记录存档制度的、没有合理储备保持修理所需要的零部件的、没有提供合格零部件的、在家用汽车产品出现产品质量问题或严重安全性能故障而不能安全行驶或者无法行驶时没有提供电话咨询修理服务的或电话咨询服务无法解决时没有开展现场修理服务并承担合理的车辆拖运费的，予以警告，责令限期改正；情节严重的，处 3 万元以下罚款。

二、汽车召回制度

2004 年 3 月，国家质检总局等四部门发布了《缺陷汽车产品召回管理规定》，我国从此开始实行缺陷汽车产品召回制度。截至 2011 年底，共实施召回 419 次，累计召回缺陷汽车产品 621.1 万辆，对保证汽车产品使用安全，促使生产者高度重视和不断提高汽车产品质量，发挥了重要作用。但是，从实践中看，旧版《缺陷汽车产品召回管理规定》在召回程序、监管措施等方面还需要进一步完善。尤其是旧版《缺陷汽车产品召回管理规定》作为部门规章，受立法层级低的限制，对隐瞒汽车产品缺陷、不实施召回等违法行为的处罚过低(最高为 3 万元罚款)，威慑力明显不足，影响召回制度的有效实施。为此，在认真总结实践经验的基础上，将部门规章上升为行政法规，进一步加强和完善我国缺陷汽车产品召回管理，保障汽车产品的使用安全十分必要。

2012 年 10 月 10 日经国务院第 219 次常务会议通过并公布了《缺陷汽车产品召回管理

条例》，并于 2013 年 1 月 1 日开始正式实施。从此，中国汽车市场再也不是躲避召回的乐土，跨国企业在全球召回时也无法再绕过中国消费者。资料显示，中国汽车召回数量也在这一年创造了历史新高，达到 133 次之多，涉及车辆 531.1 万辆，同比增长 65.8%。在 2013 年的年末，通用汽车公司还打破了来自中国汽车召回领域的一项纪录：超过 145 万辆的大批召回，这给新版《缺陷汽车产品召回管理条例》实施一周年画上一个比较完美的句号。对比旧版《缺陷汽车产品召回管理规定》颁布的 2004 年，汽车召回次数与数量在 10 年间均翻了 10 倍。

1. 新版《缺陷汽车产品召回管理条例》特点

1) 细化了召回程序

召回程序是否明确具体，是否具有针对性和可操作性，是确保生产者履行召回责任的前提。对此，条例从以下三个方面作了规定：

一是明确了召回启动程序。生产者获知汽车产品可能存在缺陷的，应当立即组织调查分析，确认汽车产品存在缺陷的，应当立即停止生产、销售、进口缺陷汽车产品，并实施召回；国务院产品质量监督部门经调查认为汽车产品存在缺陷的，也应当通知生产者实施召回。

二是规定了召回实施程序。生产者实施召回，应当按照国务院产品质量监督部门的规定制定召回计划，并按照召回计划实施召回。对实施召回的缺陷汽车产品，生产者应当及时采取修正或者补充标识、修理、更换、退货等措施消除缺陷。

三是规定了召回报告程序。生产者应当按照国务院产品质量监督部门的规定提交召回阶段性报告和召回总结报告。

2) 明确了召回责任

批量性汽车产品存在缺陷是汽车产品召回的法定原因。具体而言，对在中国境内制造、出售的汽车产品存在缺陷的，由生产者负责召回；而进口汽车产品存在缺陷的，由进口商负责召回。

对缺陷以外的汽车产品质量问题，由生产者、销售者依照产品质量法、消费者权益保护法等法律、行政法规和国家有关规定以及合同约定，承担修理、更换、退货、赔偿损失等相应的法律责任。

3) 加重了处罚力度

与 2004 年的《缺陷汽车产品召回管理规定》相比，新版《缺陷汽车产品召回管理条例》对隐瞒汽车产品缺陷、不实施召回等违法行为设定了严格的法律责任，在提高罚款额度的同时，增加了吊销行政许可等处罚措施。特别是针对生产者未停止生产、销售或者进口缺陷汽车产品，隐瞒缺陷情况，拒不召回等严重违法行为，条例规定对生产者处以缺陷汽车产品货值金额 1% 以上 10% 以下的罚款；有违法所得的，并处没收违法所得；情节严重的，由许可机关吊销有关许可。这样规定，可以有效促使生产者履行缺陷汽车产品的召回责任。

据业内人士介绍，罚款金额为缺陷汽车产品货值金额 1% 至 10% 之间的规定非常严厉，一批缺陷汽车可能有几十万辆，甚至上百万辆，即使以 1% 计，罚款数额就极具威慑力。

4) 实施信息共享制度将有助于发现缺陷线索

一方面，消费者的投诉是缺陷产品召回制度得以正常运作的重要基础，消费者能发现许多在实验室里、在测试过程中发现不了的问题，经过对消费者投诉的汇总分析，一些有规律性的问题就会被发现。为此，《缺陷汽车产品召回管理条例》规定，任何单位和个人都有权向质监部门投诉汽车产品可能存在的缺陷，国务院质监部门应当向社会公布受理投诉的电话、电子邮箱和通信地址。质监部门应当建立缺陷汽车产品召回信息管理系统，收集汇总、分析处理有关缺陷汽车产品信息。

另一方面，汽车的缺陷信息往往分布于各个部门，比如公安机关可能遇上多起有规律、类型相似的车祸，从而发现汽车产品存在的问题。为此，《缺陷汽车产品召回管理条例》规定，质监部门、汽车主管部门、商务部门、海关、公安交通部门、工商部门等应当建立汽车产品的生产、销售、进口、登记检验、维修、消费者投诉等信息的共享机制，以便于发现汽车产品的缺陷线索。

5) 实施信息记录制度将有助于缺陷的调查

从表面上看，目前我国的汽车召回是由企业主动实施的，但事实上，不少是在缺陷产品管理中心深入调查并掌握了充分的证据后，厂商才承认问题并最终实施召回的。因此主管部门的调查不可或缺。为此，《缺陷汽车产品召回管理条例》规定，国务院质监部门开展缺陷调查，可以进入生产者和经营者的生产经营场所进行现场调查，查阅、复制相关资料和记录，向相关单位和个人了解汽车产品可能存在缺陷的情况。生产者和经营者应当配合缺陷调查，提供调查需要的有关资料。

在信息的记录、保存方面，《缺陷汽车产品召回管理条例》规定，生产者应当建立并保存汽车设计、制造、标识、检验等方面的信息记录及初次销售的车主信息记录，保存期不得少于10年。经营者应当按照国务院质监部门的规定，建立并保存汽车相关信息记录，保存期不得少于5年。

为了让缺陷调查掌握更多的真实信息，《缺陷汽车产品召回管理条例》还规定，生产者应当将自身基本信息，汽车技术参数和汽车产品初次销售的车主信息，因汽车存在危及人身、财产安全的故障而发生修理、更换、退货的信息，汽车在中国境外实施召回的信息等报国务院质监部门备案。

6) 取消了召回的有效期限

旧版《缺陷汽车产品召回管理规定》第七条规定："缺陷汽车产品召回的期限，整车为自交付第一个车主起，至汽车制造商明示的安全使用期止；汽车制造商未明示安全使用期的，或明示的安全使用期不满10年的，自销售商将汽车产品交付第一个车主之日起10年止。汽车产品安全性零部件中的易损件，明示的使用期限为其召回时限；汽车轮胎的召回期限为自交付第一个车主之日起3年止。"即缺陷汽车产品召回是有期限的，对超过期限的缺陷汽车产品，生产者可以不实施召回。而新版《缺陷汽车产品召回管理条例》取消了召回的期限，也即车辆只要能通过年检，即使超过安全使用期，也一样能在道路上行驶，这样的车辆如果存在缺陷也需被召回。实施召回的义务不受任何期限约束。

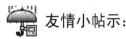 友情小帖示：

中国汽车召回监管体系的技术支撑

我国目前已建立了两个比较大的召回技术支撑体系：一个是筹建了国家汽车产品缺陷工程分析实验室(质监总局正在筹建)；另一个是建立国家车辆事故深度调查体系，它试图对车辆的事故和火灾在内的车辆事故进行信息采集，发现事故中暴露出来的安全隐患。

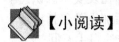

【小阅读】

14万余辆宝马5系长轴距版汽车被召回

2013年8月5日，国家质检总局5日通报指出，华晨宝马汽车有限公司决定自9月23日起，召回2009年8月24日至2012年8月31日期间生产的5系长轴距版汽车，共计143 215辆。

本次召回范围内的车辆为电动机械助力转向器(EPS)的供电线插头上的密封圈与供电线直径无法完全匹配。极端情况下如车辆行驶经过积水路面时，水可能进入到插头内部，造成插头内部锈蚀。锈蚀的插头将产生较高电阻，导致车辆转向助力降低，此时仪表台警示灯点亮，中央显示屏出现警告信息，存在安全隐患。华晨宝马汽车有限公司将为召回范围内车辆免费更换电动机械助力转向器(EPS)的供电线插头，以消除安全隐患。

华晨宝马公司将通过经销商向相关车主发出召回通知。用户可拨打客服热线进行咨询，也可登录质检总局网站，质检总局缺陷产品管理中心网站及中国汽车召回网，或拨打缺陷产品管理中心热线电话010—59799616、65537365，了解更多信息。

2. 国外汽车召回制度介绍

1) 美国汽车召回制度

汽车召回在美国、欧洲、日本、韩国等国家早已不是一件新鲜事儿。其中，美国的召回历史最长，相关的管理程序也最严密，也是世界上第一个实施汽车召回管理制度的国家。美国早在1966年就开始对有缺陷的汽车进行召回，其主管部门为美国国家公路交通安全管理局(NHTSA)，可参见美国《国家交通与机动车安全法》。另外，美国法典中的《机动车安全》、联邦行政法典中的《缺陷不符合报告》、《轮胎确认和信息记录》、《缺陷和不符合的通知》、《民事处罚和刑事处罚》和《缺陷和不符合的责任》等都对机动车的安全召回予以了规定。

2000年11月，美国国会通过了《交通工具召回的强化责任和文件法案》(TREAD法令)，对《机动车安全》进行了补充和修改，强化了企业在安全召回方面的责任，规定了企业在建立早期预警机制时有向行政主管机构及时报告缺陷的义务。为了实施TREAD法令，国家公路交通安全管理局颁布了《关于记录、保留潜在缺陷文件和信息的报告》，对《联邦行政法典》有关缺陷报告和召回的部分进行了细化、补充和解释。

至今美国已累计召回了近3亿辆整车、4300多万条轮胎、8400多万件零部件。涉及的车型有轿车、卡车、大客车、摩托车、电动自行车等多种，全球几乎所有汽车制造商在美国都曾有过召回的经历。在这些召回案例中，大多数是由厂家主动召回的，但也有一些是因NHTSA的影响或NHTSA通过法院强制厂家召回的。美国法律规定，如果汽车厂家发现某个安全缺陷，必须通知NHTSA以及车主、销售商和代理商，然后再进行免费修复。NHTSA负责监督厂家的修复措施和召回过程，以保证修复后的车辆能够满足法定要求。

2) 日本汽车召回制度

日本从1969年开始实施汽车召回制度，1994年将召回写进《公路运输车辆法》，并在 2002 年做了进一步修改和完善。截至 2008 年，日本对国产车和进口车实施了 3782 次召回处理，共涉及 7200 多万辆汽车。此外，随着汽车的普及、问题的多样化及安全意识的不断提高，2004 年，日本在汽车的后加设备领域也开始实施召回制度。后加设备包括市场上销售的轮胎和儿童安全座椅等特定后加装置。其中，大多数是由企业依法自主召回。

3) 韩国汽车召回制度

韩国从 1992 年开始进行汽车召回，而当年只召回了 1100 辆，无论是汽车厂家还是车主均对召回的认识都不是十分清楚。但随着政府对汽车安全的要求更加严格，车主权利意识的不断提高，召回数量也在不断增加。到 2000 年，召回数量增加到 56 万辆，2001 年 57 万辆，2002 年 129 万辆。这并不是说汽车质量下降了，而是说明公众的质量意识提高了。

4) 法国汽车召回制度

法国实行汽车召回制度也有了相当长的时间，对缺陷汽车召回已经形成了比较成熟的管理制度。在法国，汽车召回属于各种商品召回的一部分，其法律依据是法国消费法的 L221-5 条款。这一条款授权政府部门针对可能对消费者造成直接和严重伤害的产品发出产品强制召回令。在实际操作过程中，政府很少通过发布政令的方式来进行强制性的商品召回，而是鼓励生产厂商自行进行商品召回。只有当问题商品对消费者构成严重威胁，或生产厂商对存在的安全问题没有给予应有的重视时，才会通过法律手段强制生产厂商实行召回。通常，厂商在发现缺陷时，会首先拟定一份新闻通告，说明产品存在的问题和可能导致的危险，要求消费者尽快送还问题商品。新闻通告一般首先送往法新社，经其播发后，全国主要报纸一般都会予以转载。与此同时，厂商还会以广告的方式在广播、电视以及影响较大的地方报纸和专业杂志上(如汽车杂志)发布召回通告。当然，对于汽车和大型家用电器，由于商家一般都会保留消费者的姓名和地址等资料，因此也可以直接通过投寄信件的方式进行通知。近年来随着因特网的日益普及，一些网站上也长期登载商品召回信息，如 CEPR(欧洲风险预防中心)的网站就是这个领域的专业网站。作为主管部门，法国公平贸易、消费事务和欺诈监督总局在厂商决定对其产品进行召回处理时，将予以全面的协作和监督。但是，法国的汽车制造商在决定采取召回行动时并没有通报主管部门的义务，因为有关法规中没有这方面的规定。公平贸易、消费事务和欺诈监督总局往往通过专业杂志或有关网站来了解汽车召回的信息。据透露，法国正在进一步完善商品召回方面的有关法律法规，预计在不远的将来，汽车生产厂商在决定对产品进行召回前可能也将像美国等国家的厂商一样首先通报主管部门。

3. 新版《缺陷汽车产品召回管理条例》的解读

1) 概述

(1) 适用范围。本条例适用在中国境内生产、销售的汽车和汽车挂车。包括从中国境外进口到境内销售的汽车产品。

(2) 缺陷汽车。本条例所称缺陷汽车，是指由于设计、制造、标识等原因导致的在同一批次、型号或者类别的汽车产品中普遍存在的不符合保障人身、财产安全的国家标准、行业标准的情形或者其他危及人身、财产安全的不合理的危险汽车。

由于在最后的定稿中删除了征求意见稿中对"缺陷"定义时提及的"人体健康"因素，

所以，导致车内空气质量不佳乃至有毒气体超标等因素无法纳入召回范围。

(3) 缺陷汽车产品召回。本条例所称缺陷汽车产品召回，是指汽车产品生产者对其已售出的汽车产品采取措施消除缺陷的活动。

(4) 监督管理机构。国务院产品质量监督部门负责全国缺陷汽车产品召回的监督管理工作。国务院产品质量监督部门根据工作需要，可以委托省、自治区、直辖市人民政府产品质量监督部门、进出口商品检验机构负责缺陷汽车产品召回监督管理的部分工作。

国务院产品质量监督部门缺陷产品召回技术机构按照国务院产品质量监督部门的规定，承担缺陷汽车产品召回的具体技术工作。

任何单位和个人有权向产品质量监督部门投诉汽车产品可能存在的缺陷，国务院产品质量监督部门应当以便于公众知晓的方式向社会公布受理投诉的电话、电子邮箱和通信地址。

国务院产品质量监督部门应当建立缺陷汽车产品召回信息管理系统，收集汇总、分析处理有关缺陷汽车产品信息。

产品质量监督部门、汽车产品主管部门、商务主管部门、海关、公安机关交通管理部门、交通运输主管部门、工商行政管理部门等有关部门应当建立汽车产品的生产、销售、进口、登记检验、维修、消费者投诉、召回等信息的共享机制。

2) 缺陷汽车的召回管理

(1) 对缺陷汽车产品，生产者应当依照本条例全部召回；生产者未实施召回的，国务院产品质量监督部门应当依照本条例责令其召回。

本条例所称生产者，是指在中国境内依法设立的生产汽车产品并以其名义颁发产品合格证的企业。包括从中国境外进口汽车产品到境内销售的企业。

(2) 生产者与经营者的义务：

① 生产者应当建立并保存汽车产品设计、制造、标识、检验等方面的信息记录以及汽车产品初次销售的车主信息记录，保存期不得少于10年。销售、租赁、维修汽车产品的经营者(以下统称经营者)应当按照国务院产品质量监督部门的规定建立并保存汽车产品相关信息记录，保存期不得少于5年。

② 生产者应当将下列信息报国务院产品质量监督部门备案：

a. 生产者基本信息；

b. 汽车产品技术参数和汽车产品初次销售的车主信息；

c. 因汽车产品存在危及人身、财产安全的故障而发生修理、更换、退货的信息；

d. 汽车产品在中国境外实施召回的信息；

e. 国务院产品质量监督部门要求备案的其他信息。

③ 生产者获知汽车产品可能存在缺陷的，应当立即组织调查分析，并如实向国务院产品质量监督部门报告调查分析结果。生产者确认汽车产品存在缺陷的，应当立即停止生产、销售、进口缺陷汽车产品，并实施召回。

经营者获知汽车产品存在缺陷的，应当立即停止销售、租赁、使用缺陷汽车产品，并协助生产者实施召回。经营者应当向国务院产品质量监督部门报告和向生产者通报所获知的汽车产品可能存在缺陷的相关信息。

④ 对缺陷汽车产品，生产者应当依照本条例全部召回；生产者未实施召回的，国务院

产品质量监督部门应当依照本条例责令其召回。

(3) 国务院产品质量监督部门的职责。国务院产品质量监督部门获知汽车产品可能存在缺陷的，应当立即通知生产者开展调查分析；生产者未按照通知开展调查分析的，国务院产品质量监督部门应当开展缺陷调查。

国务院产品质量监督部门认为汽车产品可能存在会造成严重后果的缺陷的，可以直接开展缺陷调查。开展缺陷调查时，可以进入生产者、经营者的生产经营场所进行现场调查，查阅、复制相关资料和记录，向相关单位和个人了解汽车产品可能存在缺陷的情况。而生产者应当配合缺陷调查，提供调查需要的有关资料、产品和专用设备。经营者应当配合缺陷调查，提供调查需要的有关资料。

国务院产品质量监督部门调查认为汽车产品存在缺陷的，应当通知生产者实施召回。

(4) 汽车产品出厂时未随车装备的轮胎存在缺陷的，由轮胎的生产者负责召回。具体办法由国务院产品质量监督部门参照本条例制定。

(5) 汽车产品存在本条例规定的缺陷以外的质量问题的，车主有权依照产品质量法、消费者权益保护法等法律、行政法规和国家有关规定以及合同约定，要求生产者、销售者承担修理、更换、退货、赔偿损失等相应的法律责任。

(6) 产品质量监督部门和有关部门、机构及其工作人员对履行本条例规定职责所知悉的商业秘密和个人信息，不得泄露。

3) 缺陷汽车的召回程序

(1) 主动召回：

① 生产者确认汽车产品存在缺陷实施召回时，应当按照国务院产品质量监督部门的规定制定召回计划，并报国务院产品质量监督部门备案。修改已备案的召回计划应当重新备案。

② 生产者应当将报国务院产品质量监督部门备案的召回计划同时通报销售者，销售者应当停止销售缺陷汽车产品。

③ 生产者应当以便于公众知晓的方式发布信息，告知车主汽车产品存在的缺陷、避免损害发生的应急处置方法和生产者消除缺陷的措施等事项。

④ 生产者应当按照召回计划实施召回。车主应当配合生产者实施召回。

对实施召回的缺陷汽车产品，生产者应当及时采取修正或者补充标识、修理、更换、退货等措施消除缺陷。生产者应当承担消除缺陷的费用和必要的运送缺陷汽车产品的费用。

⑤ 生产者应当按照国务院产品质量监督部门的规定提交召回阶段性报告和召回总结报告。

⑥ 国务院产品质量监督部门应当对召回实施情况进行监督，并组织与生产者无利害关系的专家对生产者消除缺陷的效果进行评估。

(2) 责令召回：

① 国务院产品质量监督部门调查认为汽车产品存在缺陷的，应当通知生产者实施召回。

生产者认为其汽车产品不存在缺陷的，可以自收到通知之日起15个工作日内向国务院产品质量监督部门提出异议，并提供证明材料。国务院产品质量监督部门应当组织与生产者无利害关系的专家对证明材料进行论证，必要时对汽车产品进行技术检测或者鉴定。

② 生产者既不按照通知实施召回又不在规定期限内提出异议的，或者在生产者提出异议时由国务院产品质量监督部门组织论证、技术检测、鉴定确认汽车产品存在缺陷的，国务院产品质量监督部门应当责令生产者实施召回。

③ 生产者应当立即停止生产、销售、进口缺陷汽车产品。

④ 生产者实施召回。具体的召回程序与主动召回程序相同。

4) 罚则

(1) 生产者违反本条例规定，有下列情形之一的，由产品质量监督部门责令改正；拒不改正的，处 5 万元以上 20 万元以下的罚款：

① 未按照规定保存有关汽车产品、车主的信息记录；

② 未按照规定备案有关信息、召回计划；

③ 未按照规定提交有关召回报告。

(2) 违反本条例规定，有下列情形之一的，由产品质量监督部门责令改正；拒不改正的，处 50 万元以上 100 万元以下的罚款；有违法所得的，并处没收违法所得；情节严重的，由许可机关吊销有关许可：

① 生产者、经营者不配合产品质量监督部门缺陷调查；

② 生产者未按照已备案的召回计划实施召回；

③ 生产者未将召回计划通报销售者。

(3) 生产者违反本条例规定，有下列情形之一的，由产品质量监督部门责令改正，处缺陷汽车产品货值金额 1% 以上 10% 以下的罚款；有违法所得的，并处没收违法所得；情节严重的，由许可机关吊销有关许可证：

① 未停止生产、销售或者进口缺陷汽车产品；

② 隐瞒缺陷情况；

③ 经责令召回拒不召回。

(4) 违反本条例规定，从事缺陷汽车产品召回监督管理工作的人员有下列行为之一的，依法给予处分：

① 将生产者、经营者提供的资料、产品和专用设备用于缺陷调查所需的技术检测和鉴定以外的用途；

② 泄露当事人商业秘密或者个人信息；

③ 其他玩忽职守、徇私舞弊、滥用职权行为。

(5) 违反本条例规定，构成犯罪的，依法追究刑事责任。

(6) 生产者依照本条例召回缺陷汽车产品，不免除其依法应当承担的责任。因此，如果缺陷汽车产品在使用过程中已经造成了人身或财产损害，即使实施了召回，消费者也可以依法追讨民事赔偿。

三、思考与练习

1. 单项选择题

(1) (A) 新版《家用汽车产品修理、更换、退货责任规定》正式生效时间为_____。

A. 2013 年 10 月 1 日　　　　　　　　　B. 2013 年 1 月 1 日

C. 2004 年 10 月 1 日　　　　　　　　　D. 2005 年 1 月 1 日

(2) (　B　) 新版《家用汽车产品修理、更换、退货责任规定》只适用_____汽车。

A. 个体出租车　　　　　　　　　　　　B. 非营业性私家车

C. 非营业性企业用车　　　　　　　　　D. 所有乘用车

(3) (　A　) 新版《家用汽车产品修理、更换、退货责任规定》，承担汽车"三包责任"的主体是_____。

A. 销售者　　　　　　　　　　　　　　B. 生产者

C. 销售者或生产者　　　　　　　　　　D. 消费者

(4) (　D　) 汽车三包责任涉及_____的利益。

A. 消费者　　　　　　　　　　　　　　B. 经销商

C. 厂家　　　　　　　　　　　　　　　D. 消费者、经销商和厂家三方

(5) (　C　) 汽车三包责任的监督机构是_____。

A. 工商局　　　　　B. 认监会　　　　　C. 质检局　　　　　D. 技监局

(6) (　B　) 销售者销售家用汽车产品时，除了必须向消费者交付购车发票、汽车产品合格证、产品使用说明书、维修保养手册等随车文件外，还应明示并交付_____。

A. 三包条款　　　B. 三包凭证　　　　C. 三包手册　　　　D. 三包有效期

(7) (　C　) 汽车产品的"三包"制度，指的是家用汽车产品的_____、更换和退货的三种责任规定。

A. 维护　　　　　　B. 维修　　　　　C. 修理　　　　　D. 包换

(8) (　D　) 家用汽车产品包修期和三包有效期是从_____之日起计算。

A. 出厂　　　　　　　　　　　　　　　B. 销售者入库

C. 消费者提货　　　　　　　　　　　　D. 销售者开具购车发票

(9) (　B　) 在包修期内，家用汽车产品出现产品质量问题，消费者凭_____由修理者免费修理。

A. 购车发票　　　B. 三包凭证　　　　C. 三包手册　　　　D. 维修手册

(10) (　A　) 在家用汽车产品包修期内，因产品质量问题每次修理时间超_____的，应当为消费者提供备用车，或者给予合理的交通费用补偿。

A. 5 日　　　　　B. 10 日　　　　　C. 15 日　　　　　D. 20 日

(11) (　B　) 在家用汽车产品三包有效期内，发动机、变速器、转向系统、制动系统、悬架系统、前/后桥、车身等已经累计修理或更换_____后仍不能正常使用时，消费者选择更换或退货。

A. 1 次　　　　　B. 2 次　　　　　C. 3 次　　　　　D. 5 次

(12) (　D　) 在家用汽车产品三包有效期内，因同一产品质量问题累计修理超过_____次的，消费者可以凭三包凭证、购车发票，由销售者负责更换。

A. 2　　　　　　B. 3　　　　　　C. 4　　　　　　D. 5

(13) (　C　) 在家用汽车产品三包有效期内，符合更换条件或符合退货条件的，销售者应当自消费者要求换货或退货之日起_____个工作日内向消费者出具更换家用汽车产品证明或退车证明。

A. 5　　　　　　　B. 10　　　　　　　C. 15　　　　　　　　D. 20

(14) (　B　) 在家用汽车产品三包有效期内，符合更换或退货条件的，更换或者退货所发生的国家规定的有关税费由_____承担。

A. 生产商　　　　B. 销售商　　　　C. 国家　　　　　　D. 消费者

(15) (　A　) 家用汽车产品三包责任发生争议的，可以依法向_____部门等有关行政部门申诉进行处理。

A. 质量技术监督　　　　　　　　B. 工商行政管理

C. 消协　　　　　　　　　　　　D. 法院

(16) (　C　) 目前针对后市场质量管理的法规主要有_____。

A. 汽车召回　　　　　　　　　　B. 三包

C. 汽车召回和三包　　　　　　　D. 汽车理赔

(17) (　B　) 2004 年我国实施执行的汽车召回制度是_____。

A. 《缺陷汽车产品召回管理条例》　B. 《缺陷汽车产品召回管理规定》

C. 《缺陷汽车产品召回管理办法》　D. 《缺陷汽车产品召回管理》

(18) (　C　) 我国的《缺陷汽车产品召回管理条例》是从_____开始实施的。

A. 2004 年 1 月 1 日　　　　　　B. 2004 年 10 月 1 日

C. 2013 年 1 月 1 日　　　　　　D. 2013 年 10 月 1 日

(19) (　A　) 我国于 2013 年 1 月 1 日开始实施的《缺陷汽车产品召回管理条例》属于_____。

A. 行政法规　　　　　　　　　　B. 法律

C. 部门规章　　　　　　　　　　D. 条约

(20) (　B　) 以下关于汽车召回的观点正确的是_____。

A. 目的是为了保护消费者的合法权益，在产品责任担保期内，当车辆出现质量问题时，由厂家负责为消费者消除缺陷

B. 召回主要针对系统性、同一性与安全有关的缺陷

C. 解决由于随机因素导致的偶然性产品质量问题的法律责任

D. 主要针对家用车辆

(21) (　B　) 汽车召回制度实行的管理部门为_____。

A. 汽车制造商　　　　　　　　　B. 国务院产品质量监督部门

C. 汽车销售商　　　　　　　　　D. 工商行政管理部门

(22) (　C　) 《缺陷汽车产品召回管理条例》中的召回，是指汽车产品生产者对其_____的汽车产品采取措施消除缺陷的活动。

A. 已设计　　　　　　　　　　　B. 已生产

C. 已售出　　　　　　　　　　　D. 已修理

(23) (　B　) 《缺陷汽车产品召回管理条例》适用于在中国境内生产、销售的_____的召回及其监督管理。

A. 汽车和电动车　　　　　　　　B. 汽车和汽车挂车

C. 商用车和乘用车　　　　　　　D. 汽车和摩托车

(24) (　B　) 《缺陷汽车产品召回管理条例》规定，产品质量监督部门和有关部门、

机构及其工作人员对履行本条例规定职责所知悉的＿＿＿＿＿＿，不得泄露。

A. 召回汽车型号

B. 商业秘密和个人信息

C. 生产者基本信息

D. 汽车产品召回信息

(25) (B) 对缺陷汽车产品，＿＿＿＿＿＿应当全部召回。未实施召回的，国务院产品质量监督部门应当依照《缺陷汽车产品召回管理条例》＿＿＿＿＿＿其召回。

A. 销售者、监督

B. 生产者、责令

C. 销售者、规劝

D. 生产者、直接向社会公开

(26) (D) 汽车产品生产者应当建立并保存汽车产品设计、制造、标识、检验等方面的信息记录以及汽车产品初次销售的车主信息记录，保存期不得少于＿＿＿＿＿＿年。

A. 1

B. 2

C. 5

D. 10

(27) (C) 销售、租赁、维修汽车产品的经营者应当按照国务院产品质量监督部门的规定建立并保存汽车产品相关信息记录，保存期不得少于＿＿＿＿＿＿年。

A. 1

B. 2

C. 5

D. 10

(28) (A) 生产者获知汽车产品可能存在缺陷的，应当立即组织调查分析，并如实向＿＿＿＿＿＿报告调查分析结果。

A. 国务院产品质量监督部门

B. 国务院工商行政管理部门

C. 国家公安机关交通管理部门

D. 国家安全生产监督管理部门

(29) (D) ＿＿＿＿＿＿认为汽车产品可能存在会造成严重后果的缺陷的，可以直接开展缺陷调查。

A. 国家安全生产监督管理部门

B. 国务院工商行政管理部门

C. 国家公安机关交通管理部门

D. 国务院产品质量监督部门

(30) (C) 生产者认为其汽车产品不存在缺陷的，可以自收到通知之日起＿＿＿＿＿＿个工作日内向国务院产品质量监督部门提出异议，并提供证明材料。

A. 5

B. 10

C. 15

D. 30

(31) (B) 国务院产品质量监督部门应当组织＿＿＿＿＿＿对汽车产品生产者不存在缺陷的证明材料进行论证。

A. 汽车供应商

B. 与生产者无利害关系的专家

C. 汽车召回专家

D. 非质检系统专家

(32) (D) 生产者实施召回，应当按照国务院产品质量监督部门的规定制定召回计划，并报国务院产品质量监督部门＿＿＿＿＿＿。

A. 报批

B. 审查

C. 批准

D. 备案

(33) (C) 生产者依照《缺陷汽车产品召回管理条例》召回缺陷汽车产品，＿＿＿＿＿＿免除其依法应当承担的责任。

A. 可以

B. 部分

C. 不

D. 视召回实施情况

(34) (C) 汽车产品出厂时未随车装备的轮胎存在缺陷的，由_____负责召回。

A. 汽车产品生产者   B. 汽车产品销售者

C. 轮胎的生产者   D. A+C

2. 多项选择题

(1) (B D) 新版《家用汽车产品修理、更换、退货责任规定》中明确了汽车产品的包修期和三包有效期，其中，包修期的期限规定为不低于_____或者行驶里程_____，以先到者为准。

A. 2 年   B. 3 年

C. 5 万公里   D. 6 万公里

(2) (A C) 新版《家用汽车产品修理、更换、退货责任规定》中明确了汽车产品的包修期和三包有效期，其中，三包有效期的期限规定为不低于_____或者行驶里程_____，以先到者为准。

A. 2 年   B. 3 年

C. 5 万公里   D. 6 万公里

(3) (A B) 在三包有效期内，符合《家用汽车产品修理、更换、退货责任规定》更换、退货条件的，消费者凭_____、_____等由销售者更换、退货。

A. 购车发票   B. 三包凭证

C. 三包手册   D. 维修手册

(4) (A B D) 当家用汽车产品出现下列_____情形时，消费者可以选择换货或退货。

A. 自销售者开具购车发票之日起 60 日内发动机、变速器的主要零件出现了产品质量问题

B. 在家用汽车产品三包有效期内，发动机、变速器的主要零件出现了产品质量问题

C. 自销售者开具购车发票之日起 60 日内出现转向系统失效、制动系统失效时

D. 自销售者开具购车发票之日起 60 日内出现车身开裂或燃油泄漏时

(5) (A B C D) 在家用汽车产品三包有效期内，出现下列_____情形时，消费者可以选择换货或退货。

A. 因严重安全性能故障已累计进行了 2 次修理仍未排除或者又出现新的严重安全性能故障时

B. 发动机、变速器已累计更换了 2 次后仍不能正常使用的

C. 发动机、变速器的同一主要零件因其质量问题已累计更换 2 次后仍不能正常使用的

D. 转向系统、制动系统、悬架系统、前/后桥、车身的同一主要零件因其质量问题已累计更换 2 次后仍不能正常使用的

(6) (B D) 在家用汽车产品三包有效期内，因产品质量问题修理时间累计超过_____日的，或者因同一产品质量问题累计修理超过_____次的，消费者可以凭三包凭证、购车发票，由销售者负责更换。

A.   B.

C. 5   D. 5

(7)（　ABCD　）解决家用汽车产品三包责任争议的途经有_____。

A. 协商 　　　　　　　　　　　　　B. 调解

C. 申诉 　　　　　　　　　　　　　D. 起诉

(8)（　ABC　）新版《缺陷汽车产品召回管理条例》适用_____。

A. 国产汽车　　　　B. 合资汽车　　　　C. 进口汽车　　　　D. 拖拉机

3. 是非题

(1) 中国的"汽车三包"制度实际上就是中国的"柠檬法"。（　√　）

(2) 销售者依照规定承担三包责任后，属于生产者的责任或者属于其他经营者的责任的，销售者有权向生产者、其他经营者追偿。（　√　）

(3) 汽车的"三包"就是"包修、包换、包退"的简称。（　×　）

(4) 用于家用汽车产品修理的零部件应当是生产者提供或者认可的合格零部件，但其质量可以低于家用汽车产品生产装配线上的产品。（　×　）

(5) 家用汽车产品中的包修期和三包有效期属于同一个概念。（　×　）

(6) 退货的家用汽车产品不得再次销售。（　×　）

(7) 在家用汽车产品三包有效期内，不管什么系统或部件，只要因同一产品质量问题累计修理超过 2 次的，消费者都可以选择更换或退货。（　×　）

(8) 汽车三包在具体方式上，往往先由行政机关认可的机构进行调解。（　×　）

(9) 新版《缺陷汽车产品召回管理条例》是由国家质检总局等部门颁布的。（　×　）

(10) 召回缺陷汽车产品的目的是为了维护汽车制造企业的利益。（　×　）

(11) 召回制度实行的管理部门是汽车制造企业。（　×　）

(12) 召回制度实行的管理部门是汽车销售商。（　×　）

(13) 缺陷汽车系指不符合有关汽车安全的国家标准，行业标准的产品。（　√　）

(14) 召回缺陷汽车产品的目的是为了维护公众安全，公众利益和社会经济秩序。（　√　）

(15) 经检验机构检验安全性能存在不符合有关汽车安全的国家标准、行业标准的汽车产品要召回。（　√　）

(16) 缺陷汽车产品召回是指按照规定程序，由缺陷汽车产品制造商(包括进口商)选择修理、更换、收回等方式消除其产品可能引起人身伤害、财产。（　√　）

(17) 三包规定主要针对家用车辆。汽车召回则包括家用和各种运营的道路车辆，只要存在缺陷，都一视同仁。（　√　）

(18) 任何单位和个人有权向产品质量监督部门投诉汽车产品可能存在的缺陷。（　√　）

4. 填充题

(1) 销售者应当建立并执行进货__检查验收__制度，验明家用汽车产品__合格证__等相关证明和其他标识。

(2) 在三包有效期内被退货处理的家用汽车产品如果再次销售的，应当经检验合格并明示该车是"__三包换退车__"以及更换、退货的__原因__。

(3) 在家用汽车产品包修期和三包有效期内发生家用汽车产品所有权转移的，__三包凭证__应当随车转移，而__三包责任__不因汽车所有权转移而改变。

(4) 缺陷汽车，是指由于　设　计　、　制　造　、　标　识　等原因导致的在　同　一　批次、型号或者类别的汽车产品中普遍存在的不符合保障人身、财产安全的国家标准、行业标准的情形或者其他危及　人　身　、　财　产　安全的不合理的危险汽车。

(5) 生产者应当建立并保存汽车产品设计、制造、标识、检验等方面的信息记录以及汽车产品初次销售的车主信息记录，保存期不得少于　10　年。销售、租赁、维修汽车产品的经营者应当按照国务院产品质量监督部门的规定建立并保存汽车产品相关信息记录，保存期不得少于　5　年。

(6) 生产者经责令召回拒不召回时，由产品质量监督部门责令　改　正　，处缺陷汽车产品货值金额　1%　以上　10%　以下的罚款；有违法所得的，并处没收违法所得；情节严重的，由许可机关吊销有关许可。

5. 简答题

(1) 何为缺陷汽车？

答：缺陷汽车是指由于设计、制造、标识等原因导致的在同一批次、型号或者类别的汽车产品中普遍存在的不符合保障人身、财产安全的国家标准、行业标准的情形或者其他危及人身、财产安全的不合理的危险汽车。

(2) 缺陷汽车召回的目的、范围及召回制度实行的管理部门？

答：缺陷汽车召回的目的是消除缺陷产品对使用者及公众人身、财产安全造成的不合理危险，维护公共安全，公众利益和社会经济秩序。

召回范围是指在中华人民共和国境内生产、销售的汽车和汽车挂车。包括从中国境外进口到境内销售的汽车产品。

召回制度实行的管理部门是国务院产品质量监督部门。

参 考 文 献

[1] 林平. 汽车法规概论[M]. 北京：机械工业出版社，2010.

[2] 张铁军，付铁军. 汽车法规[M]. 北京：机械工业出版社，2012.

[3] 黄本新. 经济法与汽车法规[M]. 广州：华南理工大学出版社，2008.

[4] 鲁植雄. 二手车鉴定评估实用手册[M]. 南京：江苏科学技术出版社，2007.

[5] 强添纲，孙凤英. 汽车金融[M]. 北京：人民交通出版社，2009.

[6] 庄继德. 汽车技术法规与法律服务[M]. 北京：机械工业出版社，2011.